道路橋の
補修・補強計算例 III

一般財団法人 **橋梁調査会** [監修]
補修・補強計算例 III 編集委員会 [編著]

鹿島出版会

発刊に当たって

　わが国の橋梁の現状を概観しますと、1950年代前半からの高度経済成長期に建設された数多くの橋梁が、供用後60年前後を迎えて老朽化が目立つようになりました。国土交通省をはじめそれぞれの道路管理者においてもこのような事態を看過できず、インフラ構造物に関して重大な事故が発生する度に維持管理の重要性を強調すると共に、適切な維持管理と補修補強や橋の架け替えを積極的に進めてきていました。

　近年、維持管理に起因する深刻な事故が相次ぎました。例えばカナダのデラ・コンコルド橋の落橋（2006年）、米国ミネソタ州のI-35W橋の落橋（2007年）があり、さらにわが国でも笹子トンネル天井板の崩落（2012年）により尊い犠牲を伴いました。

　このような状況を踏まえ2013年には道路法が改正され、橋梁等に対しても道路法改正の趣旨を受けて2014年に「定期点検要領」が改定されました。さらに同年には社会資本整備審議会から「最後の警告－今すぐ本格的なメンテナンスに舵を切れ」という提言が公表されるなど、国を挙げてメンテナンスサイクルの構築に取り組むことになりました。

　これまで当調査会は『道路橋の補修・補強計算例』及び『道路橋の補修・補強計算例Ⅱ』を発刊して参りましたが、お陰様で各方面からの好評を得ることができ、『道路橋の補修・補強計算例』につきましては2012年に増刷することができました。この度、これらに引き続き『道路橋の補修・補強計算例Ⅲ』を発刊することとなりました。

　補修補強に関する施工事例については、既に優れた参考書が出ておりますが、補修補強の計算過程を示した類書はほとんどないのが現状です。本書は道路橋の補修補強に関する豊富な知見を盛り込んだ内容になっております。そのため補修補強に携わっている橋梁技術者の方々にとって有益な参考書になるものと考えております。

2018年10月

一般財団法人 橋梁調査会
専務理事　森永教夫

はじめに

　近年、世界の各国で維持管理の不手際により死亡事故を伴う橋梁の重大事故が発生しており、私たち橋梁保全に携わる関係者も大きな衝撃を受けています。我が国においても橋梁の老朽化と並行して様々な劣化が進行しており、このような深刻な事態は決して対岸の火事として傍観するわけには行きません。安全で円滑な交通の確保については橋梁の維持管理に関わるものにとって大きな使命です。そのためにはしっかりした橋梁保全が必須であり、特に補修補強に関しては綿密な計画と数値的な根拠が望まれます。

　計算に基づいた補修補強の具体例が必要との希望があり、2008年に「道路橋の補修・補強計算例」を、2014年には「道路橋の補修・補強計算例Ⅱ」を発刊することができました。本書はこれら既刊の2巻に盛り込めなかった内容のうち、特に多くの方々から必要とされると思われる事例を選定し「道路橋の補修・補強計算例Ⅲ」としてまとめたものです。内容の構成は以下の通りです。

　　第1章　鋼橋上部工に関する事例2編
　　第2章　コンクリート橋上部工に関する事例3編
　　第3章　下部工・基礎工に関する事例4編
　　第4章　支承に関する事例4編

　なお、支承につきましては部分的に損傷を受けても、支承全体を一括して交換することが多いため、本書において2編について「取替え」という観点で支承全体の計算過程を示しています。また、4.1に示す支承部の損傷の概要や、耐震設計基準と支承便覧の変遷は、本書の利用者にとって貴重な情報であろうと思われます。

　本書の編集方針としては、シリーズの当初より、できるだけ一般的なテーマについて計算の過程を示し、ブラックボックス的な部分を無くすこととしています。したがって本書を利用される方々は、関数電卓などで計算過程を追うことにより、補修補強の数値計算の考え方を理解して頂けるものと思っております。また、視覚的にも理解を深め易いように多数の図やグラフを掲載しています。

　なお、本書を利用されるに当たり、以下の点に留意して下さい。

・本書で示されています各事例は、あくまでも数値計算の事例として取り上げているものであり、必ずしも発生した損傷や状況変化などに対する最良の補修補強手法を示しているわけではありません。工期や工費などの観点から検討しますと、さらに適切な手法が存在することもあり得ます。

・本書は平成29年道路橋示方書には対応していません。すなわちそれまで用いられていた許容応力度法に則っており、新しく採用された限界状態設計法や部分係数法を取り入れておりません。

・本書の内容は計算の事例を示していますが、実際の施工例をそのまま掲載しているわけではなく、執筆者の創作や標準的な内容を示しているケース、あるいは橋梁形状や周辺条件に対して執筆者が適宜変更を加えているケースなどとなっています。

すなわち補修補強の実例ではなく、数値計算についての事例であることをご理解下さい。

本書がいささかでも皆様の橋梁補修補強業務のお力になれましたら、執筆者一同これに勝る喜びはございません。本書を末永くご活用下さいますようお願い申し上げます。

2018年9月

『道路橋の補修・補強計算例Ⅲ』編集委員長
一般財団法人 橋梁調査会　吉田好孝

目　次

発刊に当たって
はじめに

第1章　鋼橋上部工

1.1 鋼合成鈑桁橋主桁のCFRPプレート緊張材による補強 …… *2*
    1.1.1 構造諸元 …… *2*
    1.1.2 補強理由 …… *3*
    1.1.3 補強方法の選定 …… *3*
    1.1.4 補強設計 …… *6*

1.2 防護柵取替えによるRC床版補強 …… *16*
    1.2.1 橋梁諸元 …… *16*
    1.2.2 補強理由 …… *17*
    1.2.3 補強方法 …… *17*
    1.2.4 補強設計 …… *18*

第2章　コンクリート橋上部工

2.1 CFRP格子筋を用いたRC床版上面増厚補強 …… *34*
    2.1.1 橋梁諸元 …… *34*
    2.1.2 補強理由 …… *34*
    2.1.3 補強方法 …… *35*
    2.1.4 補強設計 …… *36*

2.2 PC連続箱桁橋の炭素繊維プレート緊張材による補強 …… *51*
    2.2.1 構造諸元 …… *51*
    2.2.2 補強理由 …… *51*
    2.2.3 補強方法の選定 …… *52*
    2.2.4 補強設計 …… *58*

2.3 PC T桁橋の炭素繊維シートと外ケーブルによる補強 …… *68*
    2.3.1 構造諸元 …… *68*
    2.3.2 構造一般図 …… *68*
    2.3.3 補強設計の概要 …… *69*

2.3.4 B活荷重による断面力の算出 ………………………………………… *71*
　　2.3.5 補強理由 ………………………………………………………………… *72*
　　2.3.6 補強方法 ………………………………………………………………… *72*
　　2.3.7 炭素繊維シートによるPC床版橋軸直角方向の補強……………… *72*
　　2.3.8 主桁のせん断補強設計 ………………………………………………… *86*
　　2.3.9 外ケーブルによるPC横桁の補強…………………………………… *105*

第3章　下部工・基礎工

3.1　補強筋埋設式PCM巻立て工法による橋脚の耐震補強 ……………… *124*
　　3.1.1 橋梁諸元 ………………………………………………………………… *124*
　　3.1.2 補強理由 ………………………………………………………………… *126*
　　3.1.3 補強方法 ………………………………………………………………… *127*
　　3.1.4 補強方針と条件 ………………………………………………………… *128*
　　3.1.5 既設橋脚の耐震照査 …………………………………………………… *136*
　　3.1.6 補強後の耐震照査 ……………………………………………………… *147*

3.2　高耐力マイクロパイル工法による杭基礎の耐震補強 ………………… *156*
　　3.2.1 構造諸元 ………………………………………………………………… *156*
　　3.2.2 補強理由 ………………………………………………………………… *158*
　　3.2.3 設計手順 ………………………………………………………………… *158*
　　3.2.4 既設橋台基礎の耐震照査 ……………………………………………… *159*
　　3.2.5 補強設計における設計概要 …………………………………………… *180*
　　3.2.6 補強方法 ………………………………………………………………… *181*
　　3.2.7 増し杭の諸元 …………………………………………………………… *182*
　　3.2.8 橋台基礎補強計算 ……………………………………………………… *184*
　　3.2.9 まとめ …………………………………………………………………… *214*
　　3.2.10　杭頭結合部の照査 …………………………………………………… *214*
　　3.2.11　フーチングの補強設計 ……………………………………………… *214*

3.3　STマイクロパイル工法による杭基礎の耐震補強 ……………………… *216*
　　3.3.1 構造諸元 ………………………………………………………………… *216*
　　3.3.2 補強理由 ………………………………………………………………… *218*
　　3.3.3 設計手順 ………………………………………………………………… *218*
　　3.3.4 既設橋脚基礎の耐震照査 ……………………………………………… *219*
　　3.3.5 補強設計における設計概要 …………………………………………… *240*
　　3.3.6 補強方法 ………………………………………………………………… *241*
　　3.3.7 増し杭の諸元 …………………………………………………………… *242*
　　3.3.8 橋脚基礎補強計算 ……………………………………………………… *243*
　　3.3.9 まとめ …………………………………………………………………… *272*

  3.3.10 杭頭結合部の照査 ……………………………………… *272*
  3.3.11 フーチングの補強設計 …………………………………… *273*
3.4 ルートパイルによる橋台前面の切土補強 ……………………… *274*
  3.4.1 構造諸元 …………………………………………………… *274*
  3.4.2 補強理由 …………………………………………………… *274*
  3.4.3 補強方法 …………………………………………………… *275*
  3.4.4 ルートパイル工の設計 …………………………………… *276*

第 4 章　支承

4.1 支承部の補修・補強 ……………………………………………… *296*
  4.1.1 支承部の損傷 ……………………………………………… *296*
  4.1.2 支承の取替え理由 ………………………………………… *297*
  4.1.3 支承の取替え施工 ………………………………………… *300*
  4.1.4 施工手順 …………………………………………………… *300*
4.2 鋼製支承の取替え ………………………………………………… *302*
  4.2.1 構造諸元及び設計条件 …………………………………… *302*
  4.2.2 補強理由 …………………………………………………… *303*
  4.2.3 補強方針と条件 …………………………………………… *303*
  4.2.4 すべり板（PTFE） ………………………………………… *306*
  4.2.5 中間プレート ……………………………………………… *307*
  4.2.6 ゴムプレート（クロロプレンゴム）…………………… *308*
  4.2.7 下沓 ………………………………………………………… *308*
  4.2.8 上沓 ………………………………………………………… *312*
  4.2.9 サイドブロック及びボルト ……………………………… *316*
  4.2.10 セットボルト ……………………………………………… *318*
  4.2.11 アンカーボルト …………………………………………… *319*
  4.2.12 溶接部の照査 ……………………………………………… *320*
4.3 ゴム製支承の取替え ……………………………………………… *321*
  4.3.1 構造諸元及び設計条件 …………………………………… *321*
  4.3.2 補強理由 …………………………………………………… *322*
  4.3.3 補強方針と条件 …………………………………………… *322*
  4.3.4 ゴム沓 ……………………………………………………… *322*
  4.3.5 セットボルト ……………………………………………… *332*
  4.3.6 サイドブロック及びボルト ……………………………… *337*
  4.3.7 アンカーボルトの検討 …………………………………… *339*

4.4 上支承ストッパーが破断した密閉ゴム支承板支承の補修 …………… *341*
4.4.1 構造諸元 ………………………………………………… *341*
4.4.2 損傷内容及び原因 ……………………………………… *342*
4.4.3 補修補強の方法 ………………………………………… *342*
4.4.4 支承の補修補強設計 …………………………………… *342*
4.4.5 支承移動量の計算 ……………………………………… *344*
4.4.6 新設する上支承ストッパーの設計 …………………… *344*

索　　引…………………………………………………………………… *346*
編集委員会 執筆者 ………………………………………………………… *348*

第1章

鋼橋上部工

1.1 鋼合成鈑桁橋主桁の CFRP プレート緊張材による補強
1.2 防護柵取替えによる RC 床版補強

1.1 鋼合成鈑桁橋主桁の CFRP プレート緊張材による補強

1.1.1 構造諸元
(1) 橋梁形式：鋼単純合成鈑桁橋
(2) 支　間　長：27.500 m（橋長：28.260 m）
(3) 有効幅員：17.900 m + 4.500 m
(4) 斜　　　角：90°
(5) 橋　　　格：一等橋（活荷重 TL-20）
(6) 建　設　年：昭和 40 年代

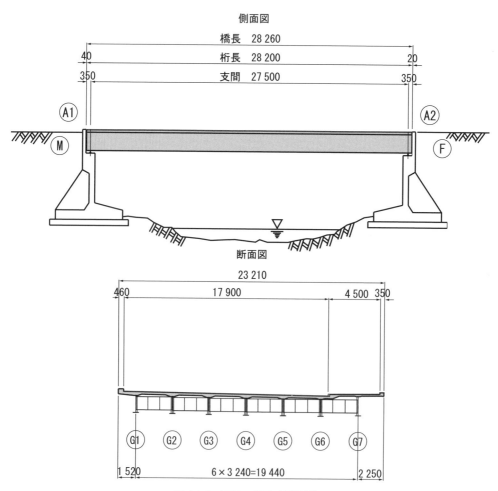

図 1.1.1　橋梁一般図（補強前）

1.1.2 補強理由

本橋梁は、昭和 40 年代に竣工した鋼単純合成鈑桁橋で、当初設計では TL-20 で設計されていたため B 活荷重に対する耐荷力照査が必要となった。

1.1.3 補強方法の選定

鋼桁の曲げ補強としては、図 1.1.2 に示す (a) フランジ増設補強、(b) 外ケーブルによる補強、(c) 炭素繊維プレート緊張材による補強など考えられる。

本橋の場合は、桁下空間のみで補強作業が行え、桁下空間に与える影響が極めて小さい炭素繊維プレート緊張材工法で補強を行うこととした。図 1.1.3 〜 1.1.5 に補強概要図を示す。

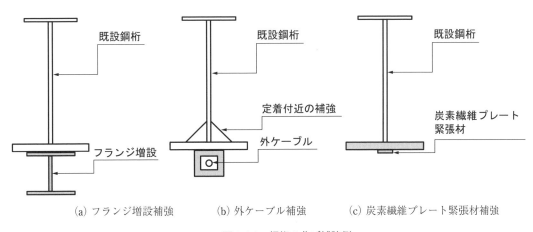

(a) フランジ増設補強　　(b) 外ケーブル補強　　(c) 炭素繊維プレート緊張材補強

図 1.1.2　鋼桁の曲げ補強例

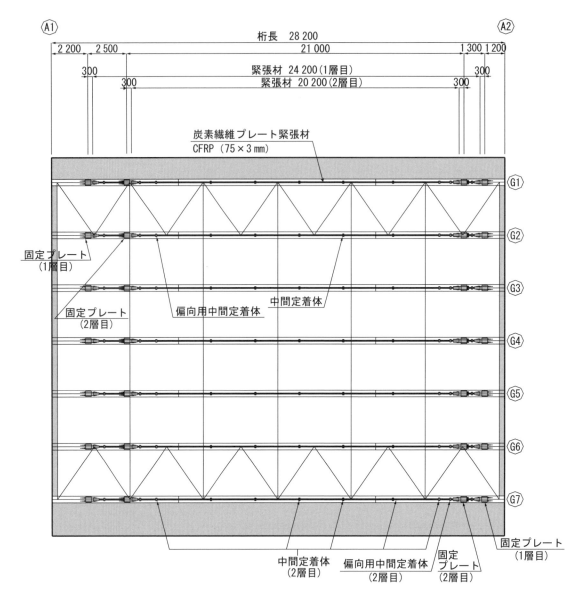

図 1.1.3 炭素繊維プレート緊張材工法の補強概要図（平面図）

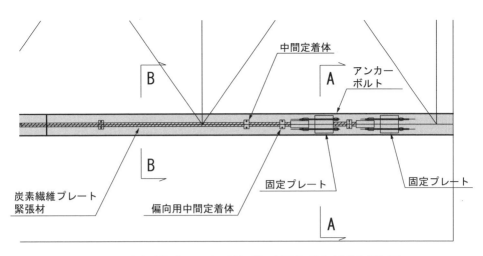

図 1.1.4　炭素繊維プレート緊張材工法の補強概要図（定着部詳細図）

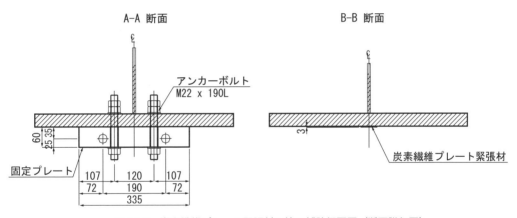

図 1.1.5　炭素繊維プレート緊張材工法の補強概要図（断面詳細図）

1.1.4 補強設計
（1） 設計方針
設計手順を図 1.1.6 に示す。

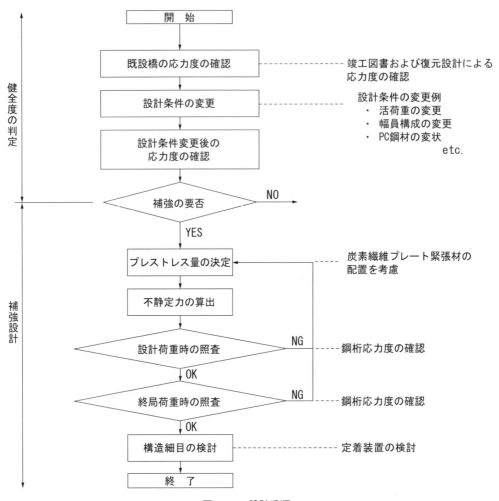

図 1.1.6　設計手順

(2) 設計条件

コンクリート、鋼材、炭素繊維プレート緊張材の材料強度および許容応力度を表 1.1.1 〜表 1.1.3 に示す。

(a) コンクリート

表 1.1.1 コンクリートの材料強度および許容値 [1] (N/mm²)

		床版
設計基準強度		30
許容圧縮応力度	主荷重 床版として作用	$\sigma_{ck}/3.5$
許容引張応力度	主荷重 床版の上下縁	$\sigma_{ck}/15$

(b) 鋼材

表 1.1.2 鋼材の材料強度および許容値 [1] (N/mm²)

	既設桁
種別	SM50A (SM490)
降伏点応力度	315
引張応力度	185

(c) 炭素繊維プレート補強材

炭素繊維プレート緊張材には 360 kN 型と 240 kN 型の 2 種類があり、補強量に応じて種類を選択する。ここでは、360 kN 型を使用する。

表 1.1.3 炭素繊維プレート補強材の材料強度および許容値 [2]

緊張材の呼称		360 kN 型	240 kN 型
補強繊維		高強度カーボン・ガラス繊維	高強度カーボン・ガラス繊維
緊張材の幅 (mm)		75.0	50.0
緊張材の厚さ (mm)		3.0	3.0
弾性係数 (N/mm²)		1.2×10^3	1.2×10^3
引張強度 (N/mm²)		1 600	1 600
許容引張応力度	緊張作業時	1 280	1 280
	導入直後	1 120	1 120
	設計荷重時	960	960

(3) 既設橋の曲げに対する健全度の判定

活荷重の現行荷重への変更（TL-20 → B 活荷重）による主桁の曲げ応力度の算出を行う。なお、応力度の算出は設計荷重時で最も断面力の大きい G1 桁の支間中央で行う。

(a) G1 桁 支間中央の曲げモーメント

表 1.1.4 に G1 桁の曲げモーメント値、図 1.1.7 に G1 桁の曲げモーメント図を示す。

ここで、合成前死荷重 M_s には、主桁、横桁、対傾構、床版荷重を含む。

合成後死荷重 M_{ud} には、舗装、高欄、地覆荷重を含む。

表 1.1.4　G1 桁の曲げモーメント値（kN・m）

検討断面		1 支点上	2	3	4	5	6 支間中央
①	合成前死荷重：M_s	0.000	1 080.031	1 325.249	1 760.819	2 118.626	2 380.862
②	合成後死荷重：M_{vd}	0.000	302.496	369.020	484.182	571.330	607.212
③	活荷重：$M_{v\ell}$	0.000	1 562.297	1 925.651	2 581.819	3 143.140	3 630.852
④（②＋③）	合成後死活荷重：M_v	0.000	1 864.793	2 294.671	3 066.001	3 714.470	4 238.064

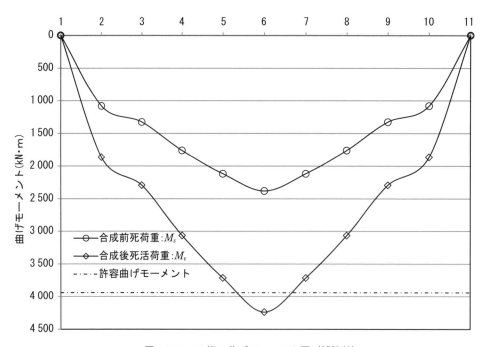

図 1.1.7　G1 桁の曲げモーメント図（補強前）

(b) G1 桁 支間中央の断面諸定数

表 1.1.5 に G1 桁の断面諸定数、図 1.1.8 に中立軸図を示す。

表 1.1.5 G1 桁の断面諸定数 (kN·m)

検討断面：支間中央			鋼桁断面	合成断面
断面積		mm²	43 750.0	124 485.0
中立軸からの距離 （鋼桁断面）	鋼桁上縁	mm	1 006.4	―
	鋼桁下縁		－480.6	―
中立軸からの距離 （合成断面）	床版上縁	mm	―	504.9
	床版下縁		―	324.9
	鋼桁上縁		―	240.9
	鋼桁下縁		―	－1 246.2
断面2次モーメント		mm⁴	1.49649×10^{10}	5.47175×10^{10}

(c) G1 桁の曲げ応力度（設計荷重時の照査）

① 合成前の応力度

$$\sigma_{sU} = \frac{M_s}{I_s} \times y_{sU} = \frac{2\,380.862 \times 1\,000^2}{1.49649 \times 10^{10}} \times 1\,006.4 = 160.1\,\text{N}/\text{mm}^2$$

$$\sigma_{sL} = \frac{M_s}{I_s} \times y_{sL} = \frac{2\,380.862 \times 1\,000^2}{1.49649 \times 10^{10}} \times -480.6 = -76.5\,\text{N}/\text{mm}^2$$

ここに、σ_{sU}：合成前の鋼桁上縁応力度

σ_{sL}：合成前の鋼桁下縁応力度

M_s：合成前の死荷重合計曲げモーメント

I_s：合成前（鋼桁断面）の断面2次モーメント

y_{sU}：合成前の中立軸から鋼桁上縁までの距離

y_{sL}：合成前の中立軸から鋼桁下縁までの距離

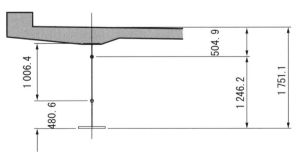

図 1.1.8 中立軸図

② 合成後の応力度

$$\sigma_{cU2} = \frac{M_v}{I_v} \times y_{vcU} \times \frac{1}{n} = \frac{4\,238.064 \times 1\,000^2}{5.47175 \times 10^{10}} \times 504.9 \times \frac{1}{7} = 5.6\,\text{N}/\text{mm}^2$$
$$< \sigma_{ca} = \sigma_{ck}/3.5 = 30.0/3.5 = 8.6\,\text{N}/\text{mm}^2 \quad \text{OK}$$

$$\sigma_{cL2} = \frac{M_v}{I_v} \times y_{vcL} \times \frac{1}{n} = \frac{4\,238.064 \times 1\,000^2}{5.47175 \times 10^{10}} \times 324.9 \times \frac{1}{7} = 3.6\,\text{N}/\text{mm}^2$$
$$< \sigma_{ca} = \sigma_{ck}/3.5 = 30.0/3.5 = 8.6\,\text{N}/\text{mm}^2 \quad \text{OK}$$

$$\sigma_{sU2} = \frac{M_v}{I_v} \times y_{vsU} = \frac{4\,238.064 \times 1\,000^2}{5.47175 \times 10^{10}} \times 240.9 = 18.7\,\text{N}/\text{mm}^2$$

$$\sigma_{sL2} = \frac{M_v}{I_v} \times y_{vsL} = \frac{4\,238.064 \times 1\,000^2}{5.47175 \times 10^{10}} \times -1\,246.2 = -96.5\,\text{N}/\text{mm}^2$$

ここに、σ_{cU2}：合成後の床版上縁応力度
　　　　σ_{cL2}：合成後の床版下縁応力度
　　　　σ_{sU2}：合成後の鋼桁上縁応力度
　　　　σ_{sL2}：合成後の鋼桁下縁応力度
　　　　M_v：合成後の設計荷重時合計曲げモーメント
　　　　I_v：合成後の断面2次モーメント
　　　　y_{vcU}：合成後の中立軸から床版上縁までの距離
　　　　y_{vcL}：合成後の中立軸から床版下縁までの距離
　　　　y_{vsU}：合成後の中立軸から鋼桁上縁までの距離
　　　　y_{vsL}：合成後の中立軸から鋼桁下縁までの距離

③ 合成後の合計応力度

・鋼桁上縁

$$\Sigma\sigma_{sU} = \sigma_{sU} + \sigma_{sU2} = 160.1 + 18.7 = 178.8\,\text{N}/\text{mm}^2$$
$$< \sigma_{sa} = 185.0\,\text{N}/\text{mm}^2 \quad \text{OK}$$

・鋼桁下縁

$$\Sigma\sigma_{sL} = \sigma_{sL} + \sigma_{sL2} = -76.5 - 96.5 = -173.0\,\text{N}/\text{mm}^2$$
$$< \sigma_{sa} = -185.0\,\text{N}/\text{mm}^2 \quad \text{OK}$$

ここに、$\Sigma\sigma_{sU}$：合成後の合計鋼桁上縁応力度
　　　　$\Sigma\sigma_{sL2}$：合成後の合計鋼桁下縁応力度

(d) G1 桁の降伏に対する照査

合成断面は、道路橋示方書Ⅱ鋼橋編 11.3.2 により降伏に対する安全度の照査を行う。ただし、クリープ、乾燥収縮および温度差による応力度は、以下に示す値とする。

$$\sigma_{cU3} = -0.22 \, \text{N/mm}^2 \qquad \sigma_{sU3} = 2.13 \, \text{N/mm}^2$$
$$\sigma_{cL3} = -0.005 \, \text{N/mm}^2 \qquad \sigma_{sL3} = -9.87 \, \text{N/mm}^2$$

ここに、σ_{cU3}：クリープによる床版上縁応力度
σ_{cL3}：クリープによる床版下縁応力度
σ_{sU3}：クリープによる鋼桁上縁応力度
σ_{sL3}：クリープによる鋼桁下縁応力度

$$\sigma_{cU4} = -0.38 \, \text{N/mm}^2 \qquad \sigma_{sU4} = 3.78 \, \text{N/mm}^2$$
$$\sigma_{cL4} = -0.55 \, \text{N/mm}^2 \qquad \sigma_{sL4} = -34.36 \, \text{N/mm}^2$$

ここに、σ_{cU4}：乾燥収縮による床版上縁応力度
σ_{cL4}：乾燥収縮による床版下縁応力度
σ_{sU4}：乾燥収縮による鋼桁上縁応力度
σ_{sL4}：乾燥収縮による鋼桁下縁応力度

$$\sigma_{cU4} = 0.14 \, \text{N/mm}^2 \qquad \sigma_{sU4} = 18.72 \, \text{N/mm}^2$$
$$\sigma_{cL4} = 0.51 \, \text{N/mm}^2 \qquad \sigma_{sL4} = -2.69 \, \text{N/mm}^2$$

ここに、σ_{cU4}：温度差による床版上縁応力度
σ_{cL4}：温度差による床版下縁応力度
σ_{sU4}：温度差による鋼桁上縁応力度
σ_{sL4}：温度差による鋼桁下縁応力度

① 床版の降伏に対する照査

$$\sigma_{cUy} = 1.3 \times (\sigma_{cU2} \times \frac{M_{vd}}{M_v}) + 2.0 \times (\sigma_{cU2} \times \frac{M_v - M_{vd}}{M_v}) + \sigma_{cU3} + \sigma_{cU4} + \sigma_{cU5}$$
$$= 1.3 \times (5.6 \times \frac{607.212}{4\,238.064}) + 2.0 \times (5.6 \times \frac{4\,238.064 - 607.212}{4\,238.064})$$
$$- 0.22 - 0.38 + 0.14$$
$$= 10.2 \, \text{N/mm}^2 \quad < \quad \sigma_{ca} = 18.0 \, \text{N/mm}^2 \quad \text{OK}$$

$$\sigma_{cLy} = 1.3 \times (\sigma_{cL2} \times \frac{M_{vd}}{M_v}) + 2.0 \times (\sigma_{cL2} \times \frac{M_v - M_{vd}}{M_v}) + \sigma_{cL3} + \sigma_{cL4} + \sigma_{cL5}$$
$$= 1.3 \times (3.6 \times \frac{607.212}{4\,238.064}) + 2.0 \times (3.6 \times \frac{4\,238.064 - 607.212}{4\,238.064})$$
$$- 0.005 - 0.55 + 0.51$$
$$= 6.8 \, \text{N/mm}^2 \quad < \quad \sigma_{ca} = 18.0 \, \text{N/mm}^2 \quad \text{OK}$$

ここに、σ_{cUy}：床版の降伏に対する上縁応力度
σ_{cLy}：床版の降伏に対する下縁応力度

② 鋼桁の降伏に対する照査

$$\sigma_{sUy} = 1.3 \times (\sigma_{sU} + \sigma_{sU2} \times \frac{M_{vd}}{M_v}) + 2.0 \times (\sigma_{sU2} \times \frac{M_v - M_{vd}}{M_v}) + \sigma_{sU3} + \sigma_{sU4} + \sigma_{sU5}$$

$$= 1.3 \times (160.1 + 18.7 \times \frac{607.212}{4\,238.064}) + 2.0 \times (18.7 \times \frac{4\,238.064 - 607.212}{4\,238.064})$$
$$+ 2.13 + 3.78 + 18.72$$

$$= 268.2\,\text{N/mm}^2 \quad > \quad \sigma_{sa} = 315.0\,\text{N/mm}^2 \quad \text{OK}$$

$$\sigma_{sLy} = 1.3 \times (\sigma_{sL} + \sigma_{sL2} \times \frac{M_{vd}}{M_v}) + 2.0 \times (\sigma_{sL2} \times \frac{M_v - M_{vd}}{M_v}) + \sigma_{sL3} + \sigma_{sL4} + \sigma_{sL5}$$

$$= 1.3 \times (-76.5 - 96.5 \times \frac{607.212}{4\,238.064}) + 2.0 \times (-96.5 \times \frac{4\,238.064 - 607.212}{4\,238.064})$$
$$- 9.87 - 34.36 - 2.69$$

$$= -329.7\,\text{N/mm}^2 \quad > \quad \sigma_{sa} = -315.0\,\text{N/mm}^2 \quad \underline{\text{NG}}$$

図 1.1.9 に補強前の主桁応力度を示す。

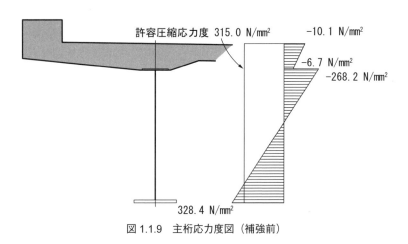

図 1.1.9　主桁応力度図（補強前）

以上より、鋼桁の降伏に対する下縁応力度が許容値を満足しない結果となったため、主桁の曲げ補強対策を実施することとする。

（4）既設橋の曲げに対する補強設計

今回の補強では、炭素繊維プレート緊張材を用いたプレストレス導入工法により主桁の曲げ補強を行う。

（a）炭素繊維プレート緊張材によるプレストレスの計算

炭素繊維プレート緊張材の初期緊張応力度は、$1\,200\,\text{N/mm}^2$ とする。

① ジャッキの内部損失による減少

$$\Delta\sigma_{pl}^{op} = \gamma_1 \times \sigma_{pi}^{op} = 0.20 \times 1\,200 = 240.0\,\text{N/mm}^2$$

ここに、$\Delta\sigma_{pl}^{op}$：ジャッキの内部損失によるプレストレス減少量
　　　　γ_1：ジャッキの内部損失率（＝20.0％）
　　　　σ_{pi}^{op}：炭素繊維プレート緊張材の初期緊張応力度

② プレストレス導入直後の応力度

$$\sigma_{pt}^{op} = \sigma_{pi}^{op} - \Delta\sigma_{pl}^{op} = 1\,200.0 - 240.0 = 960.0\,\text{N/mm}^2$$

ここに、σ_{P1}：プレストレス導入直後の応力度

③ リラクセーションによる減少

$$\Delta\sigma_{p2}^{op} = \gamma_2 \times \sigma_{pt}^{op} = 0.06 \times 960.0 = 57.6\,\text{N/mm}^2$$

ここに、$\Delta\sigma_{p2}^{op}$：リラクセーションによるプレストレス減少量
　　　　γ_2：リラクセーション率（＝6.0％）

④ 炭素繊維プレート緊張材の有効引張応力度

$$\sigma_{pe}^{op} = \sigma_{pt}^{op} - \Delta\sigma_{p2}^{op} = 960.0 - 57.6 = 902.4\,\text{N/mm}^2$$

ここに、σ_{pe}^{op}：炭素繊維プレート緊張材の有効引張応力度

⑤ 炭素繊維プレート緊張材の有効引張力

$$P_e^{op} = \sigma_{pe}^{op} \times b \times t \times N = 902.4 \times 75.0 \times 3.0 \times 2 = 406\,080\,N = 406.080\,\text{kN}$$

ここに、P_e^{op}：炭素繊維プレート緊張材の有効引張力
　　　　b：炭素繊維プレート緊張材の幅
　　　　t：炭素繊維プレート緊張材の厚さ
　　　　N：炭素繊維プレート緊張材の枚数

⑥ 炭素繊維プレート緊張材の有効引張力による偏心モーメント

$$M_{pe}^{op} = P_e^{op} \times e^{op} = 406.080 \times -1\,246.2 = -506.037\,\text{kN}\cdot\text{m}$$

ここに、M_{pe}^{op}：炭素繊維プレート緊張材の有効引張力による偏心モーメント
　　　　e^{op}：炭素繊維プレート緊張材の偏心量

(b) 炭素繊維プレート緊張材による鋼桁の曲げ応力度の計算

$$\sigma_{sU}^{op} = \frac{P_e^{op}}{A_v} + \frac{M_{pe}^{op}}{I_v} \times y_{vsU} = \frac{406.080 \times 1\,000}{124\,485.0} + \frac{-506.037 \times 1\,000^2}{5.47175 \times 10^{10}} \times 240.9$$
$$= 1.03\,\text{N/mm}^2$$

$$\sigma_{sL}^{op} = \frac{P_e^{op}}{A_v} + \frac{M_{pe}^{op}}{I_v} \times y_{vsL} = \frac{406.080 \times 1\,000}{124\,485.0} + \frac{-506.037 \times 1\,000^2}{5.47175 \times 10^3} \times (-1\,246.2)$$
$$= 14.8\,\text{N/mm}^2$$

ここに、A_v：合成後の主桁断面積
　　　　σ_{sU}^{op}：炭素繊維プレート緊張材による鋼桁上縁応力度
　　　　σ_{sL}^{op}：炭素繊維プレート緊張材による鋼桁下縁応力度

(c) 炭素繊維プレート緊張材による補強後の鋼桁の曲げ応力度（設計荷重時の照査）

$$\sigma_{sUR}^{op} = \sigma_{sU2} + \sigma_{sU}^{op} = 18.7 + 1.03 = 19.7\,\text{N}/\text{mm}^2$$

$$\sigma_{sLR}^{op} = \sigma_{sL2} + \sigma_{sL}^{op} = -96.5 + 14.8 = -81.7\,\text{N}/\text{mm}^2$$

ここに、σ_{sUR}^{op}：炭素繊維プレート緊張材による補強後の鋼桁上縁応力度

σ_{sLR}^{op}：炭素繊維プレート緊張材による補強後の鋼桁下縁応力度

(d) 炭素繊維プレート緊張材による補強後の降伏に対する照査

$$\sigma_{sUy}^{OP} = 1.3 \times (\sigma_{sU} + \sigma_{sUR}^{OP} \times \frac{M_{vd}}{M_v}) + 2.0 \times (\sigma_{sUR}^{OP} \times \frac{M_v - M_{vd}}{M_v}) + \sigma_{sU3} + \sigma_{sU4} + \sigma_{sU5}$$

$$= 1.3 \times (160.1 + 19.7 \times \frac{607.212}{4\,238.064}) + 2.0 \times (19.7 \times \frac{4\,238.064 - 607.212}{4\,238.064})$$
$$+ 2.13 + 3.78 + 18.72$$

$$= 270.2\,\text{N}/\text{mm}^2 \quad > \quad \sigma_{sa} = 315.0\,\text{N}/\text{mm}^2 \quad \text{OK}$$

$$\sigma_{sLyR}^{OP} = 1.3 \times (\sigma_{sL} + \sigma_{sLR}^{OP} \times \frac{M_{vd}}{M_v}) + 2.0 \times (\sigma_{sLR}^{OP} \times \frac{M_v - M_{vd}}{M_v}) + \sigma_{sL3} + \sigma_{sL4} + \sigma_{sL5}$$

$$= 1.3 \times (-76.5 - 81.7 \times \frac{607.212}{4\,238.064}) + 2.0 \times (-81.7 \times \frac{4\,238.064 - 607.212}{4\,238.064})$$
$$- 9.87 - 34.36 - 2.69$$

$$= -301.6\,\text{N}/\text{mm}^2 \quad < \quad \sigma_{sa} = -315.0\,\text{N}/\text{mm}^2 \quad \text{OK}$$

ここに、σ_{sUy}^{op}：炭素繊維プレート緊張材による補強後の鋼桁上縁応力度

σ_{sLy}^{op}：炭素繊維プレート緊張材による補強後の鋼桁下縁応力度

図 1.1.10 に補強後の主桁応力度図を示す。

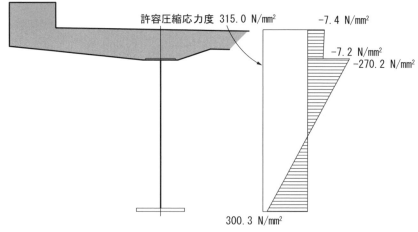

図 1.1.10　主桁応力度図（補強後）

以上より、既設鋼桁の底面に炭素繊維プレート緊張材を2層配置してプレストレスを導入することで、鋼桁の降伏に対する安全度の許容値を満足することができた。

(e) 炭素繊維プレート緊張材の増加応力度の照査

炭素繊維プレート緊張後に荷重が作用すると、炭素繊維プレートの引張応力度が増加する。この増加応力度を考慮した炭素繊維プレート応力度が、設計荷重作用時の許容応力度以下であることを照査する。炭素繊維プレート緊張後に作用する荷重は活荷重が該当する。

$$\sigma_{p\max}^{op} = \sigma_{pe}^{op} + n \times \sigma_{\ell g} = 902.4 + 0.571 \times 82.7 = 949.65 \, \text{N/mm}^2$$
$$< \sigma_{pa}^{op} = 960 \, \text{N/mm}^2 \quad \text{OK}$$
$$n = E_{op} / E_c = 1.2 \times 10^5 / 2.1 \times 10^5 = 0.571$$

ここに、$\sigma_{p\max}^{op}$：炭素繊維プレート緊張材の最大応力度

σ_{pe}^{op}：炭素繊維プレート緊張材の有効引張応力度

n：ヤング係数比

E_{op}：炭素繊維プレート緊張材のヤング係数

E_c：コンクリートのヤング係数

$\sigma_{\ell g}$：炭素繊維プレート緊張材位置における活荷重によるコンクリート引張応力度（＝82.7 N/mm²）

σ_{pa}^{op}：炭素繊維プレート緊張材の許容引張応力度（＝960 N/mm²）

以上より、炭素繊維プレート緊張材の引張応力度は許容値を超えることはない。

参考文献
1) 日本道路協会：道路橋示方書 Ⅲ コンクリート編、平成24年3月
2) アウトプレート工法研究会：アウトプレート工法 設計・施工マニュアル（案）、平成27年7月

1.2 防護柵取替えによる RC 床版補強

1.2.1 橋梁諸元
(1) 橋 梁 形 式：鋼単純非合成鈑桁橋
(2) 支 間 長：39.300 m（橋長：40.000 m）
(3) 全 幅 員：13.000 m
(4) 斜 角：90°
(5) 設計活荷重：TL-20
(6) 建 設 年：昭和 40 年代

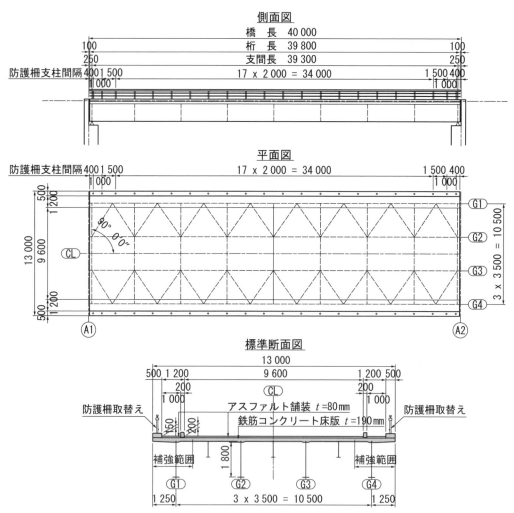

図 1.2.1 橋梁一般図（補強前）

1.2.2 補強理由

「防護柵の設置基準・同解説　日本道路協会　平成20年1月」（以下、防護柵設置基準）の改訂に伴い、防護柵に求められている要求性能が高められた結果、本橋では柵高、強度ともに要求性能を満たさないことが明らかとなった。

橋梁外側の地覆に新たに設置される歩行者自転車兼用車両用防護柵（以下、ここでは防護柵という）は、建設当時の防護柵に比べ作用する車両の衝突荷重が増加しているため、これを支持する鉄筋コンクリート床版（以下、RC床版）の張出し部の照査が必要となる。照査の結果、鉄筋引張応力度、コンクリート圧縮応力度ともに許容値を超過する結果となった。本計算例では、新たに設置する防護柵を支持するRC床版張出し部の補強対策について示す。

なお、設計活荷重（T荷重）は、本橋建設時は1等橋8 tf（80 kN）であったが、現行道路橋示方書（以下、道示）ではB活荷重10 tf（100 kN）となる。RC床版張出し部は歩道部であるが、防護柵に自動車が衝突する際の照査を行うため、衝突荷重と自動車荷重（B活荷重）を考慮する。

1.2.3 補強方法

RC床版張出し部の補強工法としては、床版上面の引張り応力度を負担する補強部材の設置を行うことを目的として、「補強鉄筋工法」、「鋼板接着工法」および「炭素繊維成形板接着工法」の3工法が考えられる（図1.2.2参照）。各工法とも床版上面からの施工となるため交通規制が必要条件となり、工法選定は、経済性、施工性、構造特性により行うこととなる。

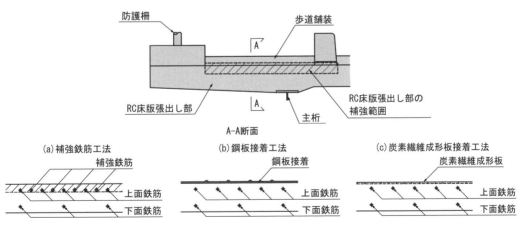

図1.2.2　RC床版の補強工法の例

本計算例においては、RC床版上面のはつり量（深さ）が少なく現況構造物への影響が少ないことに着目して「炭素繊維成形板接着工法」を採用する。以下に、その計算例を示す。

1.2.4　補強設計
（1）　設計方針

既設のRC床版張出し部の衝突荷重、B活荷重に対する応力照査を行い、床版上側鉄筋が許容引張応力度を超える場合は炭素繊維成形板を用いた床版補強を行う。設計手順を図1.2.3に示す。

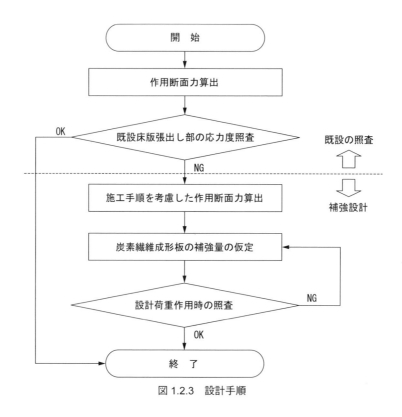

図1.2.3　設計手順

炭素繊維成形板による床版補強の施工ステップは、概ね図1.2.4に示すとおりである。既設構造物の補強であることから、炭素繊維成形板は衝突荷重、活荷重と後死荷重（舗装等荷重）にのみ抵抗する部材として設計を行う。

なお、床版切削を伴う工事においては、カッター工による鉄筋損傷、はつり工によるコンクリートひび割れ、コンクリート下地処理不良による樹脂モルタルとの付着不足などに十分注意する必要がある。本設計例では、鉄筋の経年劣化や、床版切削施工時の損傷の可能性を考慮して、既設鉄筋量を20%減少させた状態で補強設計を行うこととする。この施工リスクを考慮した設計は本設計例独自の考え方であり、個別の橋梁においては、それぞれの鉄筋の劣化度などを考慮して安全性に配慮することが望ましい。

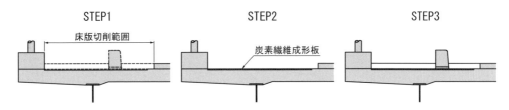

	STEP1	STEP2	STEP3
	・床版切削範囲にかかる橋面工（舗装・縁石等）の撤去。 ・炭素繊維成形板設置範囲の床版上面を15 mm 深さで切削（ショットブラスト、ウォータージェット等）。	・コンクリート表面下地処理及び不整調整。 ・炭素繊維成形板を設置。 （図1.2.12参照） ①下層樹脂モルタル ②炭素繊維成形板 ③上層樹脂モルタル	・床版防水工を設置。 ・橋面工を再施工。

図1.2.4　施工ステップ図

（2）設計条件

（a）荷重

① 死荷重

　鉄筋コンクリート：24.5 kN/m³

　アスファルト舗装：22.5 kN/m³

② 活荷重

　活荷重区分：B活荷重

　輪荷重：$P = 100$ kN

　歩道の群集荷重：$q = 5.0$ kN/m²

③ 防護柵車両衝突荷重

防護柵設置基準、本橋の路線の道路区分等に基づき、付替えるB種車両用防護柵の必要強度を満足する各種製品の中から、本橋に適する材質・形状等を選定する。防護柵の種別をB種車両用防護柵（歩行者自転車兼用）と設定して設計を行う。採用するB種の橋梁用ビーム型防護柵の部材性能を表1.2.1に示す。

表1.2.1　支柱と横梁の部材性能表

部材	断面性能	静荷重による性能
		B種
支柱	極限支持力	31.01 kN
支柱	最大支持力	46.26 kN
主要横梁	極限曲げモーメント	22.09 kN·m
下段横梁	極限曲げモーメント	5.68 kN·m

・支柱の塑性域での最大支持力

$$P_{max} = 46.26 \text{ (kN)}$$

$$P'_{max} = \frac{H_0}{H} \times P_{max} = \frac{800}{750} \times 46.26 = 49.34 \text{ (kN)}$$

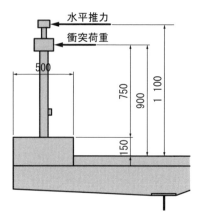

図 1.2.5 支柱に作用する荷重

ここで、P_{max}：支柱の静荷重試験時における最大支持力（kN）
P'_{max}：支柱の最大支持力の高さ換算値（kN）
H_0：支柱の荷重試験時における荷重高さ（＝800 mm）
H：地覆面から主要横梁中心までの高さ（＝750 mm）

④ 防護柵歩行者水平推力

歩行者の寄り掛かり等による水平推力は 2.5 kN/m、路面からの高さは 1.10 m を標準とする。

(b) 床版配筋（図 1.2.7 参照）

単位幅 1 m 当たりの鉄筋量（鉄筋断面積）

・引張側（上面）

D19（公称断面積：286.5 mm²） 間隔 150 mm

$$A_s = \frac{286.5 \times 1\,000}{150} = 1\,910 \text{ mm}^2$$

・圧縮側（下面）

D19（公称断面積：286.5 mm²） 間隔 300 mm

$$A_s = \frac{286.5 \times 1\,000}{300} = 955 \text{ mm}^2$$

表 1.2.2 既設 RC 床版の配筋状況

	引張側（上面）鉄筋量(mm²)		圧縮側（下面）鉄筋量(mm²)	
	径及び間隔	A_s	径及び間隔	A_s'
主鉄筋方向	D19ctc150	1 910	D19ctc300	955

※補強設計に用いる既設鉄筋量は、本来の鉄筋量（上表）の 20％減とみなした値とする（(1) 設計方針 参照）。

(c) 許容応力度および材料物性値

① コンクリート

・許容曲げ圧縮応力度の算出

$$\sigma_{ca} = \frac{\sigma_{ck}}{3} = \frac{21}{3} = 7.0 \, \text{N/mm}^2$$

・コンクリートのヤング係数の算出

$$E_c = \frac{E_s}{n} = \frac{2.0 \times 10^5}{15} = 1.33 \times 10^4 \, \text{N/mm}^2$$

表 1.2.3 コンクリート諸元

		床版（既設）
設計基準強度	σ_{ck}	21 N/mm²
許容曲げ圧縮応力度	σ_{ca}	7.0 N/mm²
ヤング係数	E_c	1.33×10^4 N/mm²

※コンクリートのヤング係数は、鉄筋とコンクリートのヤング係数比 $n=15$ から求めた値とする。

② 鉄筋

表 1.2.4 鉄筋諸元

		床版（既設）
鉄筋の種類		SD295
許容引張応力度	σ_{sa}	140 N/mm²
ヤング係数	E_s	2.0×10^5 N/mm²

※鉄筋の許容応力度は、道示Ⅱ 9.2.7 において、「床版支持桁の不等沈下の影響を無視できる場合で、道示Ⅱ 9.2.4(1)～(3)までに規定される設計曲げモーメントを用いて断面設計を行う場合は、鉄筋の応力度は許容応力度 140 N/mm² に対して、20 N/mm² 余裕を持たせるのが望ましい。」とある。なお、既設鉄筋 SD295 については平成24年道示では明記されていないため、平成14年道示に示される許容応力度 140 N/mm² に対し、同様の考えを用いる。

③ 炭素繊維成形板

炭素繊維成形板は、炭素繊維と含浸接着樹脂の組合せにより製造されるため、多様な製品（性能）が存在する。本計算例では、土木鉄筋コンクリート補強として製品化されているものの中から、設計に必要な断面を有する炭素繊維成形板（**表 1.2.5**）を使用する。

表 1.2.5　炭素繊維成形板諸元

		床版（既設）
寸法	厚さ	2.0 mm
	幅	50.0 mm
引張強度		2 400 N/mm²
許容引張応力度	σ_{lcfa}	167 N/mm²
ヤング係数	E_{lcf}	1.67×10^5 N/mm²

※炭素繊維成形板の許容引張応力度は、鉄筋コンクリート桁の補強に用いた際の曲げ試験や材料試験等において、炭素繊維成形板に生じるひずみ量が 1 000 μ（マイクロ）程度以下であったことから、ヤング係数の 1/1 000 とする[1]。

（3）　既設照査
（a）　断面力の算出

　断面力の算出は、道示Ⅱ 9.2.4 に準拠して行う。荷重算出用の諸元は、図 1.2.6 に示すとおりとする。本橋は、主桁上フランジ（$t = 15$ mm）がハンチ（$h = 50$ mm）内に収まる形式が取られている。死荷重算出時は、主桁上フランジによる床版コンクリートの控除分を考慮せずに断面力を算出し、断面計算時は控除断面で行う。

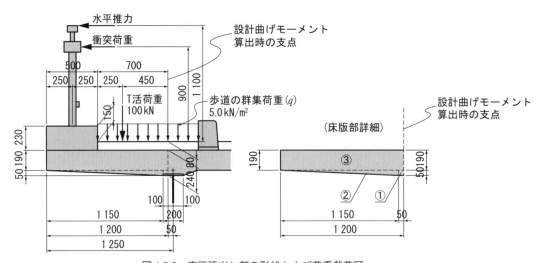

図 1.2.6　床版張出し部の形状および荷重載荷図

①　死荷重断面力

　道示Ⅱ 9.2.4 (3) 表-9.2.3 に基づき、片持版として単位幅（1 m）当たり等分布死荷重による設計曲げモーメントを算出する。

$$M_d = \frac{wL^2}{2}$$

ここに、w：等分布死荷重（kN/m²）
　　　　L：死荷重に対する床版の支間（m）

		w	L	荷重作用位置	
舗装	:	22.5 kN/m³ × 0.080 m × 0.700 m × 0.350 m			= 0.441 （kN·m）
床版①	:	24.5 kN/m³ × 0.050 m × 0.050 m × 0.025 m			= 0.002 （kN·m）
床版②	:	24.5 kN/m³ × 0.050 m × 1.150 m × 0.433 m × 0.5			= 0.305 （kN·m）
床版③	:	24.5 kN/m³ × 0.190 m × 1.200 m × 0.600 m			= 3.352 （kN·m）
地覆	:	24.5 kN/m³ × 0.230 m × 0.500 m × 0.950 m			= 2.677 （kN·m）
防護柵	:	0.6 kN/m × 0.950 m			= 0.570 （kN·m）
合計	:	M_d			= 7.347 （kN·m）

② 活荷重断面力

・常時（群集荷重）

$$M_{L1} = \frac{q \times LL^2}{2} = \frac{5.0 \times 0.7^2}{2} = 1.225 \quad (\text{kN·m})$$

ここで、q：群集荷重（= 5.0 kN/m²）
　　　　LL：群集荷重の載荷幅（m）

・衝突時（輪荷重）

道示Ⅱ 9.2.4（1）表-9.2.1 に基づき、片持ち床版として床版の単位幅（1 m）当たりの設計曲げモーメントを算出する。

$$M_{L2} = \frac{P \times L}{(1.3L + 0.25)} = \frac{100 \times 0.45}{(1.3 \times 0.45 + 0.25)} = 53.892 \quad (\text{kN·m})$$

ここで、P：輪荷重（= 100 kN）
　　　　L：床版の支間（m）

（床版の支間は、道示Ⅱ 9.2.3 により、主桁上フランジ突出幅の半分から輪荷重作用位置までとする。）

③ 歩行者からの水平推力

$M_H = 2.5 \times L_H = 2.5 \times \{1.100 + 0.080 + (0.190 + 0.050)/2\} = 3.250$ （kN·m）

ここで、L_H：床版の断面中心から水平推力作用位置までの高さ（m）

④ 車両の衝突荷重

衝突荷重は、防護柵設置基準（p.154）に準拠して算出する。

$$M_s = \frac{M_{max}}{B_0} = \frac{k \times M_{max}}{L_p} = \frac{0.5 \times 54.27}{2.0} = 13.568 \quad (\text{kN·m})$$

ここで、$M_{max} = P'_{max} \times L_h$
$= 49.34 \times \{0.900 + 0.080 + (0.190 + 0.050)/2\} = 54.27$ (kN·m)

B_0：荷重を受けるコンクリート床版有効長（L_p/k）

k：低減係数（$=0.5$）

防護柵設置基準（p.48）より、防護柵に車両が衝突した際の床版に作用する付加的な力が2スパン以上にわたって作用することを考慮する。

L_p：支柱間隔（$=2.0$ m）

L_h：床版の断面中心から衝突荷重作用位置までの高さ（m）

P'_{max}：支柱の最大支持力の高さ換算値（kN）

⑤ 荷重の組合せ

設計に用いる荷重の組合せは、表1.2.6のとおりとなる。設計荷重は、作用力の大きな衝突時の曲げモーメントを用いて行う。

表1.2.6　荷重組合せと設計断面力（kN·m）

荷重ケース			死荷重時	常時 （群集荷重）	衝突時 （輪荷重）
許容値の割増係数			1.00	1.00	1.50
死荷重		M_d	7.347	7.347	7.347
活荷重	群集荷重	M_{L1}		1.225	
	輪荷重	M_{L2}			53.892
歩行者水平推力		M_H		3.250	
車両衝突力		M_S			13.568
合計		M	7.347	11.822	74.807

(b)　断面計算

照査断面は、図1.2.7に示す「設計曲げモーメント算出時の支点」の断面である。床版厚190 mm＋ハンチ高50 mmであるが、上フランジ厚15 mmを控除した断面で照査する。

$190 + 50 - 15 = 225$ (mm)

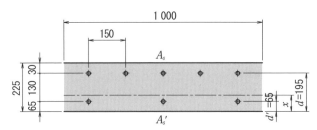

図1.2.7　照査断面（既設断面）

① 床版下端より中立軸までの距離 x

複鉄筋矩形断面として中立軸までの距離 x を計算する。

$$x = -\frac{n(A_s + A'_s)}{b} + \sqrt{\left\{\frac{n(A_s + A'_s)}{b}\right\}^2 + \frac{2n}{b}(dA_s + d'A'_s)}$$

$$= -\frac{15(1\,910 + 955)}{1\,000} + \sqrt{\left\{\frac{15(1\,910 + 955)}{1\,000}\right\}^2 + \frac{2\times 15}{1\,000}(195\times 1\,910 + 65\times 955)}$$

$$= 79.02 \quad (\mathrm{mm})$$

ここに、A_s：単位幅（1 m）当たりの引張側鉄筋断面積（**表 1.2.2** 参照）
　　　　A'_s：単位幅（1 m）当たりの圧縮側鉄筋断面積（**表 1.2.2** 参照）
　　　　n：鉄筋とコンクリートのヤング係数比 = 15
　　　　b：単位幅 = 1 000（mm）

② コンクリート断面係数 K_c

$$K_c = \frac{bx}{2}\left(d - \frac{x}{3}\right) + nA'_s \frac{x - d'}{x}(d - d')$$

$$= \frac{1\,000 \times 79.02}{2}\left(195 - \frac{79.02}{3}\right) + 15 \times 955 \times \frac{79.02 - 65}{79.02}(195 - 65)$$

$$= 6\,994 \times 10^3 \quad (\mathrm{mm}^3)$$

③ 鉄筋断面係数 K_s

$$K_s = \frac{K_c}{n} \cdot \frac{x}{d-x} = \frac{6\,994 \times 10^3}{15} \times \frac{79.02}{195 - 79.02} = 317.7 \times 10^3 \quad (\mathrm{mm}^3)$$

④ コンクリート応力度 σ_c

$$\sigma_c = \frac{M}{K_c} = \frac{74.81 \times 10^6}{6\,994 \times 10^3} = 10.7\,(\mathrm{N/mm^2}) > 7.0 \times 1.5 = 10.5\,(\mathrm{N/mm^2}) \cdots \mathrm{NG}$$

⑤ 鉄筋応力度 σ_s

$$\sigma_s = \frac{M}{K_s} = \frac{74.81 \times 10^6}{317.7 \times 10^3} = 235.5\,(\mathrm{N/mm^2}) > 120 \times 1.5 = 180\,(\mathrm{N/mm^2}) \cdots \mathrm{NG}$$

現断面では、衝突荷重作用時において、コンクリート応力度、鉄筋応力度が共に許容応力度を超過するため、床版上面を炭素繊維成形板接着工法により補強する。

（4）補強設計
（a）断面力の算出
　補強部材である炭素繊維成形板は、RC 床版を 15 mm 切削した部分に施工する自重とその上に施工する歩道舗装等橋面工（後死荷重）、衝突荷重、活荷重に抵抗する部材である。ここでは、前死荷重、後死荷重に分けて断面力を算出し、次項にて死荷重時（前死荷重）、衝突時（後死荷重＋衝突荷重＋活荷重）の応力度を算出し、その足し合せにより補強断面の照査を行う。

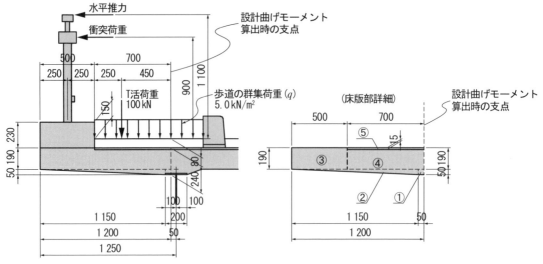

図 1.2.8　床版張出し部の形状および荷重載荷図

① 死荷重時断面力
・前死荷重

道示Ⅱ 9.2.4（3）表-9.2.3 に基づき、片持版として単位幅（1 m）当たり等分布死荷重による設計曲げモーメントを算出する。

$$M_d = \frac{wL^2}{2}$$

ここに、w：等分布死荷重（kN/m²）
　　　　L：死荷重に対する床版の支間（m）

	w	L	荷重作用位置	
床版①	: 24.5 kN/m³ × 0.050 m × 0.050 m × 0.025 m			= 0.002（kN·m）
床版②	: 24.5 kN/m³ × 0.050 m × 1.150 m × 0.433 m × 0.5			= 0.305（kN·m）
床版③	: 24.5 kN/m³ × 0.190 m × 0.500 m × 0.950 m			= 2.211（kN·m）
床版④	: 24.5 kN/m³ × 0.175 m × 0.700 m × 0.350 m			= 1.050（kN·m）
地覆	: 24.5 kN/m³ × 0.230 m × 0.500 m × 0.950 m			= 2.677（kN·m）
防護柵	: 0.6 kN/m × 0.950 m			= 0.570（kN·m）
合計	: M_{d1}			= 6.815（kN·m）

・後死荷重

前死荷重による断面力算出と同様に、後死荷重による断面力を算出する。

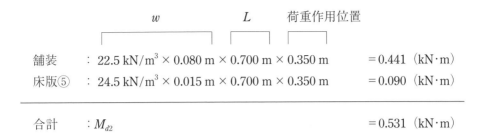

	w	L	荷重作用位置	
舗装	: 22.5 kN/m³ × 0.080 m × 0.700 m × 0.350 m			= 0.441（kN·m）
床版⑤	: 24.5 kN/m³ × 0.015 m × 0.700 m × 0.350 m			= 0.090（kN·m）
合計	: M_{d2}			= 0.531（kN·m）

② 荷重の組合せ

設計に用いる荷重の組合せは、**表 1.2.7** のとおりとなる。死荷重以外の断面力は、（3）既設照査における断面力の算出項目を参照していただきたい。設計荷重は、作用力の大きな衝突時の曲げモーメントを用いて行う。

表 1.2.7 荷重の組合せと設計断面力（kN·m）

荷重ケース			死荷重時	常時 （群集荷重）	衝突時 （輪荷重）
許容値の割増係数			1.00	1.00	1.50
死荷重	前死荷重	M_{d1}	6.815	6.815	6.815
	後死荷重	M_{d2}	0.531	0.531	0.531
活荷重	群集荷重	M_{L1}		1.225	
	輪荷重	M_{L2}			53.892
歩行者水平推力		M_H		3.250	
車両衝突荷重		M_S			13.568
補強前断面力		M_1	6.815	6.815	6.815
補強後断面力		M_2	0.531	5.006	67.991

(b) **断面計算**

① 補強断面の仮定

補強部材である炭素繊維成形板（厚さ 2 mm、幅 50 mm）を、RC 床版を 15 mm 切削した部分に 50 mm あけて配置し（1 m 当たり 10 本、**図 1.2.9** 参照）、エポキシ樹脂モルタルにて既設断面と一体化させる。

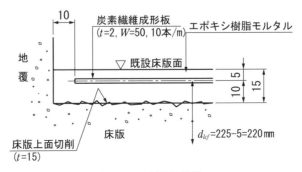

図 1.2.9 補強概要図

② 前死荷重時応力度

炭素繊維成形板（厚さ 2 mm）を接着するために、RC 床版上面を 15 mm 切削した状態（死荷重時）の応力度を算出する。

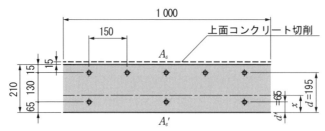

図 1.2.10　照査断面（補強前：前死荷重）

・床版下端より中立軸までの距離 x

複鉄筋矩形断面として中立軸までの距離 x を計算する。

$$x = -\frac{n(A_s + A_s')}{b} + \sqrt{\left\{\frac{n(A_s + A_s')}{b}\right\}^2 + \frac{2n}{b}(dA_s + d'A_s')}$$

$$= -\frac{15(1\,528 + 764)}{1\,000} + \sqrt{\left\{\frac{15(1\,528 + 764)}{1\,000}\right\}^2 + \frac{2 \times 15}{1\,000}(195 \times 1\,528 + 65 \times 764)}$$

$$= 73.37 \ (\text{mm})$$

ここに、A_s：単位幅（1 m）当たりの引張側鉄筋断面積の 80％（**表 1.2.2** 参照）
　　　　A_s'：単位幅（1 m）当たりの圧縮側鉄筋断面積の 80％（**表 1.2.2** 参照）
　　　　n：鉄筋とコンクリートのヤング係数比 = 15
　　　　b：単位幅 = 1 000（mm）

・コンクリート断面係数 K_c

$$K_c = \frac{bx}{2}\left(d - \frac{x}{3}\right) + nA_s'\frac{x - d'}{x}(d - d')$$

$$= \frac{1\,000 \times 73.37}{2}\left(195 - \frac{73.37}{3}\right) + 15 \times 764 \times \frac{73.37 - 65}{73.37}(195 - 65)$$

$$= 6\,426 \times 10^3 \ (\text{mm}^3)$$

・鉄筋断面係数 K_s

$$K_s = \frac{K_c}{n} \cdot \frac{x}{d - x} = \frac{6\,426 \times 10^3}{15} \times \frac{73.37}{195 - 73.37} = 258.4 \times 10^3 \ (\text{mm}^3)$$

・コンクリート応力度 σ_{cd}

$$\sigma_{cd} = \frac{M_1}{K_c} = \frac{6.82 \times 10^6}{6\,426 \times 10^3} = 1.1 \,(\text{N}/\text{mm}^2) \ \cdots \ ①$$

・鉄筋応力度 σ_{sd}

$$\sigma_{sd} = \frac{M_1}{K_s} = \frac{6.82 \times 10^6}{258.4 \times 10^3} = 26.4\,(\text{N/mm}^2) \cdots ②$$

③ 後死荷重＋衝突時応力度

床版切削後に行う炭素繊維成形板を含めた床版の補強（$t = 15$ mm）と、歩道舗装の死荷重、車両衝突荷重、車両活荷重に対する応力度を算出する。

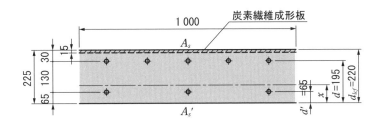

図 1.2.11　照査断面（補強後：後死荷重＋活荷重）

・床版下端より中立軸までの距離 x

複鉄筋矩形断面として中立軸までの距離 x を計算する。

$$\begin{aligned}
x &= -\frac{n(A_s + A_s') + n_{lcf} \times A_{lcf}}{b} \\
&\quad + \sqrt{\left\{\frac{n(A_s + A_s') + n_{lcf} \times A_{lcf}}{b}\right\}^2 + \frac{2}{b}\left\{n(dA_s + d'A_s') + n_{lcf}(d_{lcf} \times A_{lcf})\right\}} \\
&= -\frac{15(1\,528 + 764) + 12.6 \times 1\,000}{1\,000} \\
&\quad + \sqrt{\left\{\frac{15(1\,528 + 764) + 12.6 \times 1\,000}{1\,000}\right\}^2 + \frac{2}{1\,000}\left\{15(195 \times 1\,528 + 65 \times 764) + 12.6(220 \times 1\,000)\right\}} \\
&= 87.85\ (\text{mm})
\end{aligned}$$

ここに、A_S：単位幅（1 m）当たりの引張側鉄筋断面積の80%（**表 1.2.2** 参照）
　　　　A_S'：単位幅（1 m）当たりの圧縮側鉄筋断面積の80%（**表 1.2.2** 参照）
　　　　A_{lcf}：単位幅（1 m）当たりの炭素繊維成形板断面積（**図 1.2.10** 参照）
　　　　　　　$A_{lcf} = 2\,\text{mm} \times 50\,\text{mm} \times 10\,\text{本}/\text{m} = 1\,000\,\text{mm}^2$
　　　　n：鉄筋とコンクリートのヤング係数比 $= 15$
　　　　n_{lcf}：炭素繊維成形板とコンクリートのヤング係数比 $E_{lcf}/E_c = 12.6$
　　　　d_{lcf}：床版下面から炭素繊維成形板厚の中心までの高さ（mm）
　　　　b：単位幅 $= 1\,000$（mm）

・中立軸まわりの断面二次モーメント I_x

$$I_x = \frac{bx^3}{3} + nA_s(d-x)^2 + nA'_s(d'-x)^2 + n_{lcf}A_{lcf}(d_{lcf}-x)^2$$

$$= \frac{1\,000 \times 87.85^3}{3} + 15 \times 1\,528(195-87.85)^2 + 15 \times 764(65-87.85)^2$$

$$+ 12.6 \times 1\,000(220-87.85)^2$$

$$= 715.2 \times 10^6 \quad (\text{mm}^4)$$

・コンクリート応力度 σ_{cl}

$$\sigma_{cl} = \frac{M_2}{I_x}x = \frac{67.99 \times 10^6}{715.2 \times 10^6} \times 87.85 = 8.4\,(\text{N}/\text{mm}^2) \quad \cdots ③$$

・鉄筋応力度 σ_{sl}

$$\sigma_{sl} = n\frac{M_2}{I_x}(d-x) = 15 \times \frac{67.99 \times 10^6}{715.2 \times 10^6}(195-87.85) = 152.8\,(\text{N}/\text{mm}^2) \quad \cdots ④$$

④ 補強断面の照査

・前死荷重時

$\sigma_{cd} = 1.1\,(\text{N/mm}^2)$ ……………式①より

$\sigma_{sd} = 26.4\,(\text{N/mm}^2)$ ……………式②より

・後死荷重＋衝突時

$\sigma_{cl} = 8.4\,(\text{N/mm}^2)$ ……………式③より

$\sigma_{sl} = 152.8\,(\text{N/mm}^2)$ ……………式④より

・応力度の足合わせ

コンクリート応力度

$\sigma_c = \sigma_{cd} + \sigma_{cl} = 1.1 + 8.4 = 9.5\,(\text{N/mm}^2)$

鉄筋応力度

$\sigma_s = \sigma_{sd} + \sigma_{sl} = 26.4 + 152.8 = 179.2\,(\text{N/mm}^2)$

衝突時の許容応力度の割増係数を考慮すると、下式のとおり許容値を満足する。

$\sigma_c = 9.5\,(\text{N}/\text{mm}^2) \leq 7.0 \times 1.5 = 10.5\,(\text{N}/\text{mm}^2) \quad \cdots \text{OK}$

$\sigma_s = 179.2\,(\text{N}/\text{mm}^2) \leq 120 \times 1.5 = 180\,(\text{N}/\text{mm}^2) \quad \cdots \text{OK}$

・炭素繊維成形板応力度 σ_{lcf}

$$\sigma_{lcf} = n_{lcf}\frac{M_2}{I_x}(d_{lcf}-x) = 12.6 \times \frac{67.99 \times 10^6}{715.2 \times 10^6}(220-87.85)$$

$$= 158.3 \leq 167 \times 1.5 = 250.5\,(\text{N}/\text{mm}^2) \quad \cdots \text{OK}$$

よって、仮定した炭素繊維成形板の補強量で断面照査を満足する。

（5） 定着長の計算

断面計算における炭素繊維成形板に発生する応力度 σ_{lcf} を用いて、炭素繊維成形板の RC 床版張出し部における必要定着長（図 1.2.12 に示す L）を算出する。炭素繊維成形板の必要定着長 L は、エポキシ樹脂モルタルとの付着に必要な長さ L_{lcf} に床版厚 d_{lcf} を加えた値とする。

炭素繊維成形板とエポキシ樹脂モルタルの必要定着長 L_{lcf} は、下式[1]により算出する。

$$L_{lcf} = \frac{T_{lcf}}{\tau_{lcfa} \times b} = \frac{\sigma_{lcf} \times t \times b}{\tau_{lcfa} \times b} = \frac{158.3 \times 2.0 \times 50}{0.66 \times 50} = 479.7 \,(\text{mm})$$

ここに、L_{lcf}：炭素繊維成形板とエポキシ樹脂モルタルの必要定着長（mm）
T_{lcf}：炭素繊維成形板に生じる引張力（N）
σ_{lcf}：炭素繊維成形板の発生応力度（N/mm^2）
τ_{lcfa}：炭素繊維成形板とエポキシ樹脂モルタルの許容付着応力度[1]（N/mm^2）
$= 0.44$（N/mm^2）
衝突時の許容応力度の割増係数を考慮し、$0.44 \times 1.5 = 0.66$（N/mm^2）
t：炭素繊維成形板の厚さ（mm）
b：炭素繊維成形板の幅（mm）

$$L = L_{lcf} + d_{lcf} = 479.7 + 220 = 699.7 \text{ mm}$$

よって、必要定着長は 700 mm とする。

床版張出し部には地覆の際まで炭素繊維成形板を配置する。炭素繊維成形板の長さは、1 380 mm（$L' + L = 680 + 700$）となる。

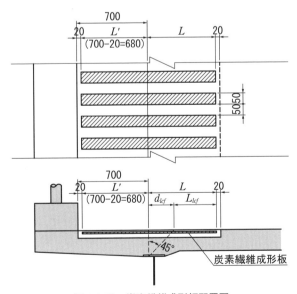

図 1.2.12　炭素繊維成形板配置図

（6） 計算結果

計算結果一覧表を表 1.2.8 に示す。炭素繊維成形板により補強することで、防護柵取替えに伴う既設鉄筋およびコンクリートに発生する応力度を許容値に収めることが可能となる。

表 1.2.8　計算結果一覧表

							現況（衝突時）			炭素繊維成形板補強					
										切削時（死荷重のみ）			完成時（衝突時）		
設計条件	既設鉄筋	引張	D	19	ctc	150	100%	有効	1 910	80%	有効	1 528	80%	有効	1 528
		圧縮	D	19	ctc	300	100%	有効	955	80%	有効	764	80%	有効	764
		材質					SD295								
		許容引張応力度	σ_{sa}	N/mm²			120 [140]								
	コンクリート	設計基準強度	σ_{ck}	N/mm²			21								
		許容圧縮応力度	σ_{ca}	N/mm²			7.0								
	補強材	幅	B	mm			—			—			50		
		厚さ	t	mm			—			—			2		
		本数	N	本/m			—			—			10		
		許容引張応力度	σ_{lcf}	N/mm²			—			—			167		
	許容値の割増係数						1.50			1.00			1.50		
コンクリート	圧縮応力度	σ_c	N/mm²				10.7			1.1			9.5		
	許容値×割増係数	σ_{ca}	N/mm²				> 10.5			≦ 7.0			≦ 10.5		
	判定	—					＊＊OUT＊＊			＊＊OK＊＊			＊＊OK＊＊		
鉄筋	引張応力度	σ_s	N/mm²				235.4			26.4			179.2		
	許容値×割増係数	σ_{sa}	N/mm²				> 180 [210]			≦ 120 [140]			≦ 180 [210]		
	判定	—					＊＊OUT＊＊			＊＊OK＊＊			＊＊OK＊＊		
補強材	引張応力度	σ_{lcf}	N/mm²				—			—			158.3		
	許容値×割増係数	σ_{lca}	N/mm²				—			—			≦ 250.5		
	判定	—					—			—			＊＊OK＊＊		

※鉄筋応力度の [ ] 値は、RC床版としての応力度余裕（20N/mm²）を含まない値を示す。

参考文献

1) 土木研究所：コンクリート部材の補修・補強に関する共同研究報告書（Ⅲ）－炭素繊維シート接着工法による道路橋コンクリート部材の補修・補強に関する設計・施工指針（案）－、平成11年12月

第2章

コンクリート橋上部工

2.1 CFRP格子筋を用いたRC床版上面増厚補強
2.2 PC連続箱桁橋の炭素繊維プレート緊張剤による補強
2.3 PC T桁橋の炭素繊維シートと外ケーブルによる補強

2.1 CFRP格子筋を用いたRC床版上面増厚補強

2.1.1 橋梁諸元
(1) 橋 梁 形 式：RC単純T桁橋
(2) 支 間 長：12.0 m（橋長11.9 m）
(3) 幅 員：7.6 m
(4) 斜 角：90°
(5) 設計活荷重：TL-20
(6) 建 設 年：昭和40年代

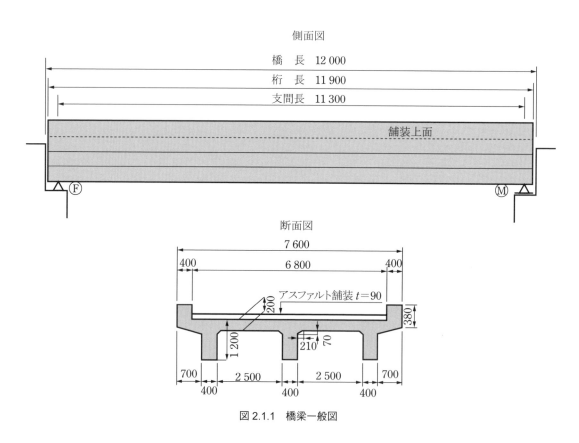

図2.1.1　橋梁一般図

2.1.2 補強理由

本橋は、昭和40年代にTL20荷重で設計架設されたRC単純T桁橋で、床版厚が200 mmと薄く、現行の道路橋示方書（平成24年）に準じてRC床版を照査すると、床版厚が不足し、B活荷重に対しては支点上橋軸直角方向、支間部橋軸方向および橋軸直角方向の鉄筋応力度が許容応力度を超過する。本計算例では、RC床版の支間部および支点上の補強について検討する。

2.1.3 補強方法

道路橋の RC 床版は、輪荷重の繰り返し載荷によりひび割れなどの損傷・劣化が発生し耐久性が不足している例が多い。特に昭和 39 年道路橋示方書など古い設計基準に準拠して設計・施工された RC 床版では、床版厚や鉄筋量の不足により損傷が進行しやすいとされている。RC 床版の補強工法としては、上面増厚工法、下面増厚工法、鋼板接着工法、炭素繊維シート接着工法などがある。

本橋では、床版厚が不足していること、及び支点上橋軸直角方向の鉄筋応力度が許容応力度を超過していることから、床版厚を増加させるとともに支点上橋軸直角方向に引張補強筋を配置することが必要となる。引張補強筋として鉄筋を用いる場合には、鉄筋かぶりを確保するために一般に 10 cm 以上の増厚量が必要となり橋面高さが変化するため伸縮装置の取替えや橋梁取付道路の舗装面の嵩上げが必要となり、長期の交通規制が必要となる。一方、炭素繊維強化樹脂（CFRP）格子筋を用いた上面増厚補強では、CFRP 格子筋の縦筋と横筋が平面交差しており、鉄筋を主鉄筋方向と配力鉄筋方向に重ねて配置する場合に比べて補強筋の設置高さを小さくできること、CFRP 格子筋は腐食の恐れがないことからかぶり厚さおよび増厚厚さを薄くすることができる。

本橋では、補強後の路面高さの変化を小さくし、補強による床版質量の増加を最小限とするために、補強筋に CFRP 格子筋を使用した増厚工法を選定する。既設床版上面を 10mm 切削し、ショットブラストにて研掃した後、CFRP 格子筋を配置し、既設床版コンクリート上にエポキシ樹脂系の打継ぎ用接着剤を塗布し鋼繊維補強コンクリートを 50 mm 厚さで打設して補強する。補強後の舗装厚さは 50 mm とする。

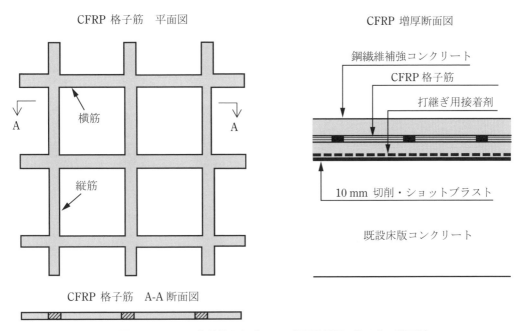

図 2.1.2　CFRP 格子筋および CFRP 格子筋増厚工法の施工断面例

2.1.4 補強設計
（1） 設計方針

現行の道路橋示方書（平成24年）の床版厚の規定を満足するように上面増厚コンクリートの厚さを設定し、床版上面に配置するCFRP格子筋の筋断面積および筋ピッチを仮定して、RC床版のB活荷重に対する照査を行う。なお、CFRP格子筋の圧縮強度および圧縮剛性は無視して応力度の算定を行う。補強設計においては、荷重の載荷時期により既設断面および補強後の断面が受け持つ荷重を以下のように設定して応力度を算定し、合成応力度に対して照査を行う。

・切削を考慮した既設断面で受け持つ荷重：床版自重および増厚コンクリート自重
・補強後の断面で受け持つ荷重：活荷重および舗装自重

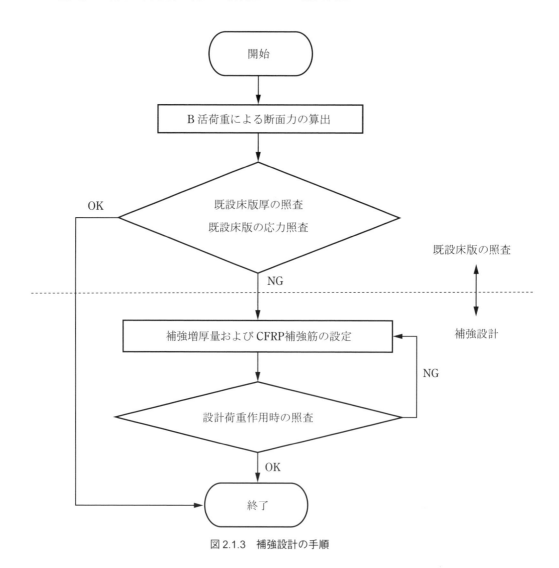

図2.1.3　補強設計の手順

(2) 設計条件
(a) 構造寸法
　　床版支間：$l = 2\,500$ mm
　　舗　装　厚：90 mm（補強前）
　　　　　　　　50 mm（補強後）
　　床　版　厚：200 mm（補強前）
　　　　　　　　240 mm（補強後）
(b) 床版配筋
　　主鉄筋　　引張：1 588.8 mm^2　　D16 @125　$d = 170$
　　　　　　　圧縮：794.4 mm^2　　　D16 @250　$d' = 30$
　　配力鉄筋　引張：993.0 mm^2　　　D16 @200　$d = 154$
　　　　　　　圧縮：496.5 mm^2　　　D16 @400　$d' = 46$
(c) 単位重量
　　アスファルトの単位重量：22.5 kN/m^3
　　鉄筋コンクリートの単位重量：24.5 kN/m^3
　　鋼繊維補強コンクリートの単位重量：24.5 kN/m^3
(d) 許容応力度
① 既設コンクリート
　　設計基準強度：21 N/mm^2
　　許容曲げ圧縮応力度：7 N/mm^2
　　弾性係数：13 300 N/mm^2（鉄筋とコンクリートの弾性係数比 $n = 15$ から求めた値）
② 増厚コンクリート（鋼繊維補強超速硬セメントコンクリート）
　　上面増厚に一般的に用いられる鋼繊維補強超速硬セメントコンクリートを選定する。
　　設計基準強度：40 N/mm^2
　　許容曲げ圧縮応力度：13.3 N/mm^2
　　弾性係数：13 300 N/mm^2（鉄筋とコンクリートの弾性係数比 $n = 15$ から求めた値）
③ 鉄筋
　　鉄筋の種類：SD295
　　許容応力度：140 N/mm^2（20 N/mm^2 程度の余裕を持たせるのが望ましい）
④ CFRP 格子筋
　　CFRP 格子筋の種類：高弾性型
　　引張強度：1 200 N/mm^2
　　許容応力度：400 N/mm^2
　　弾性係数：165 000 N/mm^2

(3) 補強前の床版の照査
(a) 最小床版厚
道示 Ⅲ 7.3.1 より

最小全厚 $d = k_1 \times k_2 \times d_o$

$\qquad = 1.25 \times 1.0 \times (30 \times 2.5 + 110)$

$\qquad = 231 \text{ mm} > 200 \text{ mm}$（既設床版厚）　NG

ここで、k_1：交通量による係数（道示 Ⅲ 表-解 7.3.1 より 1 方向当たりの大型自動車の交通量が 2 000 台 / 日以上であるので 1.25 とする）

$\qquad k_2$：付加曲げモーメント係数（道示 Ⅲ 7.3.1 解説 (3) より一般に 1.0）

$\qquad d_o$：必要最小厚（$30L + 110$）

既設床版は最小床版厚を満たしていない。

(b) 荷重
- 死荷重　舗　装　自　重　$0.09 \times 22.500 = 2.025 \text{ kN/m}^2$

　　　　　床　版　自　重　$0.20 \times 24.500 = 4.900 \text{ kN/m}^2$

　　　　　合計死荷重　$w_d = 2.025 + 4.900 = 6.925 \text{ kN/m}^2$

　　　　（ハンチコンクリートの自重は無視する）

- 活荷重（輪荷重）　$P = 100 \text{ kN}$（T 荷重の片側荷重）

(c) 断面力の算出
床版の設計曲げモーメントは、道示 Ⅲ 7.4.2 に準じて床版支間が車両進行方向に直角な連続版として、床版の単位幅（1 m）当たりのモーメントを算出する。

① 支間中央橋軸直角方向（主鉄筋方向）

- 死荷重曲げモーメント

$\qquad M_d = w_d \times l^2 / 10 = 6.925 \times 2.5^2 / 10$

$\qquad\qquad = 4.328 \text{ kN·m}$

- 活荷重曲げモーメント

$\qquad M_L = (0.12 \times l + 0.07) P \times 0.8 \times k = (0.12 \times 2.500 + 0.07) \times 100 \times 0.8 \times 1.0$

$\qquad\qquad = 29.600 \text{ kN·m}$

ここに、P は道示 共通編 2.2.2 に示す T 荷重の片側荷重（100 kN）、l は道示 Ⅲ 7.4.3 に規定する T 荷重に対する床版の支間、曲げモーメントの割り増し係数 k は、$l \leq 2.5$ であるので道示 Ⅲ 7.4.2 表-7.4.2 より $k = 1.0$ とする。

② 支間中央橋軸方向（配力鉄筋方向）

- 死荷重曲げモーメント

　　道示 Ⅲ 7.4.2 表-7.4.4 に準じて無視する。

- 活荷重曲げモーメント

$\qquad M_L = (0.10 \times l + 0.04) P \times 0.8 = (0.10 \times 2.500 + 0.04) \times 100 \times 0.8$

$\qquad\qquad = 23.200 \text{ kN·m}$

③ 支点上橋軸直角方向（主鉄筋方向）

・死荷重曲げモーメント

$$M_d = -w_d \times l^2/10 = -6.925 \times 2.5^2/10$$
$$= -4.328 \text{ kN·m}$$

・活荷重曲げモーメント

$$M_L = -(0.15 \times l + 0.125)P \times k = (0.15 \times 2.500 + 0.125) \times 100 \times 1.0$$
$$= 50.000 \text{ N·m}$$

ここに曲げモーメントの割り増し係数 k は、$l \leq 2.5$ であるので道示 Ⅲ 7.4.2 表-7.4.2 より $k = 1.0$ とする。

(d) 応力度の照査

① 支間中央橋軸直角方向（主鉄筋方向）

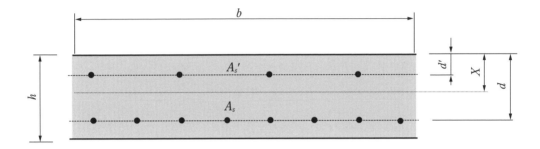

床 版 厚　　h : 200 mm
単 位 幅　　b : 1 000 mm
引 張 鉄 筋 量　　A : 1 588.8 mm²
圧 縮 鉄 筋 量　　A_s' : 794.4 mm²
引 張 鉄 筋 位 置　　d : 170 mm
圧 縮 鉄 筋 位 置　　d' : 30 mm
弾 性 係 数 比　　n : 15（鉄筋／コンクリート）

図 2.1.4　支間部橋軸直角方向の断面

・設計曲げモーメント　$M_d + M_L = 4.328 + 29.600 = 33.928$ kN·m

・圧縮縁から中立軸までの距離 X

$$A = n \times A_s + n \times A_s' = 15 \times 1\,588.8 + 15 \times 794.4 = 35\,748 \text{ mm}^2$$
$$B = n \times A_s \times d + n \times A_s' \times d' = 15 \times 1\,588.8 \times 170 + 15 \times 794.4 \times 30 = 4\,408\,920 \text{ mm}^3$$

$$X = \{-A + \sqrt{(A^2 + 2 \times b \times B)}\} / b$$
$$= \{-35\,748 + \sqrt{(35\,748^2 + 2 \times 1\,000 \times 4\,408\,920)}\} / 1\,000$$
$$= 64.7 \text{ mm}$$

・断面二次モーメント
$$I = b \times X^3 / 3 + n \times A_s \times (d-X)^2 + n \times A_s' \times (d'-X)^2$$
$$= 1\,000 \times 64.7^3 / 3 + 15 \times 1\,588.8 \times (170-64.7)^2 + 15 \times 794.4 \times (30-64.7)^2$$
$$= 368\,879\,305 \text{ mm}^4$$

・応力度の照査

コンクリート　$\sigma_c = M \times X / I = 33\,928\,000 \times 64.7 / 368\,879\,305$
$= 5.95 \text{ N/mm}^2 < 7 \text{ N/mm}^2$　　OK

鉄筋　　　　　$\sigma_s = M \times (d-X) \times n / I = 33\,928\,000 \times (170-64.7) \times 15 / 368\,879\,305$
$= 145.3 \text{ N/mm}^2 > 140 \text{ N/mm}^2$　　NG

② 支間中央橋軸方向（配力鉄筋方向）

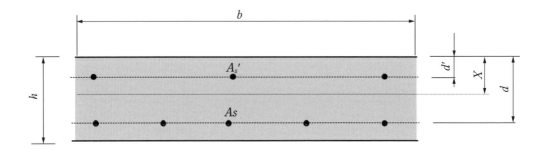

版　　　厚　　h : 200 mm
単　位　幅　　b : 1 000 mm
引 張 鉄 筋 量　A_s : 993.0 mm^2
圧 縮 鉄 筋 量　A_s' : 496.5 mm^2
引張鉄筋位置　d : 154 mm
圧縮鉄筋位置　d' : 46 mm
弾 性 係 数 比　n : 15（鉄筋／コンクリート）

図 2.1.5　支間部橋軸方向の断面

・設計曲げモーメント　$M_L = 23.2$ kN・m
・圧縮縁から中立軸までの距離　X
$$A = n \times A_s + n \times A_s' = 15 \times 993 + 15 \times 496.5 = 22\,343 \text{ mm}^2$$
$$B = n \times A_s \times d + n \times A_s' \times d' = 15 \times 993 \times 154 + 15 \times 496.5 \times 46 = 2\,636\,415 \text{ mm}^3$$

$$X = \{-A + \sqrt{(A^2 + 2 \times b \times B)}\} / b$$
$$= \{-22\,343 + \sqrt{(22\,343^2 + 2 \times 1\,000 \times 2\,636\,415)}\} / 1\,000$$
$$= 53.6 \text{ mm}$$

・断面二次モーメント

$$I = b \times X^3 / 3 + n \times A_s \times (d-X)^2 + n \times A_s' \times (d'-X)^2$$
$$= 1\,000 \times 53.6^3 / 3 + 15 \times 993 \times (154-53.6)^2 + 15 \times 496.5 \times (46-53.6)^2$$
$$= 201\,904\,370 \text{ mm}^4$$

・応力度の照査

コンクリート　　$\sigma_c = M \times X / I = 23\,200\,000 \times 53.6 / 201\,904\,370$
$$= 6.16 \text{ N/mm}^2 < 7 \text{ N/mm}^2 \quad \text{OK}$$

鉄筋　　$\sigma_s = M \times (d-X) \times n / I = 23\,200\,000 \times (154-53.6) \times 15 / 201\,904\,370$
$$= 173.0 \text{ N/mm}^2 > 140 \text{ N/mm}^2 \quad \text{NG}$$

③　支点上橋軸直角方向（主鉄筋方向）

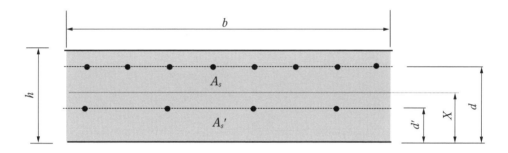

版　　　厚	h : 270 mm
単 位 幅	b : 1 000 mm
引 張 鉄 筋 量	A_s : 1 588.8 mm²
圧 縮 鉄 筋 量	A_s' : 0 mm²（$d' > X$ なので単鉄筋として計算する）
引 張 鉄 筋 位 置	d : 240 mm
圧 縮 鉄 筋 位 置	d' : 100 mm
弾 性 係 数 比	n : 15（鉄筋／コンクリート）

図 2.1.6　支点上橋軸直角方向の断面

・設計曲げモーメント　　$M_d + M_L = -4.328 - 50.000 = -54.328$ kN·m

・圧縮縁から中立軸までの距離　X

$$A = n \times A_s + n \times A_s' = 15 \times 1\,588.8 + 15 \times 0 = 23\,832 \text{ mm}^2$$
$$B = n \times A_s \times d + n \times A_s' \times d' = 15 \times 1\,588.8 \times 240 + 15 \times 0 \times 100 = 5\,719\,680 \text{ mm}^3$$

$$X = \{-A + \sqrt{(A^2 + 2 \times b \times B)}\} / b$$
$$= \{-23\,832 + \sqrt{(23\,832^2 + 2 \times 1\,000 \times 5\,719\,680)}\} / 1\,000$$
$$= 85.7 \text{ mm}$$

・断面二次モーメント
$$I = b \times X^3 / 3 + n \times A_s \times (d-X)^2 + n \times A_s' \times (d'-X)^2$$
$$= 1\,000 \times 85.7^3 / 3 + 15 \times 1\,588.8 \times (240-85.7)^2 + 15 \times 0 \times (100-85.7)^2$$
$$= 777\,211\,531 \text{ mm}^4$$

・応力度

コンクリート　$\sigma_c = -M \times X / I = 54\,328\,000 \times 85.7 / 777\,211\,531$
　　　　　　　　$= 5.99 \text{ N/mm}^2 < 7 \text{ N/mm}^2$　　OK

鉄筋　$\sigma_s = -M \times (d-X) \times n / I = 54\,328\,000 \times (240-85.7) \times 15 / 777\,211\,531$
　　　　　$= 161.8 \text{ N/mm}^2 > 140 \text{ N/mm}^2$　　NG

(4) 補強後の床版の照査

(a) 増厚量、CFRP 格子筋量の仮定

既設床版上面を 10 mm 厚さで全面切削した後、CFRP 格子筋 #10（100×100）を既設床版上に床版全面にスペーサーを介して増厚コンクリート断面中央に配置して、鋼繊維補強コンクリートを 50 mm 増厚補強する。増厚後厚さ 50 mm のアスファルト舗装を敷設する。

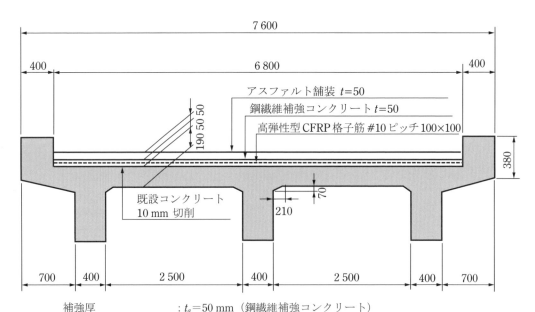

補強厚　　　　　　　　：$t_a = 50$ mm（鋼繊維補強コンクリート）
切削量　　　　　　　　：10 mm
CFRP 格子筋　　種類：高弾性型　　CFRP の呼番：#10
引張強度　　　　　　　：1 200 N/mm²
許容応力度　　　　　　：400 N/mm²
弾性係数　　　　　　　：165 000 N/mm²
格子筋の断面積　　　　：$t_{cf} = 39.2$ mm²/本
格子筋のピッチ　　　　：$p_{cf} = 100$ mm
格子筋量　　　　　　　：$A_{cf} = t_{cf} \times b / p_{cf} = 39.2 \times 1\,000 / 100 = 392$ mm²（1 m 幅当たり）

図 2.1.7　補強断面

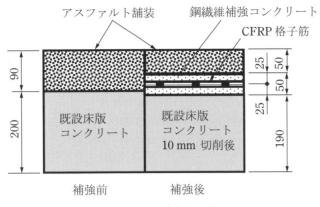

図 2.1.8 床版補強断面詳細図

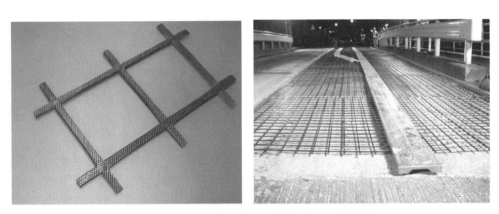

写真 2.1.1 CFRP 格子筋および床版上面への設置例

(b) 最小床版厚

補強後の床版厚
$$h = 200 - 10 + 50 = 240 \text{ mm}$$
道示 Ⅲ 7.3.1 より、
$$\text{最小床版厚} \quad d = k_1 \times k_2 \times d_o$$
$$= 1.25 \times 1.0 \times (30 \times 2.5 + 110)$$
$$= 231 \text{ mm} < 240 \text{ mm} \quad \text{OK}$$

ここで、k_1：交通量による係数（道示 Ⅲ 表-解 7.3.1 より、1 方向当たりの大型自動車の交通量が 2 000 台/日以上であるので 1.25 とする）
　　　　k_2：付加曲げモーメント係数（道示 Ⅲ 7.3.1 解説(3)より一般に 1.0）
　　　　d_o：必要最小厚（$30 l + 110$）

補強後の床版は、最小床版厚を満足する。

(c) 荷重
　・死荷重　　舗装自重　　$0.05 \times 22.500 = 1.125$ kN/m^2
　　　　　　　増厚部自重　$0.05 \times 24.500 = 1.225$ kN/m^2
　　　　　　　床版自重　　$0.19 \times 24.500 = 4.655$ kN/m^2
　　　　　（ハンチコンクリートの自重は無視する）
　・活荷重（輪荷重）　$P = 100$ kN（T 荷重の片側荷重）

(d) 断面力の算出

床版の設計曲げモーメントは、道示 Ⅲ 7.4.2 に準じて床版支間が車両進行方向に直角な連続版として、床版の単位幅（1 m）当たりのモーメントを算出する。

① 支間中央橋軸直角方向（主鉄筋方向）
　・既設断面が受け持つ死荷重曲げモーメント（床版自重＋増厚部自重）
　　　$M_d = w_d \times l^2 / 10 = (1.225 + 4.655) \times 2.5^2 / 10 = 3.675$ kN·m
　・補強断面が受け持つ死荷重曲げモーメント（舗装自重）
　　　$M_d = w_d \times l^2 / 10 = 1.125 \times 2.5^2 / 10 = 0.703$ kN·m
　・活荷重曲げモーメント
　　　$M_L = (0.12 \times l + 0.07) \times P \times 0.8 \times k = (0.12 \times 2.500 + 0.07) \times 100 \times 0.8 \times 1.0$
　　　　　　$= 29.600$ kN·m

ここに、P は道示 共通編 2.2.2 に示す T 荷重の片側荷重（100 kN）、l は道示 Ⅲ 7.4.3 に規定する T 荷重に対する床版の支間、曲げモーメントの割り増し係数 k は、$l \leq 2.5$ であるので道示 Ⅲ 7.4.2 表-7.4.2 より $k = 1.0$ とする。

② 支間中央橋軸方向（配力鉄筋方向）
　・死荷重曲げモーメント
　　　道示 Ⅲ 7.4.2 表-7.4.4に準じて無視する。
　・活荷重曲げモーメント
　　　$M_L = (0.10 \times l + 0.04) \times P \times 0.8 = (0.10 \times 2.500 + 0.04) \times 100 \times 0.8 = 23.200$ kN·m

③ 支点上橋軸直角方向（主鉄筋方向）
　・既設断面が受け持つ死荷重曲げモーメント（床版自重＋増厚部自重）
　　　$M_d = -w_d \times l^2 / 10 = -(1.225 + 4.655) \times 2.5^2 / 10 = -3.675$ kN·m
　・補強断面が受け持つ死荷重曲げモーメント（舗装自重）
　　　$M_d = -w_d \times l^2 / 10 = -1.125 \times 2.5^2 / 10 = -0.703$ kN·m
　・活荷重曲げモーメント
　　　$M_L = -(0.15 \times l + 0.125) \times P \times i = -(0.15 \times 2.500 + 0.125) \times 100 \times 1.0$
　　　　　　$= -50.000$ kN·m

ここに曲げモーメントの割り増し係数 k は、$l \leq 2.5$ であるので道示 Ⅲ 7.4.2 表-7.4.2 より $k = 1.0$ とする。

(e) 応力度の照査

① 支間中央橋軸直角方向（主鉄筋方向）

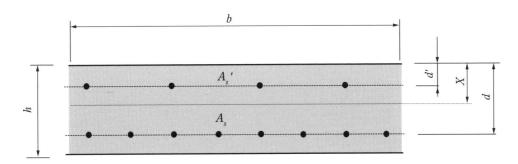

床 版 厚　　h：190 mm（既設断面）、240 mm（補強断面）
単 位 幅　　b：1 000 mm
引張鉄筋量　A_s：1 588.8 mm^2
圧縮鉄筋量　A_s'：794.4 mm^2
引張鉄筋位置　d：160 mm（既設断面）、210 mm（補強断面）
圧縮鉄筋位置　d'：20 mm（既設断面）、70 mm（補強断面）
弾性係数比　n：15（鉄筋／コンクリート）

図 2.1.9　支間部橋軸直角方向の断面

1) 既設断面が受け持つ応力度の算定
 ・モーメント　　M_d = 3.675 kN·m
 ・圧縮縁から中立軸までの距離　X
　$A = n \times A_s + n \times A_s' = 15 \times 1\,588.8 + 15 \times 794.4 = 35\,748$ mm^2
　$B = n \times A_s \times d + n \times A_s' \times d' = 15 \times 1\,588.8 \times 160 + 15 \times 794.4 \times 20 = 4\,051\,440$ mm^3

$$X = \{-A + \sqrt{(A^2 + 2 \times b \times B)}\}/b$$
$$= \{-35\,748 + \sqrt{(35\,748^2 + 2 \times 1\,000 \times 4\,051\,440)}\}/1\,000$$
$$= 61.1 \text{ mm}$$

 ・断面二次モーメント
　$I = b \times X^3/3 + n \times A_s \times (d-X)^2 + n \times A_s' \times (d'-X)^2$
　　$= 1\,000 \times 61.1^3/3 + 15 \times 1\,588.8 \times (160-61.1)^2 + 15 \times 794.4 \times (20-61.1)^2$
　　$= 329\,267\,467$ mm^4

 ・応力度
　　コンクリート　$\sigma_c = M \times X/I = 3\,675\,000 \times 61.1/329\,267\,467 = 0.68$ N/mm^2
　　鉄筋　　　　　$\sigma_s = M \times (d-X) \times n/I = 3\,675\,000 \times (160-61.1) \times 15/329\,267\,467$
　　　　　　　　　　　$= 16.6$ N/mm^2

2) 補強断面が受け持つ応力度の算定
　・設計曲げモーメント　$M_d + M_L = 0.703 + 29.600 = 30.303$ kN·m
　・圧縮縁から中立軸までの距離　X

$A = n \times A_s + n \times A_s' = 15 \times 1\,588.8 + 15 \times 794.4 = 35\,748$ mm²
$B = n \times A_s \times d + n \times A_s' \times d' = 15 \times 1\,588.8 \times 210 + 15 \times 794.4 \times 70 = 5\,838\,840$ mm³

$$X = \left\{-A + \sqrt{(A^2 + 2 \times b \times B)}\right\}/b$$
$$= \left\{-35\,748 + \sqrt{(35\,748^2 + 2 \times 1\,000 \times 5\,838\,840)}\right\}/1\,000$$
$$= 78.1 \text{ mm}$$

　・断面二次モーメント

$I = b \times X^3/3 + n \times A_s \times (d-X)^2 + n \times A_s' \times (d'-X)^2$
$= 1\,000 \times 78.1^3/3 + 15 \times 1\,588.8 \times (210.0 - 78.1)^2 + 15 \times 794.4 \times (70.0 - 78.1)^2$
$= 574\,194\,831$ mm⁴

　・応力度

　　コンクリート　$\sigma_c = M \times X/I = 30\,303\,000 \times 78.1/574\,194\,831 = 4.12$ N/mm²
　　鉄筋　　　　$\sigma_s = M \times (d-X) \times n/I = 30\,303\,000 \times (210 - 78.1) \times 15/574\,194\,831$
　　　　　　　　　　$= 104.4$ N/mm²

3) 合成応力度の照査
　　コンクリート：　$0.68 + 4.12 = 4.80$ N/mm² < 7 N/mm²　　OK
　　鉄筋　　　　：　$16.6 + 104.4 = 121.0$ N/mm² < 140 N/mm²　　OK

② 支間中央橋軸方向（配力鉄筋方向）

　支間中央配力鉄筋方向については、道示Ⅲ 7.4.2 表-7.4.4 に準じて死荷重曲げモーメントは無視してよいため、補強後の断面に作用する活荷重曲げモーメントに対して照査する。

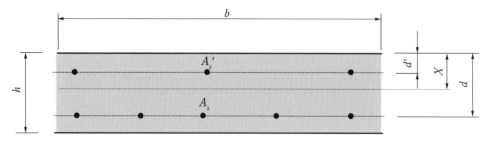

版　　厚　　h：240 mm（補強断面）
単　位　幅　　b：1 000 mm
引 張 鉄 筋 量　A_s：993.0 mm²
圧 縮 鉄 筋 量　A_s'：496.5 mm²
引張鉄筋位置　d：194 mm（補強断面）
圧縮鉄筋位置　d'：86 mm（補強断面）
弾 性 係 数 比　n：15（鉄筋／コンクリート）

図 2.1.10　支間部橋軸方向の断面

- 活荷重曲げモーメント　$M_L = 23.2$ kN·m
- 圧縮縁から中立軸までの距離　X

　$d' > x$ なので単鉄筋、$A_s' = 0$ mm² として計算する。

　$A = n \times A_s + n \times A_s' = 15 \times 993 + 15 \times 0 = 14\,895$ mm²
　$B = n \times A_s \times d + n \times A_s' \times d' = 15 \times 993 \times 194 + 15 \times 0 \times 106 = 2\,889\,630$ mm³

$$\begin{aligned} X &= \left\{ -A + \sqrt{(A^2 + 2 \times b \times B)} \right\} / b \\ &= \left\{ -14\,895 + \sqrt{(14\,895^2 + 2 \times 1\,000 \times 2\,889\,630)} \right\} / 1\,000 \\ &= 62.6 \text{ mm} \end{aligned}$$

- 断面二次モーメント

$$\begin{aligned} I &= b \times X^3 / 3 + n \times A_s \times (d - X)^2 + n \times A_s' \times (d' - X)^2 \\ &= 1\,000 \times 62.6^3 / 3 + 15 \times 993 \times (194 - 62.6)^2 + 15 \times 0 \times (86 - 62.6)^2 \\ &= 338\,947\,933 \text{ mm}^4 \end{aligned}$$

- 応力度の照査

　コンクリート　$\sigma_c = M \times X / I = 23\,200\,000 \times 62.6 / 338\,947\,933 = 4.12$ N/mm²
　　　　　　　　$= 4.28$ N/mm² < 7　　OK
　鉄筋　$\sigma_s = M \times (d - X) \times n / I = 23\,200\,000 \times (194 - 62.6) \times 15 / 338\,947\,933$
　　　　$= 134.9$ N/mm² < 140　　OK

③　支点上主鉄筋方向

1)　既設断面が受け持つ応力度の算定

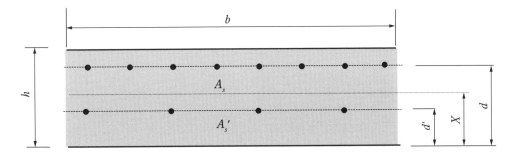

　版　　　厚　　h : 260 mm
　単　位　幅　　b : 1 000 mm
　引張鉄筋量　　A_s : 1 588.8 mm²
　圧縮鉄筋量　　A_s' : 794.4 mm²
　引張鉄筋位置　d : 240 mm
　圧縮鉄筋位置　d' : 100 mm
　弾性係数比　　n : 5（鉄筋／コンクリート）

図 2.1.11　支点上橋軸直角方向の既設断面（切削後）

・死荷重曲げモーメント（既設部 + 増厚コンクリート）
　　$M_d = -3.675$ kNm
・圧縮縁から中立軸までの距離 X
　　$d' > x$ なので単鉄筋、$A_s' = 0$ mm² として計算する。
　　$A = n \times A_s + n \times A_s' = 15 \times 1\,588.8 + 15 \times 0 = 23\,832$ mm²
　　$B = n \times A_s \times d + n \times A_s' \times d' = 15 \times 1\,588.8 \times 240 + 15 \times 0 \times 100$
　　　$= 5\,719\,680$ mm³

$$X = \left\{-A + \sqrt{(A^2 + 2 \times b \times B)}\right\} / b$$
$$= \left\{-23\,832 + \sqrt{(23\,832^2 + 2 \times 1\,000 \times 5\,719\,680)}\right\} / 1\,000$$
$$= 85.7 \text{ mm}$$

・断面二次モーメント
　　$I = b \times X^3 / 3 + n \times A_s \times (d - X)^2 + n \times A_s' \times (d' - X)^2$
　　　$= 1\,000 \times 85.7^3 / 3 + 15 \times 1\,588.8 \times (240 - 85.7)^2 + 15 \times 0 \times (100 - 85.7)^2$
　　　$= 777\,211\,531$ mm⁴

・応力度
　　コンクリート　$\sigma_c = -M \times X / I = 3\,675\,000 \times 85.7 / 777\,211\,531 = 0.41$ N/mm²
　　鉄筋　　　　　$\sigma_s = -M \times (d - X) \times n / I = 3\,675\,000 \times (240 - 85.7) \times 15 / 777\,211\,531$
　　　　　　　　　　　$= 10.9$ N/mm²

2）　補強断面が受け持つ応力度の算定
　既設鉄筋の応力度低減が必要なため、弾性係数が高強度型 CFRP 格子筋に比べて高い、高弾性型 CFRP 格子筋を選定する。使用する高弾性型 CFRP 格子筋の設計用値を以下に示す。

・種　　　　類：高弾性型
・ＣＦＲＰ の 呼 番：♯10
・引　張　強　度：1 200 N/mm²
・許　容　応　力　度：400 N/mm²
・弾　性　係　数：165 000 N/mm²
・格子筋の断面積：$t_{cf} = 39.2$ mm²/本
・格子筋のピッチ：$p_{cf} = 100$ mm
・格　子　筋　量：$A_{cf} = t_{cf} \times b / p_{cf} = 39.2 \times 1\,000 / 100 = 392$ mm²（1 m 幅当たり）

　鉄筋の弾性係数が 200 000 N/mm²、鉄筋とコンクリートの弾性係数比が 15 であるので、以下により CFRP 格子筋とコンクリートのヤング係数比を算定する。
　　$n_{cf} = E_{cf} / E_c = E_{cf} / E_s \cdot n = 165\,000 / 200\,000 \times 15 = 12.38$

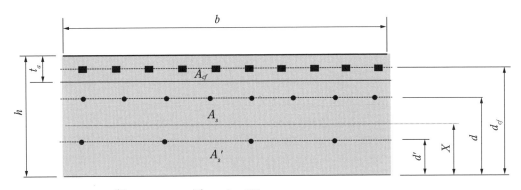

版　　　　　厚	h : 310 mm
増　　厚　　量	t_a : 50 mm
単　位　　幅	b : 1 000 mm
CFRP 格子筋量	A_{cf} : 392 mm²
引　張　鉄　筋　量	A_s : 1 588.8 mm²
圧　縮　鉄　筋　量	A_s' : 794.4 mm²
CFRP 格子筋位置	d_{cf} : 285 mm
引　張　鉄　筋　位　置	d : 240 mm
圧　縮　鉄　筋　位　置	d' : 100 mm
弾　性　係　数　比	n : 15（鉄筋／コンクリート）
弾　性　係　数　比	n_{cf} : 12.38（CFRP格子筋／コンクリート）

図 2.1.12　支点上橋軸直角方向の補強断面

・設計曲げモーメント　$M_d + M_L = -0.703 - 50.000 = -50.703$ kN·m
・圧縮縁から中立軸までの距離　X

　　$d' > x$ なので単鉄筋、$A_s' = 0$ mm² として計算する。

$$A = n \times A_s + n \times A_s' + n_{cf} \times A_{cf} = 15 \times 1\,588.8 + 15 \times 0 + 12.38 \times 392 = 28\,685 \text{ mm}^2$$

$$B = n \times A_s \times d + n \times A_s' \times d' + n_{cf} \times A_{cf} \times d_{cf}$$
$$= 15 \times 1\,588.8 \times 240 + 15 \times 0 \times 100 + 12.38 \times 392 \times 285 = 7\,102\,774 \text{ mm}^3$$

$$X = \{-A + \sqrt{(A^2 + 2 \times b \times B)}\} / b$$
$$= \{-28\,685 + \sqrt{(28\,685^2 + 2 \times 1\,000 \times 7\,102\,774)}\} / 1\,000$$
$$= 93.9 \text{ mm}$$

・断面二次モーメント

$$I = b \times X^3 / 3 + n \times A_s \times (d - X)^2 + n \times A_s' \times (d' - X)^2 + n_{cf} \times A_{cf} \times (d_{cf} - X)^2$$
$$= 1\,000 \times 93.9^3 / 3 + 15 \times 1\,588.8 \times (240 - 93.9)^2 + 15 \times 0 \times (100 - 93.9)^2$$
$$\quad + 12.38 \times 392 \times (285 - 93.9)^2$$
$$= 961\,903\,983 \text{ mm}^4$$

・応力度

　コンクリート　$\sigma_c = -M \times X / I = 50\,703\,000 \times 93.9 / 961\,903\,983 = 4.95\,\text{N/mm}^2$

　鉄筋　$\sigma_s = -M \times (d-X) \times n / I = 50\,703\,000 \times (240-93.9) \times 15 / 961\,903\,983$
　　　　　　$= 115.5\,\text{N/mm}^2$

　CFRP格子筋　$\sigma_{cf} = -M \times (d_{cf}-X) \times n_{cf} / I$
　　　　　　　$= 50\,703\,000 \times (285-93.9) \times 12.38 / 961\,903\,983 = 124.7\,\text{N/mm}^2$

3) 合成応力度の照査

　コンクリート　　$0.41 + 4.95 = 5.36\,\text{N/mm}^2 < 7$　　　OK

　鉄筋　　　　　　$10.9 + 115.5 = 126.4\,\text{N/mm}^2 < 140$　　　OK

　CFRP格子筋　　$124.7\,\text{N/mm}^2 < 400$　　　OK

すなわち鋼繊維補強コンクリートで上面増厚し、CFRP格子筋で補強することによって、現行道路橋示方書（平成24年）で規定される最小床版厚を満たすとともに、既設鉄筋の発生応力度を許容値内に収めることができる。

参考文献

1) FRPグリッド工法研究会：FRPグリッド増厚・巻立て工法によるコンクリート構造物の補修補強設計施工マニュアル（案）、平成19年7月

2.2 PC 連続箱桁橋の炭素繊維プレート緊張材による補強

2.2.1 構造諸元
（1）橋梁形式：PC 3 径間連続単箱桁橋
（2）支　間　長：9.500 m＋32.000 m＋9.500 m（橋長：53.000 m）
（3）有効幅員：6.500 m
（4）斜　　角：90°
（5）橋　　格：一等橋（活荷重 TL-20）
（6）建　設　年：昭和 40 年代

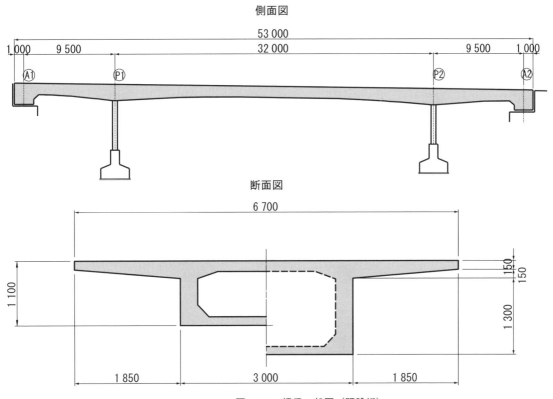

図 2.2.1　橋梁一般図（既設桁）

2.2.2 補強理由
　本橋梁は、昭和 40 年代に竣工したポストテンション方式 PC 3 径間連続箱桁橋で、活荷重の現行荷重への変更（TL-20 → B 活荷重）による主桁の照査をおこなった。照査の結果、主桁コンクリート下縁の引張応力度が許容値を満足しない結果となったため、主桁の曲げ補強を行うこととする。

2.2.3 補強方法の選定

主桁の曲げ補強としては、炭素繊維シート接着工法、鋼板接着工法、主桁下面増厚工法等が考えられるが、ここでは、プレストレスを与えることで、死荷重時の主桁応力度も改善ができるプレストレス補強工法を採用する。

プレストレス補強工法としては、外ケーブル工法、炭素繊維プレート緊張材工法が考えられるが、桁下空間のみで補強作業が行え、景観性にすぐれる炭素繊維プレート緊張材工法で補強を行うこととする。

図 2.2.2 に定着システム概要図、図 2.2.3 に定着装置概要図、図 2.2.4 に 2 層配置概要図を示す。

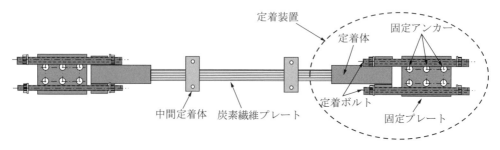

図 2.2.2　定着システム概要図

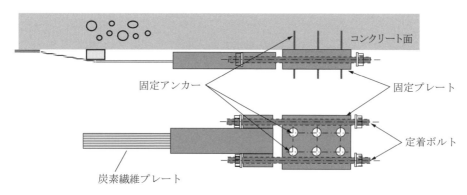

図 2.2.3　定着装置概要図

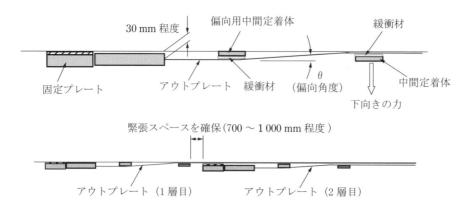

図 2.2.4　2 層配置概要図

炭素繊維プレート緊張材を用いたプレストレス導入工法には、以下の利点がある。
① 曲げ耐力の向上：主桁にプレストレスを導入するために、桁の曲げ耐力が向上する。鉄筋コンクリート構造では、鉄筋の応力負担が軽減される。
② ひび割れの抑制：ひび割れに対して抑制効果があり、コンクリート部材のひび割れ発生限界値を向上できる。
③ たわみの回復：死荷重のたわみを減少させることができりる。
④ 耐久性の向上：ひび割れ抑制により、有害物質の浸透が制御され、耐久性が向上する。
⑤ 連続桁支点上の補強：連続桁の下面を補強した場合、図 2.2.5 に示すように中間支点上では、プレストレスの 2 次力により、荷重の負曲げモーメントを低減できる。

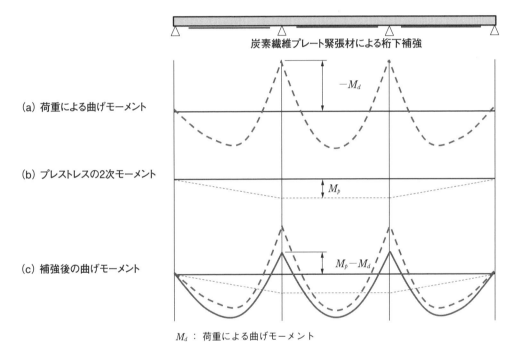

図 2.2.5 連続桁の曲げモーメント

⑥ 景観性の維持：外ケーブルと比べ緊張材が薄く、構造物に接着する工法のため、建築限界や河川限界への影響が少なく、本体の景観性は、補強後においても変化が少ない。
⑦ 優れた維持管理性：腐食しない炭素繊維を採用し、定着装置に十分な防錆処理（保護カバー内へのグラウト注入）を講じるため、維持管理に優れている。

図 2.2.6 に補強概要図、図 2.2.7 に補強概要断面図、図 2.2.8 に配置詳細側面図、図 2.2.9 に配置詳細平面図を示す。

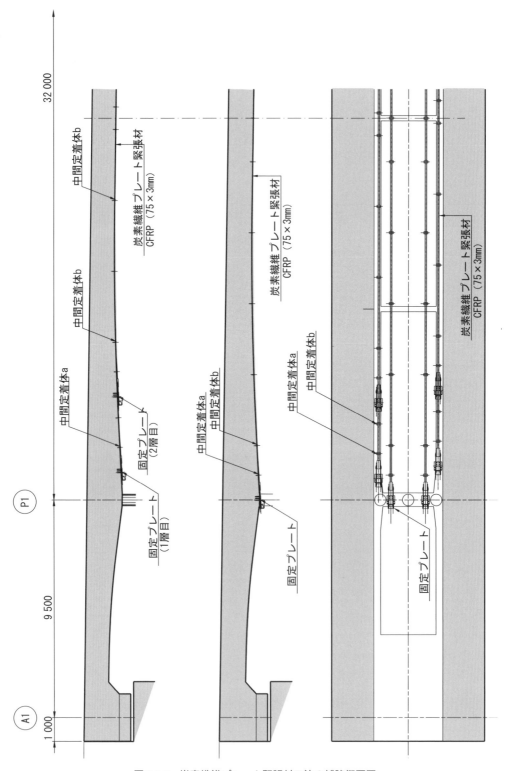

図 2.2.6 炭素繊維プレート緊張材工法の補強概要図

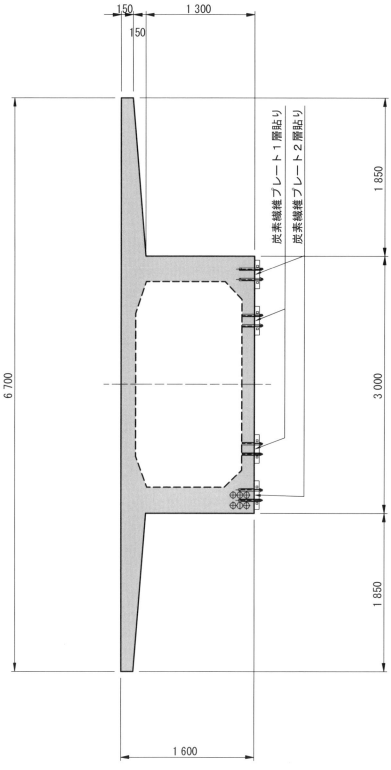

図 2.2.7　炭素繊維プレート緊張材工法の補強概要断面図

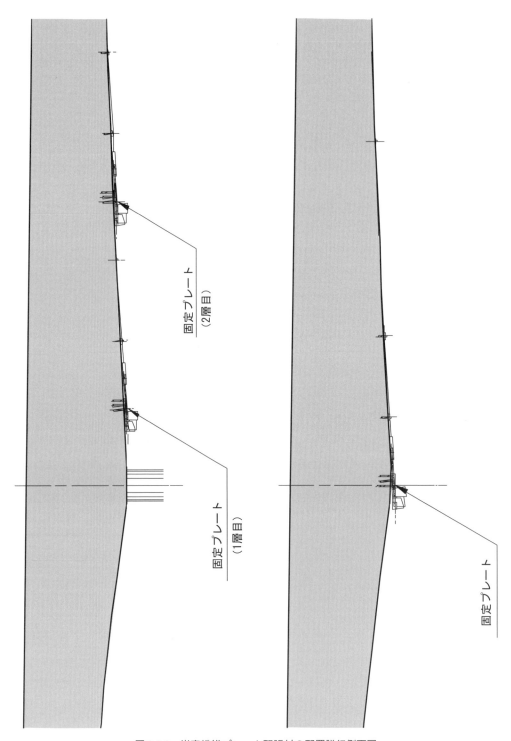

図 2.2.8　炭素繊維プレート緊張材の配置詳細側面図

2.2 PC連続箱桁橋の炭素繊維プレート緊張材による補強　57

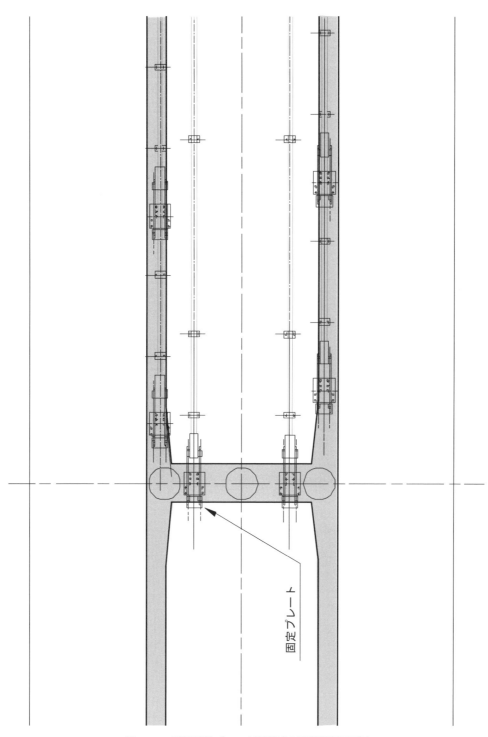

図2.2.9　炭素繊維プレート緊張材の配置詳細平面図

2.2.4 補強設計
（1） 設計方針
設計手順を図 2.2.10 に示す。

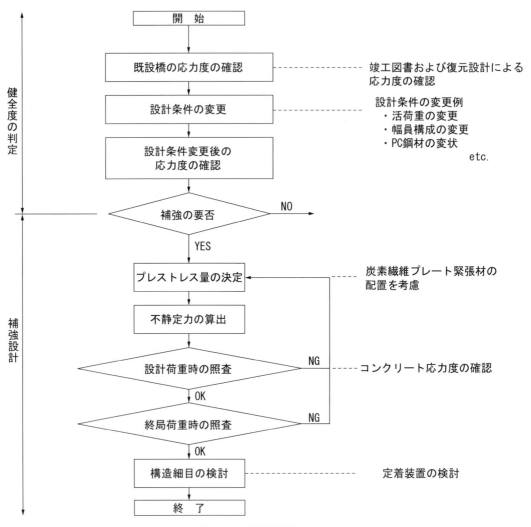

図 2.2.10 設計手順

（2）設計条件

コンクリート、鉄筋、炭素繊維プレート緊張材の材料強度および許容応力度を**表 2.2.1 ～表 2.2.3** に示す。

（a）コンクリート

表 2.2.1　コンクリートの材料強度および許容値[1]（N/mm²）

		主桁
設計基準強度		40.0
許容曲げ圧縮応力度	導入直後	18.0
	設計荷重作用時	14.0
許容曲げ引張応力度	導入直後	－1.50
	死荷重時	0.0
	設計荷重時	－1.50

（b）鉄筋

表 2.2.2　鉄筋の材料強度および許容値[1]（N/mm²）

	主桁
種別	SD295
降伏点応力度	295
許容引張応力度	180

（c）炭素繊維プレート補強材

炭素繊維プレート緊張材には 360kN 型と 240kN 型の 2 種類があり、補強量に応じて種類を選択する。ここでは、360kN 型を使用する。

表 2.2.3　炭素繊維プレート補強材の材料強度および許容値[2]

緊張材の呼称		360 kN 型
補強繊維		高強度カーボン・ガラス繊維
緊張材の幅（mm）		75.0
緊張材の厚さ（mm）		3.0
弾性係数（N/mm²）		1.2×10^3
引張強度（N/mm²）		1 600
許容引張応力度	緊張作業時	1 280
	導入直後	1 120
	設計荷重時	960

表 2.2.4　炭素繊維プレート補強材の材料強度および許容値 [2]

緊張材の呼称		240 kN 型
補強繊維		高強度カーボン・ガラス繊維
緊張材の幅 (mm)		50.0
緊張材の厚さ (mm)		3.0
弾性係数 (N/mm^2)		1.2×10^3
引張強度 (N/mm^2)		1 600
許容引張応力度	緊張作業時	1 280
	導入直後	1 120
	設計荷重時	960

(3) 既設橋の曲げに対する健全度の判定

拡幅にともなう橋面形状の変更による荷重変更および活荷重の現行荷重への変更（TL-20 → B 活荷重）による主桁の曲げ応力度の算出を行う。

(a) 支間中央の曲げモーメント

以下に FRAME 計算で算出した断面力を示す。（ここでは、その過程を省略する。）

死荷重合計時の曲げモーメント：　$M_d = 6\,651.0$ kN·m

活荷重 max 時の曲げモーメント：　$M_L = 2\,626.0$ kN·m

(b) 支間中央の曲げ応力度

① 支間中央検討断面の断面諸定数

表 2.2.5 に箱桁の断面諸定数、図 2.2.11 に中立軸図を示す。

表 2.2.5　箱桁の断面諸定数 (kN·m)

検討断面：支間中央			PC 鋼材換算断面
コンクリート断面積		m^2	2.36770
中立軸からの距離	主桁上縁	m	0.38550
	主桁下縁		− 0.7145
断面 2 次モーメント		m^4	0.34686
断面係数	主桁上縁	m^3	0.89980
	主桁下縁		− 0.48550

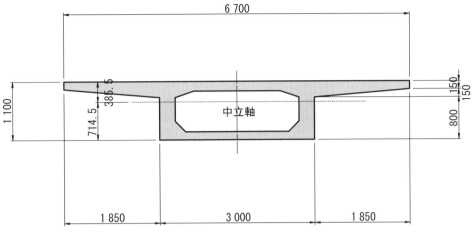

図 2.2.11　中立軸図

(c) 支間中央のコンクリート曲げ応力度

① 死荷重合計時の応力度

$$\sigma_{dU} = \frac{M_d}{Z_U} = \frac{6\,651.0 \times 1\,000^2}{0.8998 \times 1\,000^3} = 7.39\,\text{N/mm}^2$$

$$\sigma_{dL} = \frac{M_d}{Z_L} = \frac{6\,651.0 \times 1\,000^2}{-0.4855 \times 1\,000^3} = -13.70\,\text{N/mm}^2$$

ここに、σ_{dU}：死荷重合計時のコンクリート上縁応力度
　　　　σ_{dL}：死荷重合計時のコンクリート下縁応力度
　　　　M_d：死荷重合計時の曲げモーメント
　　　　Z_U：コンクリート上縁の断面係数（場所打ち換算断面）
　　　　Z_L：コンクリート下縁の断面係数（場所打ち換算断面）

② 活荷重 max 時の応力度

$$\sigma_{LU} = \frac{M_L}{Z_U} = \frac{2\,626.0 \times 1\,000^2}{0.8998 \times 1\,000^3} = 2.92\,\text{N/mm}^2$$

$$\sigma_{LL} = \frac{M_L}{Z_L} = \frac{2\,626.0 \times 1\,000^2}{-0.4855 \times 1\,000^3} = -5.41\,\text{N/mm}^2$$

ここに、σ_{LU}：活荷重 max 時のコンクリート上縁応力度
　　　　σ_{LL}：活荷重 max 時のコンクリート下縁応力度
　　　　M_L：活荷重 max 時の曲げモーメント

③ プレストレスによる応力度

以下に、クリープ・乾燥収縮等を考慮した有効プレストレス力を示す。（ここでは、その過程を省略する。）

　　有効プレストレス力：　　$P_e = 10\,540.0$ kN

　　PC鋼材の偏心量：　　$e = -0.5445$ m

　　PC鋼材の偏心モーメント：　　$M_{pe} = P_e \times e = 10\,540.0 \times -0.5445 = -5\,739.0$ kN·m

$$\sigma_{PeU} = \frac{P_e}{A_c} + \frac{M_{pe}}{Z_U} = \frac{10\,540.0 \times 1\,000}{2.3677 \times 1\,000^2} + \frac{-5\,739.0 \times 1\,000^2}{0.8998 \times 1\,000^3} = -1.93\,\text{N/mm}^2$$

$$\sigma_{PeL} = \frac{P_e}{A_c} + \frac{M_{pe}}{Z_L} = \frac{10\,540.0 \times 1\,000}{2.3677 \times 1\,000^2} + \frac{-5\,739.0 \times 1\,000^2}{-0.4855 \times 1\,000^3} = 16.27\,\text{N/mm}^2$$

ここに、σ_{PeU}：活荷重max時のコンクリート上縁応力度
　　　　σ_{PeL}：死荷重合計のコンクリート下縁応力度
　　　　P_e：有効プレストレス力
　　　　e：PC鋼材の偏心量
　　　　M_{Pe}：PC鋼材の偏心モーメント
　　　　A_c：コンクリートの断面積（PC鋼材換算断面）

④ 設計荷重時の合成応力度

・主桁上縁

$$\sigma_U = \sigma_{dU} + \sigma_{LU} + \sigma_{PeU} = 7.39 + 2.92 - 1.93 = 8.38\,\text{N/mm}^2$$
$$< \sigma_{ca} = 14.0\,\text{N/mm}^2 \quad \text{OK}$$

・主桁下縁

$$\sigma_L = \sigma_{dL} + \sigma_{LL} + \sigma_{PeL} = -13.70 - 5.41 + 16.27 = -2.87\,\text{N/mm}^2$$
$$< \sigma_{ca} = -1.50\,\text{N/mm}^2 \quad \text{NG}$$

以上より、既設の主桁はコンクリート下縁応力度が許容値を満足しない結果となるため、主桁の曲げ補強対策を実施することとする。図2.2.12に主桁応力度図を示す。

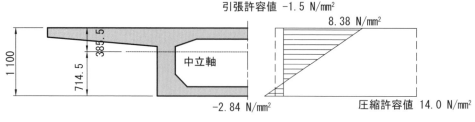

図2.2.12　主桁応力度図

(4) 既設橋の曲げに対する補強設計

炭素繊維プレート緊張材を用いたプレストレス導入工法により主桁の曲げ補強を行う。

(a) 炭素繊維プレート緊張材によるプレストレスの計算

① ジャッキの内部損失による減少

$$\Delta \sigma_{pl}^{op} = \gamma_1 \times \sigma_{pi}^{op} = 0.20 \times 1\,150 = 230.0 \, \text{N/mm}^2$$

ここに、$\Delta \sigma_{pl}^{op}$：ジャッキの内部損失によるプレストレス減少量
　　　　γ_1：ジャッキの内部損失率（＝20.0％）
　　　　σ_{pi}^{op}：炭素繊維プレート緊張材の初期緊張応力度

② プレストレス導入直後の応力度

$$\sigma_{pt}^{op} = \sigma_{pi}^{op} - \Delta \sigma_{pl}^{op} = 1\,150.0 - 230.0 = 920.0 \, \text{N/mm}^2$$

ここに、σ_{P1}：プレストレス導入直後の応力度

③ リラクセーションによる減少

$$\Delta \sigma_{p2}^{op} = \gamma_2 \times \sigma_{pt}^{op} = 0.06 \times 920.0 = 55.2 \, \text{N/mm}^2$$

ここに、$\Delta \sigma_{p2}^{op}$：リラクセーションによるプレストレス減少量
　　　　γ_2：リラクセーション率（＝6.0％）

④ 炭素繊維プレート緊張材の有効引張応力度

$$\sigma_{pe}^{op} = \sigma_{pt}^{op} - \Delta \sigma_{p2}^{op} = 920.0 - 55.2 = 864.8 \, \text{N/mm}^2$$

ここに、σ_{pe}^{op}：炭素繊維プレート緊張材の有効引張応力度

⑤ 炭素繊維プレート緊張材の有効引張力

$$P_e^{op} = \sigma_{pe}^{op} \times b \times t \times N = 864.8 \times 75.0 \times 3.0 \times 6 = 1\,167\,480 \, \text{N} = 1\,167.480 \, \text{kN}$$

ここに、P_e^{op}：炭素繊維プレート緊張材の有効引張力
　　　　b：炭素繊維プレート緊張材の幅
　　　　t：炭素繊維プレート緊張材の厚さ
　　　　N：炭素繊維プレート緊張材の枚数

⑥ 炭素繊維プレート緊張材の有効引張力による偏心モーメント

$$M_{pe}^{op} = P_e^{op} \times e^{op} = 1\,167.480 \times -0.7145 = -834.164\,\text{kN}\cdot\text{m}$$

ここに、M_{pe}^{op}：炭素繊維プレート緊張材の有効引張力による偏心モーメント
　　　　e^{op}：炭素繊維プレート緊張材の偏心量

(b) 炭素繊維プレート緊張材による曲げ応力度の計算

$$\sigma_U^{op} = \frac{P_e^{op}}{A_c} + \frac{M_{pe}^{op}}{Z_U} = \frac{1\,167.480 \times 1\,000}{2.3677 \times 1\,000^2} + \frac{-834.164 \times 1\,000^2}{0.8998 \times 1\,000^3} = -0.43\,\text{N/mm}^2$$

$$\sigma_L^{op} = \frac{P_e^{op}}{A_c} + \frac{M_{pe}^{op}}{Z_L} = \frac{1\,167.480 \times 1\,000}{2.3677 \times 1\,000^2} + \frac{-834.146 \times 1\,000^2}{-0.4855 \times 1\,000^3} = 2.21\,\text{N/mm}^2$$

ここに、σ_{peU}^{op}：炭素繊維プレート緊張材によるコンクリート上縁応力度
　　　　σ_{peL}^{op}：炭素繊維プレート緊張材によるコンクリート下縁応力度

(c) 支間中央断面における補強後の合成応力度の計算
・主桁上縁
$$\sigma_U^R = \sigma_U + \sigma_U^{op} = 8.38 - 0.43 = 7.95\,\text{N/mm}^2 < \sigma_{ca} = 14.0\,\text{N/mm}^2 \quad \text{OK}$$
・主桁下縁
$$\sigma_L^R = \sigma_L + \sigma_L^{op} = -2.84 + 2.21 = -0.63\,\text{N/mm}^2 < \sigma_{ca} = -1.50\,\text{N/mm}^2 \quad \text{OK}$$

以上より、既設主桁の底面に炭素繊維プレート緊張材を6枚配置してプレストレスを導入することで、コンクリート応力度の許容値を満足することができる。図 2.2.13 に炭素繊維プレート緊張材配置図を示す。

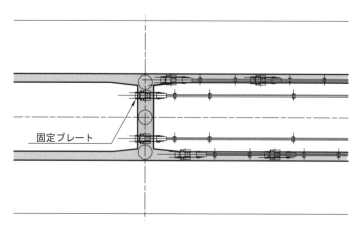

図 2.2.13　炭素繊維プレート緊張材配置図（6枚配置）

(d) 炭素繊維プレート緊張材の増加応力度の照査

　炭素繊維プレート緊張後に活荷重が作用すると、炭素繊維プレートの引張応力度が増加する。この増加応力度を考慮した炭素繊維プレート応力度が、設計荷重作用時の許容応力度以下であることを照査する。炭素繊維プレート緊張後に作用する荷重は活荷重が該当する。

$$\sigma_{p\max}^{op} = \sigma_{pe}^{op} + n \times \sigma_{lg} = 864.80 + 3.636 \times 5.18 = 883.63 \, \text{N/mm}^2$$
$$< \sigma_{pa}^{op} = 960 \, \text{N/mm}^2 \quad \text{OK}$$

$$n = E_{op}/E_c = 1.2 \times 10^5 / 3.3 \times 10^4 = 3.636$$

ここに、$\sigma_{p\max}^{op}$：炭素繊維プレート緊張材の最大応力度
　　　　σ_{pe}^{op}：炭素繊維プレート緊張材の有効引張応力度
　　　　n：ヤング係数比
　　　　E_{op}：炭素繊維プレート緊張材のヤング係数
　　　　E_c：コンクリートのヤング係数
　　　　σ_{lg}：炭素繊維プレート緊張材位置における活荷重による
　　　　　　　コンクリート引張応力度（$= 5.18 \, \text{N/mm}^2$）
　　　　σ_{pa}^{op}：炭素繊維プレート緊張材の許容引張応力度（$= 960 \, \text{N/mm}^2$）

　以上より、炭素繊維プレート緊張材の引張応力度は許容値を超えることはない。

(e) 炭素繊維プレート緊張材定着部の詳細図

　図 2.2.14 および図 2.2.15 に、炭素繊維プレート緊張材定着部詳細図を示す。

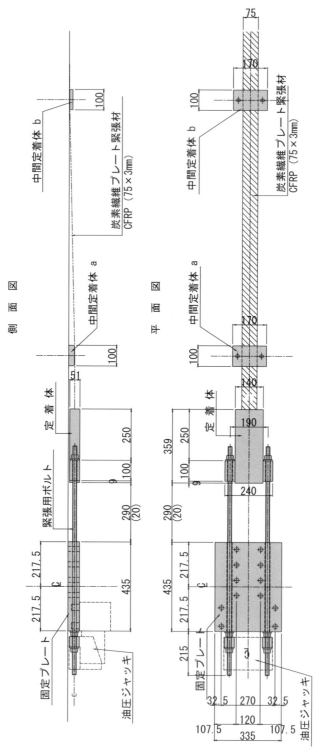

図 2.2.14 炭素繊維プレート緊張材定着部詳細図(その1)

固定プレート

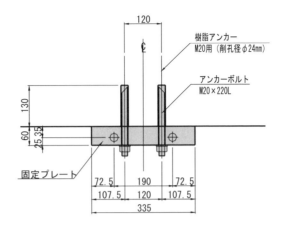

中間定着体(偏向部)　　　　　　　　　　　　中間定着体

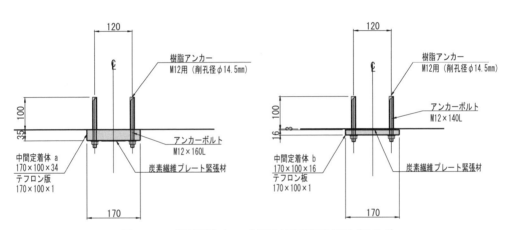

図 2.2.15　炭素繊維プレート緊張材定着部詳細図(その 2)

参考文献
1) 日本道路協会：道路橋示方書 Ⅲ コンクリート編、平成 24 年 3 月
2) アウトプレート工法研究会：アウトプレート工法 設計・施工マニュアル(案)、平成 27 年 7 月

2.3 PC T 桁橋の炭素繊維シートと外ケーブルによる補強

2.3.1 構造諸元
　（1）　橋梁形式：ポストテンション方式 単純 T 桁橋
　（2）　支　間　長：35.100 m
　（3）　幅　　　員：14.000 m（車道）＋3.600 m（歩道）
　（4）　斜　　　角：90°
　（5）　橋　　　格：1 等橋（TL-20）
　（6）　建　設　年：昭和 40 年代

2.3.2 構造一般図

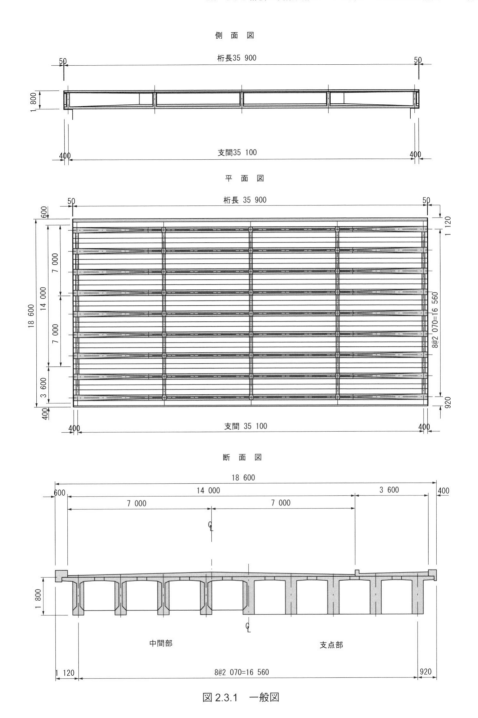

図 2.3.1 一般図

2.3.3 補強設計の概要

　本橋は、物流ネットワークを構成する重要路線に位置する橋梁である。設計当初は 1 等橋（TL-20）で設計されており、平成 5 年の道路構造令改訂に伴い規定された B 活荷重に対して、橋の各部材の安全性の検討を行うものである。

　設計は、一般に図 2.3.2 に示すフローに沿って実施する。しかし、既存の設計図書（計算書や図面等）の有無によって、図に示すようにその前段部分は既存応力度の確認・照

査で済む場合と復元設計が必要になる場合とに分かれる。

本事例では、設計図書一式が現存しているため既存応力度の確認・照査、Ｂ活荷重載荷時の耐力確認、そして補修設計の順で設計を実施する。

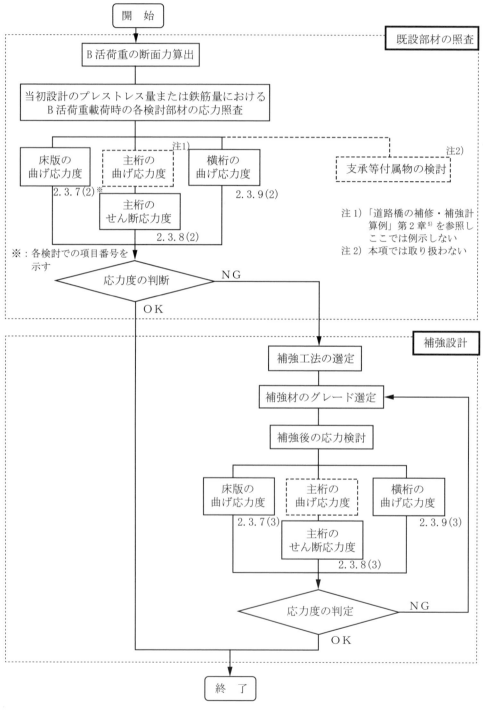

図 2.3.2　設計手順

2.3.4 B活荷重による断面力の算出

当初設計では、主桁の断面力はGuyon-Massonnetの版解析理論[1]によって算出しており、ねじりモーメントを考慮していない。以下に示す補強設計では、B活荷重による断面力の算出は格子解析[1]を用いる。しかし、当初設計がねじりモーメントを考慮していないこと、および本橋が直橋でねじりの影響は小さい等により、主桁のねじり剛性は考慮しないこととして、曲げモーメントおよびせん断力を算出する。

断面力の算出に用いた格子の骨組み図を、図2.3.3に示す。

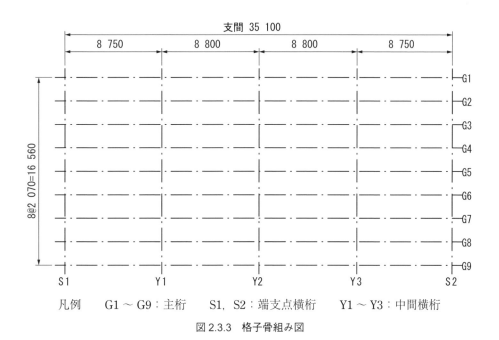

図2.3.3 格子骨組み図

2.3.5 補強理由

図 2.3.2 に示す設計手順に従って検討した結果、B 活荷重載荷時には床版および主桁、横桁の耐力が不足するため、許容応力度法により各部材に対する補強設計を行う。

各部材に対する補強設計は、道路橋示方書・同解説Ⅰ共通編、Ⅲコンクリート橋編（平成 24 年度）[2] に従い実施することを基本とする。PC 橋全般の応力計算[3,4] および補強特有の検討事項に関しての設計は、本章末に示す参考文献[5]~[10]に基づき実施する。

2.3.6 補強方法

各部材の補強方法は、主桁・横桁の曲げモーメントに対しては外ケーブル、主桁のせん断および床版の曲げモーメントに対しては炭素繊維シートを用いる。

主桁の外ケーブルによる曲げ補強および床版の橋軸方向の炭素繊維シート補強については、既刊の「道路橋の補修・補強計算例」第 2 章[5] および「道路橋の補修・補強計算例Ⅱ」第 1 章 1.3[6] を参照するものとして、ここでは、主桁のせん断補強および横桁の曲げ補強、PC 床版の橋軸直角方向の曲げ補強について事例を示す。

補強に用いる外ケーブルは、ポリエチレン被覆された防錆型で予め工場で設計仕様・寸法で製作した PC ケーブルとする。また、一般に高強度型炭素繊維シートは終局荷重状態の耐荷向上に、一方、高弾性あるいは中弾性型炭素繊維シートは部材の曲げ剛性の向上、または既存鉄筋の応力低減に有効とされている[7]。したがって本事例においては、主桁のせん断補強では終局荷重時の斜引張破壊に対する補強となるために高強度型炭素繊維シートを、PC 床版では主に曲げ剛性や押し抜きせん断の耐力向上を目的に、補強部位によって高弾性型炭素繊維シートと中弾性型炭素繊維シートを使い分けて補強を実施する。

2.3.7 炭素繊維シートによる PC 床版橋軸直角方向の補強

（1） 設計概要

（a） 設計概要

既設床版は PC 構造で、フルプレストレスで設計されている。B 活荷重載荷によって合成曲げ応力度に負の応力が生じた場合には、その応力度を引張力に換算し炭素繊維シートを用いて補強を行う方針とする。

PC 床版の炭素繊維シート接着補強では、「コンクリートの補修・補強に関する共同研究報告書（Ⅲ）」[7] に従って検討を行う。

（b） 設計手順

設計の手順を、図 2.3.4 に示す。

（2） B 活荷重載荷時の既設床版の検討

（a） 検討部位の設計条件

既設床版の橋軸直角方向の検討を行う。各検討部位の諸元を表 2.3.1 に示す。

2.3 PC T 桁橋の炭素繊維シートと外ケーブルによる補強　73

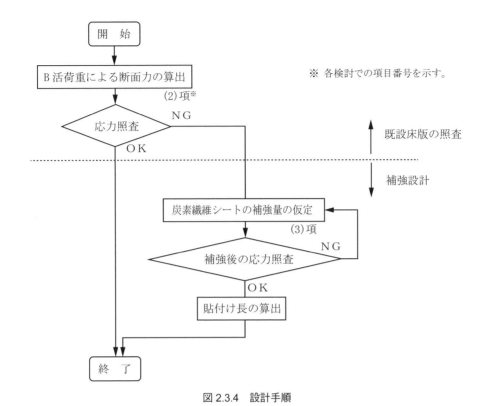

図 2.3.4　設計手順

表 2.3.1　既設 PC 床版の諸元

検討部位			片持版 (a-a)	連続版支点 (b-b)	連続版支間 (c-c)	備考
コンクリート強度　σ_{ck} (N/mm²)			40（主桁部）		30（桁間部）	当初設計計算書より
床版厚　t (mm)			265		170	図 2.3.7 参照
配置鋼材	PC鋼材	種　別	12 ϕ 5 (SWPR1A 5mm)			フレシネー工法
		断面積　A_p (mm²)	19.64×12 = 235.68			道示 I 共通編[2)] 表-解 3.1.3
		引張強度　σ_{pu} (N/mm²)	1 600			
		降伏点強度　σ_{py} (N/mm²)	1 400			
		設計時　σ_{pa} (N/mm²)	960			※1
		有効係数　η	0.971			当初設計計算書より
		有効応力度　σ_{pe} (N/mm²)	932			$\sigma_{pe}=\sigma_{pa}\times\eta$
		有効緊張力　P_e (kN/本)	220			$P_e=A_p\times\sigma_{pe}$
		配置間隔　a_p (mm)	ctc 600			床版単位幅の本数 $n=1\,000/600$
		配置本数　n（本/m）	1.667			
	鉄筋	種　別	D10（SD295A 相当、$A_s=71.33$mm²）			旧表示：SD30
		配置間隔　a_s (mm)	ctc 300			床版単位幅の本数 $n=1\,000/300$
		配置本数　n（本/m）	3.333			
		許容引張応力度　σ_{sa} (N/mm²)	140			床版部に適用
		ヤング係数　E_s (N/mm²)	200 000			

※1：設計荷重作用時の許容値、道示 III 3章 3.4 表-3.4.1[2)]　$0.6\sigma_{pu}$ または $0.75\sigma_{py}$ の小さい方の値

(b) 検討部位の設計曲げモーメント

① 片持版（a-a 断面）
・地覆および床版等の形状・寸法

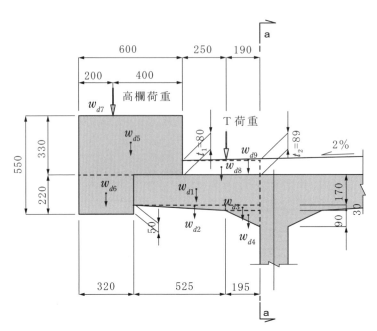

図 2.3.5 片持版の検討断面と荷重図

・荷重強度と曲げモーメント

片持床版に作用する荷重強度および曲げモーメントを、**表 2.3.2** に示す。なお、曲げモーメントの算出式は下記とする。

死荷重　$M_D = -w_d \times L$

活荷重　$M_T = (-P \times l)/(1.30 \times l + 0.25)$　（PC 床版：$0.0 \leq$ 支間長 $l \leq 1.5$ m）

　　　　　　$= (-100 \times 0.190)/(1.30 \times 0.190 + 0.25)$

　　　　　　$= -38.23$　（kN·m/m）

ここに、M_D：死荷重による床版の単位幅（1 m）当たりの曲げモーメント（kN·m/m）

　　　　w_d：死荷重による荷重強度（kN/m）

　　　　L：床版検討断面より荷重強度作用位置までの距離（m）

　　　　M_T：T 荷重（衝撃を含む）による床版の単位幅当たりの
　　　　　　　曲げモーメント（kN·m/m）

　　　　P：T 荷重の片側荷重（100 kN）　｝道示 Ⅲ 7 章 表 7.4.1[2)]

　　　　l：T 荷重に対する床版の支間（m）

表 2.3.2 片持版の荷重強度と曲げモーメント

	荷重の種類		荷重強度 w_d (kN/m)	支間 L (m) (アーム長)	M ($\times 10^3$ kN·mm/m)
	算出式		$w_d = a \times h \times \gamma$	—	—
死荷重	床版 w_{d1}	□[注]	$0.720 \times 0.170 \times 24.5 = 3.00$	0.360	−1.08
	床版 w_{d2}	△	$0.525 \times 0.030 \times 1/2 \times 24.5 = 0.19$	0.370	−0.07
	床版 w_{d3}	□	$0.195 \times 0.030 \times 24.5 = 0.14$	0.098	−0.01
	床版 w_{d4}	△	$0.195 \times 0.090 \times 1/2 \times 24.5 = 0.21$	0.065	−0.01
	地覆 w_{d5}	□	$0.600 \times 0.330 \times 24.5 = 4.85$	0.740	−3.59
	地覆 w_{d6}	□	$0.320 \times 0.220 \times 24.5 = 1.72$	0.880	−1.51
	高欄 w_{d7}		$= 0.60$	0.840	−0.50
	舗装 w_{d8}	□	$0.440 \times 0.080 \times 22.5 = 0.79$	0.220	−0.17
	舗装 w_{d9}	△	$0.440 \times 0.009 \times 1/2 \times 22.5 = 0.04$	0.147	−0.01
	計			$M_D =$	−6.95
活荷重			T荷重 (M_T) $= 100.0$	0.190	−38.23
曲げモーメント合計 ($M_D + M_T$)				M	−45.18

注) 断面積計算時における形状を示す。□は長方形、△は三角形

ここに、a：面積計算時の部材幅 (m)
　　　　h：面積計算時の部材高 (m)
　　　　γ_{PCon}：プレストレストコンクリート単位体積重量 ($= 24.5$ kN/m^3)
　　　　γ_{RCon}：鉄筋コンクリート単位体積重量 ($= 24.5$ kN/m^3)
　　　　γ_{As}：アスファルト舗装単位体積重量 ($= 22.5$ kN/m^3)
　　　　単位体積重量：道示 I 2章 表2.2.1[2]

② 連続版 (b-b、c-c 断面)
・形状、寸法

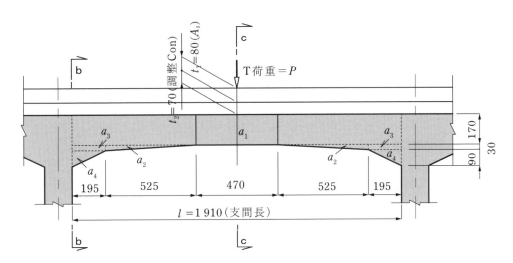

図 2.3.6　連続版の検討断面と荷重図

平均舗装厚（車道）

$$t' = (t_1 + t_2) = (0.080 + 0.070) = 0.150 \text{ m}$$

荷重強度

$$W_{As} = t_1 \times \gamma_{As} + t_2 \times \gamma_{Con} = 0.080 \times 22.5 + 0.070 \times 23.0 = 3.410 \text{ kN/m}^2$$

ここに、γ_{As}：前出

γ_{Con}：コンクリート単位体積重量（23.0 kN/m³）

床版断面積

□ $a = t \times b$　または、△ $a = 1/2 \times t \times b \times 2$　（t：部材厚、b：部材幅）

□ $a_1 = 0.170 \times 1.910 = 0.3247$

△ $a_2 = 1/2 \times 0.030 \times 0.525 \times 2 = 0.01575$

□ $a_3 = 0.030 \times 0.195 \times 2 = 0.0117$

△ $a_4 = 1/2 \times 0.090 \times 0.195 \times 2 = 0.01755$

$\Sigma a = 0.3697 \text{m}^2$

平均床版厚

$$t'' = \Sigma a / l = 0.3697 / 1.910 = 0.194 \text{ m} \quad （l：支間長）$$

荷重強度

$$W_{Con} = t'' \times \gamma_{PCon} = 0.194 \times 24.5 = 4.753 \text{ kN/m}^2$$

ここに、γ_{PCon}：前出

・荷重強度と曲げモーメント

連続版に作用する荷重強度と曲げモーメントを、**表2.3.3**に示す。なお、曲げモーメントの算出式を表中に示す。

表 2.3.3　連続版の荷重強度と曲げモーメント

荷重の種類		荷重強度 w_d (kN/m²)	連続版支点（b-b） M （×10³ kN·mm/m）	連続版支間（c-c） M （×10³ kN·mm/m）
死荷重　M_D	算出式	—	$(-w_d \cdot l^2 / 10)$ ※1	$(+w_d \cdot l^2 / 10)$ ※1
	舗装	3.410	−1.24	1.24
	床版	4.753	−1.73	1.73
	合計		−2.97	2.97
活荷重　M_T	算出式	—	$-(0.15 l + 0.125) P$	$+(0.12 l + 0.07) P \times 0.80$
	T荷重	$P = 100$（kN）	−41.15	23.94
曲げモーメント合計（$M_D + M_T$）　M			−44.12	26.91

※1：道示 Ⅲ 7章 表-7.4.1[2]

ここで、w_d：舗装および床版の死荷重強度（kN/m²）

l：床版の支間長（= 1.910 m）

P：T荷重の片側荷重強度（= 100 kN）

(c) 検討部位の断面定数の計算
① 片持版（a-a 断面）、連続版支点部（b-b 断面）
・形状、寸法
　曲げ応力検討時の床版厚 h は、図 2.3.7 に示すとおり道示 Ⅲ 7 章 床版 7.5[2] の規定に従い、ウェブ付け根部のハンチ形状の 1:3 までの厚さを床版の有効断面とする。

$$h = 170 + 30 + 195/3 = 265 \text{ mm}$$

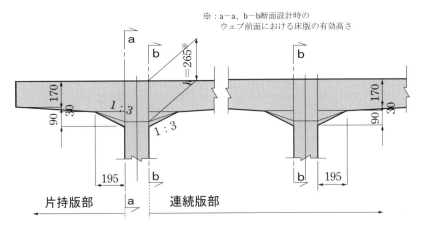

図 2.3.7　片持版、連続版支点部の床版有効高（a-a、b-b）

したがって、曲げ応力度検討時の a-a、b-b 断面の形状・寸法および PC 鋼材配置は、図 2.3.8 となる。

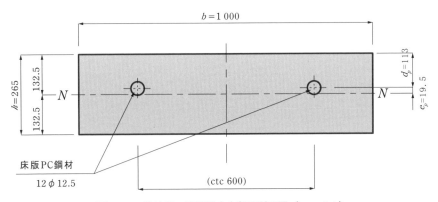

図 2.3.8　片持版、連続版支点部の断面図（a-a、b-b）

・断面諸定数
　断面積
$$A = b \times h = 1\,000 \times 265 = 265 \times 10^3 \text{ mm}^2 \quad (b：床版の単位幅、h：床版厚)$$
　PC 鋼材の偏心距離
$$e_p = h/2 - d_p = 265/2 - 113 = 19.5 \text{ mm}$$

断面係数

上縁　$Z_c' = 1/6 \times b \times h^2 = 1/6 \times 1\,000 \times 265^2 = 11\,704 \times 10^3\,\mathrm{mm}^3$

下縁　$Z_c = -1/6 \times b \times h^2 = -1/6 \times 1\,000 \times 265^2 = -11\,704 \times 10^3\,\mathrm{mm}^3$

② 連続版支間部（c-c 断面）

・形状、寸法

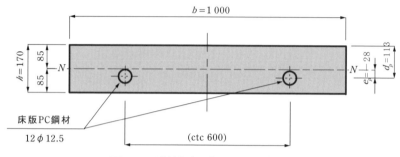

図 2.3.9　連続版支間部の断面図（c-c）

・断面諸定数

断面積

$A = b \times h = 1\,000 \times 170 = 170 \times 10^3\,\mathrm{mm}^2$　（b：床版の単位幅、h：床版厚）

PC 鋼材の偏心距離

$e_p = h/2 - d_p = 170/2 - 113 = -28\,\mathrm{mm}$

断面係数

上縁　$Z_c' = 1/6 \times b \times h^2 = 1/6 \times 1\,000 \times 170^2 = 4\,817 \times 10^3\,\mathrm{mm}^3$

下縁　$Z_c = -1/6 \times b \times h^2 = -1/6 \times 1\,000 \times 170^2 = -4\,817 \times 10^3\,\mathrm{mm}^3$

(d)　曲げ応力度の計算

① 荷重による曲げ応力度

各荷重による曲げ応力度を次式により求め、表 2.3.4 に示す。

$\sigma_c = M/Z$

ここに、σ_c：設計曲げモーメントによる床版上・下縁の曲げ応力度（N/mm²）

　　　　M：各荷重による床版の設計曲げモーメント（×10³ kN・mm）

　　　　Z：床版の上・下縁の断面係数（×10³ mm³）

表 2.3.4　荷重による曲げ応力度

検討断面		片持版 (a-a)	連続版支点部 (b-b)	連続版支間部 (c-c)
設計曲げモーメント M（×10³ kN・mm）		−45.18	−44.12	26.91
断面係数　Z（×10³ mm³）		± 11 704		± 4 817
曲げ応力度 （N/mm²）	上縁　σ_c'	−3.86	−3.77	5.59
	下縁　σ_c	3.86	3.77	−5.59

② プレストレスによる曲げ応力度

当初設計に基づく使用 PC 鋼材の諸元を、表 2.3.5 に示す。

表 2.3.5 PC 鋼材の諸元

PC 鋼材諸元 \ 検討断面	片持版、連続版 支点部 (a-a)、(b-b)	連続版 支間部 (c-c)	備　考
使用 PC 鋼材	$12\phi 5$ ($A_p = 235.680 \text{mm}^2$)		表 2.3.1 参照
有効引張応力度 σ_{pe} (N/mm²)	932		表 2.3.1 参照
PC 鋼材の断面積 A_p (mm²)	235.680		表 2.3.1 参照
PC 鋼材の配置間隔 a (mm)	600		図 2.3.8、図 2.3.9 参照
ケーブル1本当たりの有効引張力 P_e (×10³N)	220		表 2.3.1 参照
単位幅当たりの PC 鋼材本数 n (本)	1.667		単位幅 /a
1.0 m 当たりの有効引張力 ΣP_e (×10³N/m)	366.7		$P_e \times n$
PC 鋼材の偏心距離 e_p (mm)	19.5	-28.0	図 2.3.8、図 2.3.9 参照

プレストレスによる曲げ応力度を次式により求める。

$$\sigma_{pe} = (\Sigma P_e / A) + (\Sigma P_e \times e_p)/Z$$

ここに、σ_{pe}：プレストレスによる床版上・下縁の曲げ応力度（N/mm²）
　　　　ΣP_e：床版単位幅（1.0 m）当たりの有効プレストレス力（kN）
　　　　A：床版の単位幅断面積（mm²）
　　　　e_p：中立軸からの PC 鋼材の偏心距離（mm）
　　　　Z：床版の単位幅当たりの上・下縁の断面係数（×10³ mm³）

片持版（連続版支点部）のプレストレスによる曲げ応力度は以下となる。

$$\text{上縁}\quad \sigma_{pe}' = \frac{366.7 \times 10^3}{265 \times 10^3} + \frac{366.7 \times 10^3 \times 19.5}{11\,704 \times 10^3}$$
$$= 1.38 + 0.61 = 1.99 \text{ (N/mm}^2\text{)}$$

$$\text{下縁}\quad \sigma_{pe} = \frac{366.7 \times 10^3}{265 \times 10^3} + \frac{366.7 \times 10^3 \times 19.5}{-11\,704 \times 10^3}$$
$$= 1.38 - 0.61 = 0.77 \text{ (N/mm}^2\text{)}$$

同様に連続版支間部についてもプレストレスによる曲げ応力度を求め、表 2.3.6 に整理する。

表 2.3.6 プレストレスによる曲げ応力度

PC 鋼材による応力度の計算 \ 検討断面		片持版、連続版 支点部 (a-a)、(b-b)	連続版支間部 (c-c)
1.0m 当りの有効引張力 ΣP_e (×10³N/m)		366	
断面積 A (×10³mm²)		265	170
PC 鋼材の偏心距離 e_p (mm)		19.5	-28
断面係数 Z (×10³mm³)		± 11 704	± 4 817
プレストレスによる曲げ応力度 (N/mm²)	上縁 σ_{pe}'	1.99	0.03
	下縁 σ_{pe}	0.77	4.29

(e) 合成曲げ応力度の計算

合成曲げ応力度を、次式により求める。

$$\sigma = \sigma_c + \sigma_{pe}$$

ここに、σ：床版の合成曲げ応力度（N/mm²）
　　　　σ_c：設計時の床版の曲げ応力度（N/mm²）
　　　　σ_{pe}：プレストレスによる床版の曲げ応力度（N/mm²）

表2.3.4と表2.3.6の値を用い片持版の合成曲げ応力度を計算すると以下となる。また、各照査断面の計算結果を表2.3.7に示す。

上縁　$\sigma' = \sigma_c' + \sigma_{pe}' = -3.86 + 1.99 = -1.87$ （N/mm²）

下縁　$\sigma = \sigma_c + \sigma_{pe} = 3.86 + 0.77 = 4.63$ （N/mm²）

表2.3.7　合成曲げ応力度

（単位：N/mm²）

検討断面		片持版（a-a）	連続版支点部（b-b）	連続版支間部（c-c）
荷重による曲げ応力度				
上縁	σ_c'	−3.86	−3.77	5.59
下縁	σ_c	3.86	3.77	−5.59
プレストレスによる曲げ応力度				
上縁	σ_{pe}'	1.99	1.99	0.03
下縁	σ_{pe}	0.77	0.77	4.29
合成曲げ応力度				
上縁	σ'	−1.87	−1.78	5.62
下縁	σ	4.63	4.54	−1.30

許容応力度：$0.0 < \sigma_c < 15.0$ N/mm²　道示Ⅲ 表3.2.2、表3.2.3[2]

表2.3.7より、合成応力度で片持部および連続版支点部の上縁、連続版支間部の下縁に引張応力度（網掛け部）が生じる。道示Ⅲ[2]によれば、PC床版では引張応力度を許容しない規定となっているが、PC鋼材の追加等による補強が困難なため、引張応力度が発生した部位には「コンクリート部材の補修・補強に関する共同研究報告書（Ⅲ）」[7]に従い、炭素繊維シートを用いて補強を行う。

(3) 橋軸直角方向の補強設計

(a) 曲げ応力度に対する検討

補強は炭素繊維シートを貼り付けることで行う。

橋軸直角方向はPC部材として、「コンクリート部材の補修補強に関する共同研究報告書（Ⅲ）」[7]に従い、各断面に発生する引張応力度より引張力を計算し、必要補強シート量を算出する。使用する炭素繊維シートの諸元を表2.3.8に、既存鉄筋の諸元は前出の表2.3.1を参照とする。

表 2.3.8 炭素繊維シートの設計諸元

	片持版 (a-a)	連続版支点 (b-b)	連続版支間 (c-c)	備考
種　別		中弾性型	高弾性型	
目付量 （g/m²）		300		
シート厚 t_{cf} (mm)		0.165	0.143	
シート幅 b_{cf} (mm)		500	250	標準品の幅
引張強度 σ_{cfa}（×10³N/mm²）		2.9	1.9	
ヤング係数 E_{cf}（×10³N/mm²）		3.9	6.4	

注）炭素繊維シート設計諸元は、文献5) p.84、表2.8 より抜粋

① 片持版（a-a）

B活荷重載時の片持床版の応力状態を、図2.3.10 に示す。補強は、床版上縁の引張域に発生する引張応力の合力に対して行うが既存鉄筋の許容応力度を超過しないよう、炭素繊維シートを貼り付けることとする。

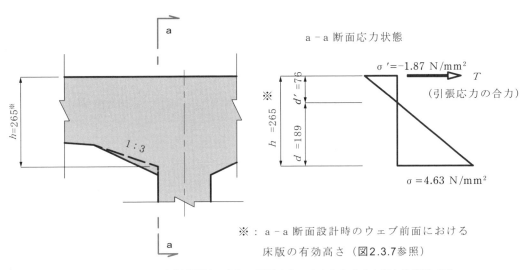

ここに、T：床版引張域に生じる引張応力の合力とし求めた張力換算値（N）
　　　　σ'：床版引張域縁に生じる引張応力度（N/mm²）
　　　　d'：引張縁より中立軸までの距離（mm）
　　　　b：床版単位幅（＝1 000 mm）

図2.3.10　片持版（a-a）の応力分布

引張力　T
$$T = 1/2 \times \sigma' \times d' \times b = 1/2 \times 1.87 \times 76 \times 1\,000 = 71\,060 \text{ N}$$

必要シート面積　A_{cfreq}

補強に必要な炭素繊維シートの断面積は、次式[7]による。

$$A_{cfreq} = \{(T/\sigma_{sa}) - A_s\}/(E_{cf}/E_s)$$

ここに、A_{cfreq}：補強に必要な炭素繊維の断面積（mm²）
　　　　T：張力換算値（N）　図2.3.10 参照
　　　　σ_{sa}：鉄筋の許容応力度（＝140 N/mm²）　表2.3.1 参照

A_s：既存鉄筋断面積（$= 71.33 \times 3.333 = 238$ mm^2）　表 2.3.1 参照
E_{cf}：鉄筋のヤング係数（$= 200\,000$ N/mm^2）　表 2.3.1 参照
E_s：炭素繊維シートのヤング係数（N/mm^2）　表 2.3.8 参照
$A_{cfreq} = \{(71\,060/140) - 238\}/(3.9/2.0) = 138.24$ mm^2

中弾性型炭素繊維シートを用い単位幅（1.0 m）当たり、シート厚 $t_{cf} = 0.165$、幅 $b_{cf} = 500$ mm を用い、貼り付け間隔 $b_w = 500$ mm（全面貼り）、1 層を貼り付けるとすると、補強する炭素繊維シートの面積は次式より求まる。

$A_{cf} = t_{cf} \times b_{cf} \times (1\,000/b_w) \times 1$ 層

ここに、A_{cf}：施工における炭素繊維シートの面積（mm^2）
　　　　t_{cf}：炭素繊維シートの厚さ（mm^2）　表 2.3.8 参照
　　　　b_{cf}：炭素繊維シートの幅（mm）　表 2.3.8 参照

$A_{cf} = 0.165 \times 500 \times (1\,000/500) \times 1$ 層 $= 165.00$ mm$^2 > A_{cfreq} = 138.24$ mm^2　OK

以下同様に、各部位の補強に必要な炭素繊維シート量を算出する。

② 連続版支点部（b-b 断面）

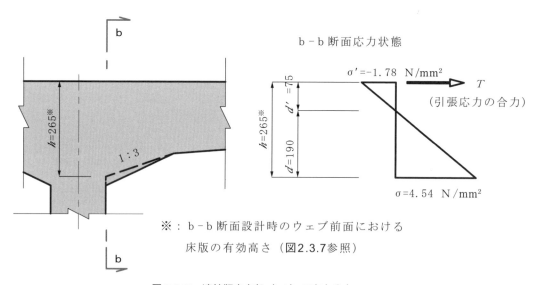

図 2.3.11　連続版支点部（b-b）の応力分布

引張力　T
　　$T = 1/2 \times 1.78 \times 75 \times 1\,000 = 66\,750$ N

必要シート面積　A_{cfreq}
　　$A_{cfreq} = \{(66\,750/140) - 238\}/(3.9/2.0) = 122.45$ mm^2

片持版部と同様に単位幅当り、$t_{cf} = 0.165$ mm、$b_{cf} = 500$ mm、間隔 $b_w = 500$ mm で、1 層貼り付ける。

$A_{cf} = 0.165 \times 500 \times (1\,000/500) \times 1$ 層 $= 165.00$ mm$^2 > A_{cfreq} = 122.45$ mm^2　OK

③ 連続版支間部（c-c 断面）

連続版の支間部は、図 2.3.12 に示すとおり引張領域の高さ d がコンクリートのかぶり程度で、既存の鉄筋応力度への影響は小さいためこれを考慮しないものとする。

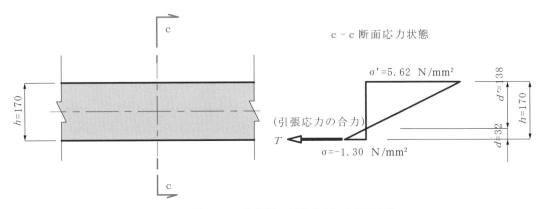

図 2.3.12 連続版支点部 (b-b) の応力分布

引張力 T

$$T = 1/2 \times 1.30 \times 32 \times 1\,000 = 20\,800 \text{ N}$$

必要シート面積 A_{cfreq}

$$A_{cfreq} = \{(20\,800/140) - 0\}/(6.4/2.0) = 46.43 \text{ mm}^2$$

中弾性型炭素繊維シートを用い単位幅当り、$t_{cf} = 0.143$ mm、$b_{cf} = 250$ mm、間隔 $b_w = 500$ mm で、1層を貼り付ける。

$$A_{cf} = 0.143 \times 250 \times (1\,000/500) \times 1\,層 = 71.50 \text{ mm}^2 > A_{cfreq} = 46.43 \text{ mm}^2 \quad \text{OK}$$

(4) 炭素繊維シートの貼付け長の計算

炭素繊維シートを確実に定着させるための必要な長さは、「炭素繊維シートとコンクリートとの付着により求められる長さ」で決まり、「曲げモーメント正負反点位置」を越えた圧縮域に確実に付着定着させる。

(a) 炭素繊維シートとコンクリートとの付着により求められる長さ

炭素繊維シートとコンクリートとの付着によって決まる必要定着長は、次式[7]により求める。

$$L_{cf} = T/(b \times \tau_{cf})$$

ここに、L_{cf}：炭素繊維シートとコンクリートとの付着により求められる必要定着長（mm）

T：炭素繊維シートにかかる引張力（kN）

b：炭素繊維シートの貼付け幅（m）

τ_{cf}：炭素繊維シートとコンクリートとの許容平均付着応力度（N/mm^2）
$= 0.44$ N/mm^2

(b) 必要定着長の計算

炭素繊維シートの必要定着長の計算結果および計算に用いる支間長を表2.3.9に示す。

表 2.3.9 貼付け量の計算結果

	片持版 (a-a)	連続版支点部 (b-b)	連続版支間部 (c-c)
引張力 T (N)	71 060	66 750	20 800
使用シート幅 b_{cf} (mm)	500	500	250
配置ピッチ a (mm)	500	500	500
シート貼付け幅 b (mm)	500×1 000/500	500×1 000/500	250×1 000/500
許容付着応力度 τ_{cf} (N/mm²)	0.44		
必用定着長 L_{cf} (mm)	162	152	95
支間長 l (mm)	—	2 070	
$l/6$ (mm)	—	345	

(c) 曲げモーメントの正負反点位置

連続床版における設計曲げモーメントが正・負に反転する位置は、道示 Ⅲ 第7章 床版「7.6 鉄筋の種類及び配筋」における図-7.6.1 の「鉄筋の折曲げ位置」の規定[2]に準じ、図 2.3.13 に示すウェブ全面から $l/6$ の断面位置とする。

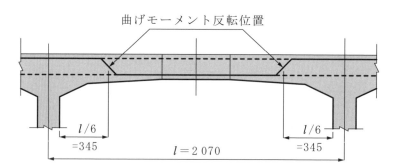

図 2.3.13 連続床版曲げモーメントの正負反転位置

(d) 炭素繊維シートの実配置長さ L の計算

① 片持版

地覆内側まで配置する。

$L = 440 + 160(ウェブ厚) + 345 + 162(必要定着長) = 1 107 → 1 200$ mm

② 連続版支点部

$L = 160(ウェブ厚) + 2 × \{345 + 152(必要定着長)\} = 1 154 → 1 200$ mm

③ 連続版支間部

T荷重の載荷位置は支間中央とは限らないのでハンチ部まで配置する。

$L = (1 910 - 345 × 2) + 2 × 95(必要定着長) = 1 410 → 1 520$ mm

以上の計算に基づき、曲げモーメントの正・負反点付近における炭素繊維シートの必要定着長を考慮した、床版各検討位置での実際の配置を図 2.3.14 に示す。なお、片持部の地覆側の定着に関しては、地覆が現存し床版先端まで巻き込むことができないため地覆内側までとする。

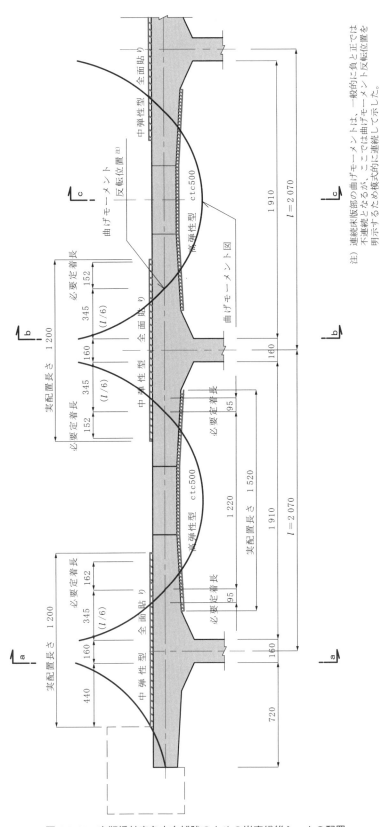

図 2.3.14　床版橋軸直角方向補強のための炭素繊維シートの配置

2.3.8 主桁のせん断補強設計
(1) 設計概要
(a) 設計概要

　せん断力の検討位置は、図2.3.15のとおりであり、これらすべてについて計算を行うが、本検討事例ではこれらの中からピックアップした断面（着色断面）について計算を進める。

　なお、以降の計算で使用する断面諸元や補強する主桁の既存の配置鉄筋量を表2.3.10に示す。

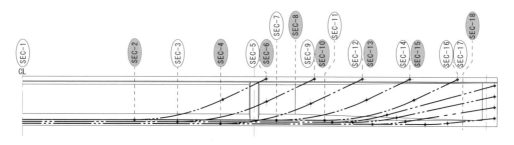

断面	SEC-2	SEC-4	SEC-6	SEC-8	SEC-10	SEC-13	SEC-15	SEC-18
検討位置	C_1ケーブル曲上点	C_3ケーブル曲上点	C_1ケーブル定着位置右	ウェブ拡幅開始点	C_2ケーブル定着位置右	C_3ケーブル定着位置右	C_4ケーブル定着位置右	支点より桁高1/2点
支間からの距離（mm）	4 232	7 532	9 250	10 350	11 050	12 850	14 650	16 650

図2.3.15　せん断に対する検討断面位置

表2.3.10　検討位置の断面諸元

断面	SEC-2	SEC-4	SEC-6	SEC-8	SEC-10	SEC-13	SEC-15	SEC-18
b_w(mm)	160	160	160	160	199	298	398	509
d(mm)	1 740	1 740	1 740	1 740	1 740	1 740	1 740	1 740
$I_e \times 10^4$(mm^4)	30 510 328	30 510 328	30 510 328	30 510 328	31 000 768	32 432 292	34 139 480	36 407 268
$Z \times 10^3$(mm^3)	−308 616	−306 095	−304 489	−302 165	−309 862	−327 751	−345 279	−369 234
$Q_e \times 10^3$(mm^3)	213 754	213 754	213 754	213 754	220 217	238 138	258 124	283 008
y_l(mm)	1 130	1 131	1 135	1 135	1 127	1 108	1 092	1 075
A_w(mm^2)	D13-ctc400 633.5[※1]	D13-ctc400 633.5	D13-ctc300 844.6	D13-ctc250 1 013.6	D13-ctc250 1 013.6	D13-ctc300 1 013.6	D13-ctc300 844.6	D13-ctc300 844.6
A_a'(mm^2)	D10-16本 1 141.2[※2]	D10-16本 1 141.2	D10-16本 1 141.2	D10-16本 1 141.2	D10-16本 1 141.2	D10-16本 1 141.2	D10-16本 1 141.2	D10-16本 1 141.2

ただし、b_w：主桁のウェブ幅（mm）
　　　　d：主桁のせん断検討時の有効高（mm）
　　　　I_e：主桁断面の図心軸に関する2次モーメント（mm^4）
　　　　Z：主桁の下縁断面係数（mm^3）
　　　　Q_e：主桁断面の図心軸に関する1次モーメント（mm^3）
　　　　y_l：主桁の下縁から中立軸位置までの距離（mm）
　　　　A_w：各断面の既存スターラップの配置間隔とその断面積（mm^2）
　　　　　　※1：D13A_s＝126.7mm^2×1 000/40（1m当たり本数）×2本（U形状）＝633.5 mm^2
　　　　A_a'：各断面のせん断検討に用いる既存軸方向鉄筋の本数とその断面積（mm^2）
　　　　　　※2：D10A_s＝71.33mm^2×16本（せん断有効本数）＝1 141.2 mm^2

(b) 設計手順

　既設桁にB活荷重を載荷した場合のせん断に対する検討事例を示す。設計の手順は、図2.3.16による。

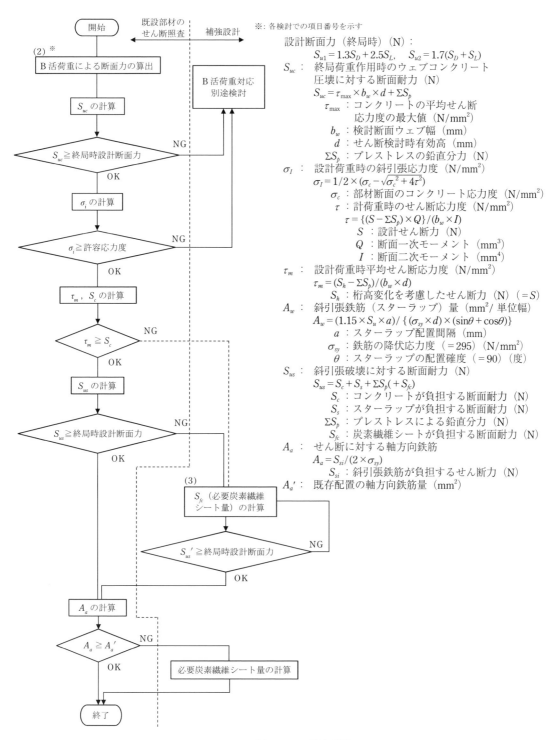

図2.3.16　設計手順

（2） B活荷重載荷時のせん断応力の照査

（a） せん断力検討時の作用断面力

B活荷重による各検討断面の断面力等を表2.3.11に示す。

表2.3.11 検討位置断面の作用断面力とPC鉛直分力

断面		SEC-2	SEC-4	SEC-6	SEC-8	SEC-10	SEC-13	SEC-15	SEC-18
せん断力	設計荷重作用時（kN）								
	S_D	132.68	222.24	313.41	343.26	362.26	411.12	459.97	514.25
	S_L	177.50	229.70	246.94	258.15	265.84	286.01	314.31	347.75
	ΣS_{D+L}	310.18	451.94	560.35	601.41	628.10	697.13	774.28	862.00
	終局荷重作用時（kN）								
	$1.3S_D+2.5S_L$	616.23	863.16	1 024.78	1 091.61	1 135.54	1 249.48	1 383.74	1 537.90
	$1.7(S_D+S_L)$	527.31	768.30	952.60	1 022.40	1 067.77	1 185.12	1 316.28	1 465.40
曲げモーメント	設計荷重作用時（kN·m）								
	M_D	4 239.37	3 717.87	3 290.43	2 950.54	2 720.18	2 072.25	1 343.61	439.41
	M_L	2 589.58	2 217.74	1 960.40	1 778.50	1 650.68	1 280.18	843.05	279.96
	ΣM_{D+L}	6 828.95	5 935.61	5 250.83	4 729.04	4 370.86	3 352.43	2 186.66	719.37
	終局荷重作用時（kN·m）								
	$1.3M_D+2.5M_L$	11 985.13	10 377.58	9 178.56	8 281.95	7 662.93	5 894.38	3 854.32	1 271.13
	$1.7(M_D+M_L)$	11 609.22	10 090.54	8 926.41	8 039.37	7 430.46	5 699.13	3 717.32	1 222.93
ΣS_p(kN)		0.00	192.20	197.53	268.62	186.36	295.47	512.14	452.12

ただし、　S_D, M_D：死荷重により発生するせん断力、曲げモーメント（kN、kN·m）
　　　　　S_L, M_L：B活荷重により発生するせん断力、曲げモーメント（kN、kN·m）
　　　　　ΣS_p：せん断検討時に考慮できるPC鋼材の引張力の鉛直分力の合計（kN）

上表の終局荷重時のせん断力を比較すると、着色で示した組み合わせ（$1.3S_D+2.5S_L$）の作用断面力が卓越していることがわかる。このため、本計算例では終局荷重作用時の以降で行う検討については、着色した断面力について照査を行うものとする。

（b） 終局荷重作用時の主桁ウェブ圧壊に対する検討

終局荷重作用時の主桁ウェブコンクリートの圧壊に対する耐力は、次式による。

$$S_{uc} = \tau_{max} \times b_w \times d + \Sigma S_p$$

ここに、S_{uc}：ウェブコンクリートの圧壊に対する耐力（kN）
　　　　τ_{max}：コンクリートの平均せん断応力度の最大値（N/mm²）
　　　　　　　道示Ⅲ、表-4.3.2[2]
　　　　　　　設計基準強度 40 N/mm² の場合
　　　　　　　＝5.30 N/mm²
　　　　b_w：主桁のウェブ幅（mm）
　　　　d：せん断検討時の部材有効高（mm）
　　　　ΣS_p：PC鋼材の引張力のせん断作用方向の分力の合計（kN）

$$S_p = A_p \cdot \sigma_{pe} \cdot \sin\alpha \quad (各ケーブル)$$

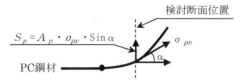

A_p：検討断面における PC 鋼材の断面積（mm²）
σ_{pe}：検討断面における PC 鋼材の有効引張応力度（N/mm²）
α：PC 鋼材が断面軸となす角度（度）

SEC-4 断面を例に、補強前の主桁の圧壊耐力 S_{uc} を求めると、下記となる。

$$S_{uc} = \tau_{max} \times b_w \times d + \Sigma S_p$$
$$= (5.30 \times 160 \times 1\,740)/1\,000 + 192.20$$
$$= 1\,667.72 \text{ kN}$$

圧壊耐力の計算に必要な各諸元と計算結果を表 2.3.12 に、主な検討断面における作用断面力と既設桁の断面圧壊耐力を比較したものを図 2.3.17 に示す。検討の結果、すべての断面で B 活荷重が載荷されても問題のない耐力を有している。

表 2.3.12　主桁ウェブ圧壊に対する検討結果

断面	SEC-2	SEC-4	SEC-6	SEC-8	SEC-10	SEC-13	SEC-15	SEC-18
τ_{max}（N/mm²）	5.30	5.30	5.30	5.30	5.30	5.30	5.30	5.30
b_w（mm）	160	160	160	160	199	298	398	509
d（mm）	1 740	1 740	1 740	1 740	1 740	1 740	1 740	1 740
ΣS_p（kN）	0.00	192.20	197.53	268.62	186.36	295.47	512.14	452.12
$1.3S_D + 2.5S_L$（kN）	616.23	863.16	1 024.78	1 091.61	1 135.54	1 249.48	1 383.74	1 537.90
S_{UC}（kN）	1 475.52	1 667.72	1 673.05	1 744.14	2 021.54	3 043.63	4 182.50	5 146.12
$1.3S_D + 2.5S_L \leq S_{uc}$	OK	OK	OK	OK	OK	OK	OK	OK

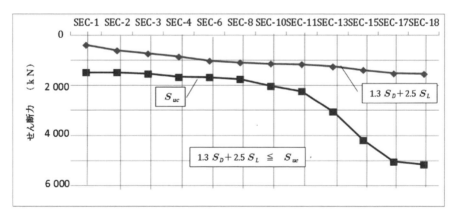

図 2.3.17　終局荷重時作用せん断力と主桁ウェブコンクリートの圧壊耐力の比較

(c) 設計荷重作用時のせん断力による斜引張応力度の検討

設計荷重作用時の主桁ウェブの斜引張応力に対する照査を行う。斜引張応力度は次式により算出する。

$$\tau = \frac{(S - \Sigma S_P) \cdot Q_e}{b_W \cdot I_e}$$

$$\sigma_i = \frac{1}{2}(\sigma_c - \sqrt{\sigma_c^2 + 4\tau^2}\,) > \sigma_{ia}$$

ここに、τ :設計荷重作用時のせん断応力度（N/mm²）
　　　　S :主桁断面に作用するせん断力（kN）
　　　　ΣS_p :せん断検討時に考慮できるPC鋼材の引張力の鉛直分力の合計（kN）
　　　　Q_e :主桁図心軸に関する断面1次モーメント（mm³）
　　　　b_w :主桁のウエブ幅（mm）
　　　　I_e :主桁図心軸に関する断面2次モーメント（mm⁴）
　　　　σ_i :設計荷重作用時の斜引張応力度（N/mm²）
　　　　σ_c :主桁断面のコンクリートの圧縮応力度（N/mm²）

$$= \frac{(\sigma_u - \sigma_l) \times y_l}{h_G} + \sigma_l$$

　　　　σ_u :検討荷重作用時の主桁上縁のコンクリート応力度（N/mm²）
　　　　σ_l :検討荷重作用時の主桁下縁のコンクリート応力度（N/mm²）
　　　　y_l :下縁より図心位置までの距離（mm）
　　　　h_G :主桁高（桁高一定=1 800）（mm）
　　　　σ_{ia} :PC構造に対する許容斜引張応力度
　　　　　　道示Ⅲ、表-3.2.5[2)]
　　　　　　　設計基準強度　40 N/mm² の場合
　　　　　　　　死荷重作用時：-1.0 N/mm²
　　　　　　　　設計荷重作用時：-2.0 N/mm²

SEC-4 断面の設計荷重時を例に、補強前の主桁の斜引張応力度 σ_i を求める。

はじめに σ_c と τ を求めると、

$$\sigma_c = \frac{(\sigma_u - \sigma_l) \times y_l}{h_G} + \sigma_l$$

$$= \frac{(9.71 - (-0.42)) \times 1\,131}{1\,800} + (-0.42)$$

$$= 5.95\,\mathrm{N/mm^2}$$

$$\tau = \frac{(S_D - \Sigma S_p) \cdot Q_e}{b_w \cdot I_e}$$

$$= \frac{(451.94 - 192.20) \times 1\,000 \times 213\,754 \times 10^3}{160 \times 30\,510\,328 \times 10^4}$$

$$= 1.14\,\text{N/mm}^2$$

求めた σ_c と τ を用い σ_i を求める。

$$\sigma_i = \frac{1}{2}(\sigma_c - \sqrt{\sigma_c^2 + 4\tau^2}\,)$$

$$= \frac{1}{2} \times (5.95 - \sqrt{5.95^2 + 4 \times 1.14^2}\,)$$

$$= -0.21\,\text{N/mm}^2 > \sigma_{ia} = -2.00\,\text{N/mm}^2 \quad \text{OK}$$

斜引張応力度の計算に必要な各諸元と計算結果を表 2.3.13 に示す。

表 2.3.13 斜引張応力度の検討結果

断面		SEC-2	SEC-4	SEC-6	SEC-8	SEC-10	SEC-13	SEC-15	SEC-18
$Q_e \times 10^3 (\text{mm}^3)$		213 754	213 754	213 754	213 754	220 217	238 138	258 124	283 008
$I_e \times 10^4 (\text{mm}^4)$		30 510 328	30 510 328	30 510 328	30 510 328	31 000 768	32 432 292	34 139 480	36 407 268
$b_w (\text{mm})$		160	160	160	160	199	298	398	509
ΣS_p (kN)		0.00	192.20	197.53	268.62	186.36	295.47	512.14	452.12
σ_c の計算									
死荷重時 (N/mm²)	σ_u	5.92	5.44	4.74	4.67	3.55	2.09	1.61	1.22
	σ_c	5.98	5.95	5.45	5.44	4.67	3.62	2.83	2.18
	σ_l	6.08	6.82	6.67	6.75	6.54	6.08	4.70	3.60
設計重時 (N/mm²)	σ_u	10.89	9.71	8.53	8.11	6.73	4.53	3.20	1.73
	σ_c	5.98	5.95	5.46	5.44	4.67	3.62	2.83	2.18
	σ_l	-2.31	-0.42	0.23	0.87	1.22	2.17	2.26	2.84
$y_l (\text{mm})$		1 130	1 131	1 135	1 135	1 127	1 108	1 092	1 075
死荷重作用時									
S_D (kN)		132.68	222.24	313.41	343.26	362.26	411.12	459.97	514.25
τ (N/mm²)		0.58	0.13	0.51	0.33	0.63	0.28	-0.10	0.09
σ_c (N/mm²)		5.98	5.95	5.45	5.44	4.67	3.62	2.83	2.18
σ_i (N/mm²)		-0.06	0.00	-0.05	-0.02	-0.08	-0.02	0.00	0.00
σ_{ia} (N/mm²)		-1.00	-1.00	-1.00	-1.00	-1.00	-1.00	-1.00	-1.00
$\sigma_i \geq \sigma_{ia}$		OK	OK	OK	OK	OK	OK	OK	OK
設計荷重作用時									
S_{D+L} (kN)		310.18	451.94	560.35	601.41	628.10	697.13	774.28	862.00
τ (N/mm²)		1.36	1.14	1.59	1.46	1.58	0.99	0.50	0.63
σ_c (N/mm²)		5.98	5.95	5.46	5.44	4.67	3.62	2.83	2.18
σ_i (N/mm²)		-0.29	-0.21	-0.43	-0.37	-0.48	-0.25	-0.09	-0.17
σ_{ia} (N/mm²)		-2.00	-2.00	-2.00	-2.00	-2.00	-2.00	-2.00	-2.00
$\sigma_i \geq \sigma_{ia}$		OK	OK	OK	OK	OK	OK	OK	OK

表より、斜引張応力度はすべての断面で許容値内となっているため、B 活荷重載荷時にも規定の耐力を満足する。

(d) 設計荷重作用時の平均せん断応力度の検討

設計荷重作用時の主桁コンクリートの平均せん断応力度は、次式による。

$$\tau_m = \frac{(S_h - \Sigma S_p)}{b_w \cdot d}$$

ここに、τ_m：設計荷重作用時の平均せん断応力度（N/mm²）
　　　　S_h：部材の有効高の変化の影響を考慮したせん断力（kN）
　　　　　　$= S_D + S_L$
　　　　b_w：検討断面のウェブ幅（mm）
　　　　d　：せん断検討時の部材有効高（一定 = 1 740）（mm）

SEC-4 断面を例に、補強前の主桁の平均せん断応力度 τ_m を求める。

$$\tau_m = \frac{(S_h - \Sigma S_p)}{b_w \cdot d} = \frac{(451.94 - 192.20) \times 1\,000}{160 \times 1\,740}$$

$$= 0.93\,\text{N/mm}^2 < \tau_{ma} = 0.55\,\text{N/mm}^2 \quad \text{NG} \quad 要補強$$

平均せん断応力度の計算に必要な各諸元と計算結果を**表 2.3.14** に示す。

表 2.3.14　設計時の斜引張応力度の検討結果

断面	SEC-2	SEC-4	SEC-6	SEC-8	SEC-10	SEC-13	SEC-15	SEC-18
S_h (kN)	310.18	451.94	560.35	601.41	628.10	697.13	774.28	862.00
ΣS_p (kN)	0.00	192.20	197.53	268.62	186.36	295.47	512.14	452.12
b_w (mm)	160	160	160	160	199	298	398	509
d (mm)	1 740	1 740	1 740	1 740	1 740	1 740	1 740	1 740
τ_m (N/mm²)	1.11	0.93	1.30	1.20	1.28	0.77	0.38	0.46
τ_{ma} (N/mm²)	0.55	0.55	0.55	0.55	0.55	0.55	0.55	0.55
判定	要補強	要補強	要補強	要補強	要補強	要補強	OK	OK

ただし、τ_{ma}：コンクリートが負担できる平均せん断応力度（N/mm²）
　　　　　　道示Ⅲ、表-4.3.1[2)]
　　　　　　　設計基準強度 40 N/mm² の場合　0.55 N/mm²
　　　　判定：$\tau_m \leqq \tau_{ma}$　　OK
　　　　　　　$\tau_m > \tau_{ma}$　　要補強（炭素繊維シートで補強が必要な断面）

　表より、設計時の平均せん断応力度が、既設主桁のコンクリートが負担できる平均応力度を超える断面が生じている。これらの断面では、以下で行う検討を加味して最終的には補強に用いる必要炭素繊維シート量の決定を行うものとする。

(e) 終局荷重時の部材の斜引張破壊に対する検討

　道示Ⅲ 4.3[2)] では、終局荷重時のせん断力が部材の斜引張破壊に対する耐力以下であることを規定している。部材の斜引張破壊に対する耐力は、次式により求める。

$$S_{us} = S_c + S_s + \Sigma S_p$$

ここに、S_{us}：斜引張破壊に対する耐力（kN）

S_c：コンクリートが負担するせん断力（kN）

S_s：せん断力に対して配置した斜引張鉄筋が負担できるせん断力（kN）

ΣS_p：せん断検討時に考慮できる PC 鋼材の引張力の鉛直分力の合計（kN）

① コンクリートが負担するせん断力

コンクリートが負担するせん断力は、次式による。

$$S_c = k \cdot \tau_{ma} \cdot b_w \cdot d$$

ここに、S_c：コンクリートが負担するせん断力（kN）

k：コンクリートが負担できる平均せん断応力度の割増係数
　　次式により求める。

$$= 1 + \frac{M_o}{M_d} \leq 2.0$$

M_0：プレストレス力および軸方向力によるコンクリート
　　応力度が部材張縁で 0 となる曲げモーメント（kN·m）

$$= \sigma_{pel} \times Z_l$$

σ_{pel}：有効プレストレス力による部材引張縁の応力度（N/mm²）

Z_l：部材引張縁の断面係数（mm³）

M_u：終局荷重時の曲げモーメント（kN·m）

τ_{ma}：コンクリートが負担できるせん断応力度（N/mm²）
　　道示Ⅲ、表-4.3.1[2)]
　　　　設計基準強度 40 N/mm² の場合　0.55 N/mm²

b_w：検討断面のウェブ幅（mm）

d：せん断検討時の部材有効高（mm）

SEC-4 断面を例に、補強前の主桁の平均せん断応力度 S_c を求める。

はじめに k の計算に用いる、M_0 を求める。

$$M_0 = \sigma_{pel} \times Z_l$$

主桁の曲げ応力検討（本事例では曲げモーメントに対する検討は省略している）より

$\sigma_{pel} = 20.50 \text{N/mm}^2$、$Z_l = 306\,095 \times 10^3 \text{ mm}^3$

したがって、

$M_0 = 20.50 \times 306\,095 / 1\,000 = 6\,274.95 \text{ kN·m}$

また、表 2.3.11　$1.3M_D + 2.5M_L$ のケースより、

$M_{u1} = 10\,377.58$ kN·m であるから、

$$k = 1 + \frac{M_o}{M_{ul}} = 1 + \frac{6\,274.95}{10\,377.58} = 1.605$$

ここに、$\tau_{ma} = 0.55 \text{ N/mm}^2$

表 2.3.10 より、$b_w = 160$ mm、$d = 1\,740$ mm

したがって、

$$S_c = k \cdot \tau_{ma} \cdot b_w \cdot d$$

$$= 1.605 \times 0.55 \times 160 \times 1\,740/1\,000$$
$$= 245.76 \text{ kN}$$

コンクリートが負担するせん断力の計算に必要な各諸元と計算結果を表 2.3.15 に示す。

表 2.3.15　主桁のコンクリートが負担できるせん断力の計算結果

断面	SEC-2	SEC-4	SEC-6	SEC-8	SEC-10	SEC-13	SEC-15	SEC-18
τ_{ma} (N/mm^2)	0.55	0.55	0.55	0.55	0.55	0.55	0.55	0.55
k (N/mm^2)	1.561	1.605	1.622	1.640	1.657	1.723	1.794	2.000
b_w (mm)	160	160	160	160	199	298	398	509
d (mm)	1 740	1 740	1 740	1 740	1 740	1 740	1 740	1 740
σ_{pel} (N/mm^3)	21.78	20.50	18.74	17.54	16.26	13.00	8.86	4.84
$Z_l \times 10^3$ (mm^3)	−308 616	−306 095	−304 489	−302 165	−309 862	−327 751	−345 279	−369 234
M_0 (kN·m)	6 721.66	6 274.95	5 706.12	5 299.97	5 038.36	4 260.76	3 059.17	1 787.09
M_{d1} (kN·m)	11 985.13	10 377.58	9 178.56	8 281.95	7 662.93	5 894.38	3 854.32	1 271.13
S_c (kN)	239.02	245.76	248.36	251.12	315.56	491.38	683.31	974.23

② 斜引張鉄筋が負担できるせん断力

斜引張鉄筋が負担できるせん断力は、次式による。

$$S_s = \sum \frac{A_w \cdot \sigma_{sy} \cdot d (\sin\theta + \cos\theta)}{1.15a}$$

ここに、S_s：既存の斜引張鉄筋が負担できるせん断力（kN）

A_w：間隔 a および角度 θ で配置された既存の斜引張鉄筋の断面積（mm^2）

σ_{sy}：斜引張鉄筋の降伏応力度（N/mm^2）
　　道示Ⅲ、表-解 3.1.4[2)] SD295A 相当 = 295 N/mm^2

d：せん断検討時の部材有効高 mm　表 2.3.10 より
　　= 1 740 mm（一定）

θ：斜引張鉄筋の配置角度（= 90°）（度）
　　sin90 = 1.0、cos90 = 0.0

a：既存の斜引張鉄筋の配置間隔（mm）
　　= 1 000 mm（A_w を 1 000 mm 当たりの断面積としている）

SEC-4 断面を例に、計算を行う。

表 2.3.10 より　$A_w = 633.5$ mm^2 であるから、

$$\begin{aligned}
S_s &= \sum \frac{A_w \cdot \sigma_{sy} \cdot d (\sin\theta + \cos\theta)}{1.15a} \\
&= \frac{633.5 \times 295 \times 1\,740 \times (1.0 + 0.0)}{1.15 \times 1\,000} \times \frac{1}{1\,000} \\
&= 282.76 \text{ kN}
\end{aligned}$$

斜引張鉄筋が負担するせん断力の計算に必要な各諸元と計算結果を表 2.3.16 に示す。

表 2.3.16 既存の鉄筋（スターラップ）が負担できるせん断力の検討結果

断面	SEC-2	SEC-4	SEC-6	SEC-8	SEC-10	SEC-13	SEC-15	SEC-18
A_w (mm^2)	633.5	633.5	844.6	1 013.6	1 013.6	1 013.6	844.6	844.6
σ_{sy} (N/mm^2)	295	295	295	295	295	295	295	295
d (mm)	1 740	1 740	1 740	1 740	1 740	1 740	1 740	1 740
a (mm)	1 000	1 000	1 000	1 000	1 000	1 000	1 000	1 000
S_s (kN)	282.76	282.76	376.99	452.42	452.42	452.42	376.99	376.99

③ 既設桁が負担できるせん断力の合計

補強前の主桁の各断面の終局荷重作用時の斜引張耐力 S_{us} は、次式によって求める。

$$S_{us} = S_c + S_s + \Sigma S_p$$

SEC-4 断面では、表 2.3.15 より S_c、表 2.3.16 より S_s および表 2.3.12 の ΣS_p の値を用いて計算を行うと下記値が得られる。

$$S_{us} = 245.76 + 282.76 + 192.20$$
$$= 720.72 \text{ kN}$$

補強前の主桁の各断面の終局荷重作用時の斜引張耐力の計算結果は、表 2.3.17 となる。また、B 活荷重時に主な断面の終局荷重時せん断力と既設桁が保有する耐力の比較を図 2.3.18 に示す。

表 2.3.17 既設桁の負担できるせん断力と作用せん断力の検討結果

断面	SEC-2	SEC-4	SEC-6	SEC-8	SEC-10	SEC-13	SEC-15	SEC-18
S_c (kN)	239.02	245.76	248.36	251.12	315.56	491.38	683.31	974.23
S_s (kN)	282.76	282.76	376.99	452.42	452.42	452.42	376.99	376.99
ΣS_p (kN)	0.00	192.20	197.53	268.62	186.36	295.47	512.14	452.12
S_{us} (kN)	521.78	720.72	822.88	972.16	954.34	1 239.27	1 572.44	1 803.34
B活荷重載荷時の終局せん断力								
$1.3S_D+2.5S_L$(kN)	616.23	863.16	1 024.78	1 091.61	1 135.54	1 249.48	1 383.74	1 537.90
$1.3S_D+2.5S_L \leq S_{us}$	耐力不足	耐力不足	耐力不足	耐力不足	耐力不足	耐力不足	OK	OK
不足耐力分(kN)	−94.45	−142.44	−201.90	−119.45	−181.20	−10.21	0.00	0.00

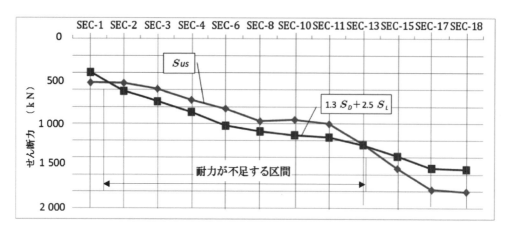

図 2.3.18　既設桁のせん断耐力と B 活荷重作用時のせん断力の比較

　検討の結果、B 活荷重載荷時では図 2.3.18 に示す断面において耐力が不足することが判明した。耐力の不足する各断面では、(3)項以降に炭素繊維シートを用いて補強設計を実施する。

(f)　せん断に対する軸方向鉄筋の検討

　せん断に対する軸方向鉄筋は、次式により求める。

$$A_a = \frac{S_{si} \cdot (\sin\theta - \cot\theta \cdot \cos\theta)}{\sigma_{sy} \times 2.0 \times (\sin\theta + \cos\theta)}$$

　　　ただし、A_a：せん断力に対する軸方向鉄筋量（mm²）

　　　　　　S_{si}：斜引張鉄筋が負担するせん断力（kN）

　　　　　　　　　$= S_u - \Sigma S_p - S_c$

　　　　　　σ_{sy}：斜引張鉄筋の降伏応力度（N/mm²）

　　　　　　　　　道示Ⅲ、表-解 3.1.4[2)]

　　　　　　　　　　SD295A 相当 = 295 N/mm²

　　　　　　$A_a{'}$：主桁に配置された既存の軸方向鉄筋量（mm²）

　　　　　　　　　（せん断に有効な軸方向鉄筋）

　　　　　　θ：軸方向鉄筋のせん断力作用方向に対する配置角度（= 90）（度）

　　　　　　　　　$\sin 90 = 1.0$、$\cos 90 = 0.0$、$\cot 90 = \cos\theta/\sin\theta = 0.0$

SEC-4 断面で検討を行うと以下となる。

　はじめに、表 2.3.17 の終局せん断力(S_u)、ΣS_p、S_c の各値を用い作用断面力 S_{si} を計算する。

$$\begin{aligned}S_{si} &= S_u - \Sigma S_p - S_c \\ &= 863.16 - 192.20 - 245.76 \\ &= 425.20 \text{ kN}\end{aligned}$$

したがって、必要な軸方向鉄筋量 A_a は、

$$A_a = \frac{S_{si} \cdot (\sin\theta - \cot\theta \cdot \cos\theta)}{\sigma_{sy} \times 2.0 \times (\sin\theta + \cos\theta)}$$

$$= \frac{425.20 \times 1\,000}{295 \times 2.0}$$

$$= 720.7 \text{ mm}^2 < A_a' = 1\,141.2 \text{ mm}^2 \qquad \text{OK}$$

となり、既存の軸方向鉄筋量より小さいため補強の必要がない。

同様に各断面の検討結果を表 2.3.18 にまとめた。B 活荷重時のせん断に対する軸方向鉄筋に関しては、各検討断面とも既存の配置鉄筋量で満足するため補強の必要はない。

表 2.3.18 せん断力に対する軸方向鉄筋の検討結果

断面	SEC-2	SEC-4	SEC-6	SEC-8	SEC-10	SEC-13	SEC-15	SEC-18
S_{u1} (kN) $(1.3S_D+2.5S_L)$	616.23	863.16	1 024.78	1 091.61	1 135.54	1 249.48	1 383.74	1 537.90
ΣS_p (kN)	0.00	192.20	197.53	268.62	186.36	295.47	512.14	452.12
S_c (kN)	239.02	245.76	248.36	251.12	315.56	491.38	683.31	974.23
S_{si} (kN)	377.21	425.20	578.89	571.87	633.62	462.63	188.29	111.55
σ_{sy} (N/mm²)	295	295	295	295	295	295	295	295
A_a (mm²)	639.3	720.7	981.2	969.3	1 073.9	784.1	319.1	189.1
A_a' (mm²)	1 141.2	1 141.2	1 141.2	1 141.2	1 141.2	1 141.2	1 141.2	1 141.2
$A_a \leq A_a'$	OK	OK	OK	OK	OK	OK	OK	OK

(3) せん断補強設計
(a) 炭素繊維シートの検討

B 活荷重載荷時の照査結果、既存の断面と配置鉄筋量では終局時の斜引張耐力が不足する（表 2.3.17 および図 2.3.18 参照）。これに対し、炭素繊維シートを用いて補強する。炭素繊維シートが負担できるせん断力は、「道示Ⅲ コンクリート橋編 4.3.4」[2] および「コンクリート部材の補修・補強に関する共同研究報告書（Ⅲ）」[7] に従い計算する。

使用する炭素繊維シートは、主に主桁に作用する終局荷重時のせん断耐力の向上を目的とするため高強度型を使用する。使用した高強度型炭素繊維シートの仕様等を表 2.3.19 に示す。

表 2.3.19 主桁のせん断補強用炭素繊維シートの諸元

種別	ヤング係数 E_{cf} (N/mm²)	目付量 W_{cf} (g/m²)	保証引張強度 σ_{cfuk} (N/mm²)	シート寸法 (mm)		設計断面積 A_{cf}' (mm²)
				厚 t_{cf}	幅 b_{cf}	
高強度型	245 000	200	3 400	0.111	250	27.75

使用する炭素繊維シートが負担できるせん断力は、次式により求める。

$$S_{cf} = \frac{A_{cf}' \times \sigma_{cf} \times d \times (\sin\theta + \cos\theta)}{1.15 \times a} \times \frac{1}{1\,000}$$

ここに、S_{cf}：炭素繊維シートが負担できるせん断力（kN）
A_{cf}：炭素繊維シートの断面積（mm²）
σ_{cf}：終局荷重時作用時における炭素繊維シートの引張強度（N/mm²）
$$\sigma_{cf} = 0.8 \times \varepsilon_{cfuk} \times E_{cf}$$
ε_{cfuk}：炭素繊維シートの保証ひずみ　$\sigma_{cfuk}/E_{cf} = 3\,400 / 245\,000 = 0.014$
σ_{cfuk}：炭素繊維シートの保証引張強度（N/mm²）　　表2.3.19 参照
E_{cf}：炭素繊維シートのヤング係数（N/mm²）　　表2.3.19 参照
d：主桁の有効高（mm）= 1 740 mm（一定）
θ：炭素繊維シートの方向が部材軸となす角度（度）= 90°
a：炭素繊維シートの補強間隔（mm）= 1 000 mm

表2.3.19 に示す仕様の炭素繊維シートを用いて、1.0 m 当たり1 枚を主桁のウェブの両側面に貼り付けたとき、炭素繊維シートが負担できる終局荷重時のせん断力を計算すると下記となる。

$A_{cf}' = t_{cf} \times b_{cf} \times n$　（$n = 2$ 枚　ウェブの両側面に貼り付け）
　　　$= 0.111 \times 250 \times 2$
　　　$= 55.50$ mm²

$\sigma_{cf} = 0.8 \times \varepsilon_{cfuk} \times E_{cf}$
　　　$= 0.8 \times 0.014 \times 245\,000$
　　　$= 2\,744$ N/mm²

$$S_{cf} = \frac{A_{cf}' \times \sigma_{cf} \times d \times (\sin\theta + \cos\theta)}{1.15 \times a}$$
$$= \frac{55.50 \times 2.744 \times 1\,740 \times (1.0 + 0.0)}{1.15 \times 1\,000}$$
$= 230.42$ kN $> S_{f1} = 208.84$ kN　　OK　　（表2.3.20、SEC-7 断面より）

本橋のせん断補強においては、図2.3.18 に示したせん断耐力が不足する断面（SEC-2〜13 の中から最も耐力が不足した断面（SEC-7）を選定し、補強に必要な炭素繊維シート量を決定する。そして、補強が必要なすべての断面（SEC-2〜13）に、同等の補強を実施する。その結果を表2.3.20 に示す。

なお、同表に示した注釈のとおり実際の補強に関しては、道示Ⅲ[2] の構造細目や現状の主桁の構造、損傷度等を考慮し貼り付け間隔等の調整をする。

(b)　炭素繊維シート定着部の検討

炭素繊維シートを用いてせん断補強をする場合、補強する部材の周囲を閉鎖型に巻き付けることができない場合は、鋼板等を用いて機械的に定着[7] をすることになる。

機械式定着方法は、CFRP シートを接着させる定着鋼板、定着鋼板をコンクリート桁に定着させるための後施工アンカーボルトで構成する。図2.3.19 に機械式定着部の構造やせん断力の終局荷重作用時に各定着部位が抵抗する力に関する概念を示す。

2.3 PC T 桁橋の炭素繊維シートと外ケーブルによる補強

表 2.3.20 炭素繊維シートの補強計算結果一覧

		記号	単位	SEC-2	SEC-3	SEC-4	SEC-5	SEC-6	SEC-7	SEC-8	SEC-9	SEC-10	SEC-11	SEC-13
終局時の せん断力	$1.3S_D+2.5S_L$	S_{u1}	kN	616.23	738.67	863.16	1 024.77	1 024.78	1 047.97	1 091.61	1 135.53	1 135.54	1 159.70	1 249.48
	$1.7(S_D+S_L)$	S_{u2}	〃	527.31	647.10	768.30	952.58	952.60	976.82	1 022.40	1 067.76	1 067.77	1 092.66	1 185.12
コンクリートが 負担できるせん断力		S_{c1}	〃	239.02	243.04	245.76	245.47	248.36	249.30	251.12	311.54	315.56	350.89	491.38
		S_{c2}	〃	241.78	245.83	248.34	248.08	251.00	252.07	254.06	315.33	319.58	355.37	498.40
斜引張鉄筋が 負担できるせん断力		S_s	〃	282.76	282.76	282.76	376.99	376.99	376.99	452.42	452.42	452.42	452.42	452.42
有効プレストレスの 鉛直分力		S_p	〃	0.00	64.07	192.20	328.80	197.53	212.84	268.62	317.64	186.36	201.18	295.47
B活荷重（終局時） 不足耐力		S_{f1}	〃	94.45	148.80	142.44	73.51	201.90	208.84	119.45	53.93	181.20	155.21	10.21
		S_{f2}	〃	2.77	54.44	45.00	0.00	127.08	134.92	47.30	0.00	109.41	83.69	0.00
補強した炭素繊維シート が負担できるせん断耐力		S_{fa}	〃	230.42	230.42	230.42	230.42	230.42	230.42	230.42	230.42	230.42	230.42	230.42
判定 $S_{f1}, S_{f2} < S_{fa}$				OK	OK	OK	OK	OK	OK	OK	OK	OK	OK	OK

注）表には、参考までに終局時の1.7 (S_D+S_L) のケースも示す。

※補強設計においては、炭素繊維シートの実際の配置は「道示Ⅲ4.3.5」2)に準じ、炭素繊維シートの配置および図3-解4.3.5」2)に準じ、主桁の有効高 $H=1740mm$ の1/2以下となる800mm間隔を基本として配置する。このため、炭素繊維シートが負担できるせん断力は、計算では必要とした1000mm幅当たり $S_f=230.42kN$ と比較した場合、実際の配置では下記に示すせん断耐力を有している。

$$S_f = \frac{A_s \times \sigma_{sf} \times d}{1.15 \times a} \times \frac{1}{1\,000}$$

$$= \frac{55.5 \times 2\,744 \times 1\,740}{1.15 \times 800} \times \frac{1}{1\,000}$$

$$= 288.03 \text{ kN}$$

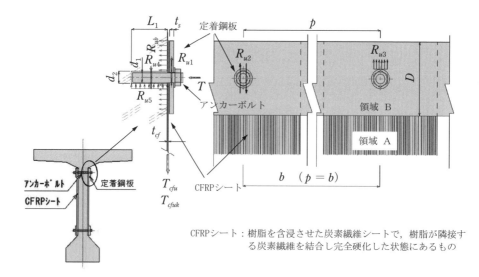

[凡例]　$T_r = (R_{ub} + R_u) > T_{cfu},\ T_{cfuk}$　………　OK
　　　T_r：定着部耐力（N）
　　　R_{ub}：定着鋼板で圧着された部分のCFRPシートとコンクリートとの付着強度をコンクリート引張強度（$\sigma_t = 2.5\,\text{N/mm}^2$）程度とした場合の付着による耐力（N）
　　　R_{u1}：CFRPシートと定着鋼板との付着耐力（N）
　　　R_{u2}：定着鋼板のせん断耐力（N）
　　　R_{u3}：定着鋼板とボルトとのせん断耐力（N）
　　　R_{u4}：ボルトのせん断耐力（N）
　　　R_{u5}：後施工アンカースリーブとコンクリートとの支圧耐力（N）
　　　T_{cfu}：CFRPシートの終局荷重作用時張力（N/枚）
　　　T_{cfuk}：CFRPシートの破断時張力（N/枚）
　　　T_b：アンカーボルトに与える緊張力（N）
　　　t_s：定着鋼板の厚み（mm）
　　　b：有効幅（mm）
　　　t_{cf}：CFRPシートの厚み（mm）
　　　D：定着鋼板の幅（mm）
　　　d_2：後施工アンカースリーブ径（mm）
　　　d_1：アンカーボルトの軸径（mm）
　　　L_1：後施工アンカースリーブ長（mm）

・領域AのCFRPシート引張力に対して、領域BのR_{ub}とR_{u4}が共同で抵抗する

図2.3.19　機械式定着部の構造および各部位のせん断耐力関係の概念

① CFRPシートの破断荷重

せん断補強に使用する炭素繊維シートの諸元は、**表2.3.19**のとおりである。

1） CFRPシートの終局荷重作用時張力の計算

CFRPシートの終局荷重作用時張力は、次式によって求める。

$$T_{cfu} = 1/n \times (\alpha \cdot A_{cf}/a) \times b_{cf} \times \sigma_{cf}$$

ここに、T_{cfu}：CFRPシートの終局荷重作用時張力（N）
　　　n：補強したCFRPシートの枚数（枚/ウェブ）　$n = 2$枚/ウェブ
　　　α：終局荷重による場合の割増系数目安 $\alpha = 1.5$　（文献[8] p.67 解説(2)より）
　　　A_{cf}：終局荷重作用時に必要となるCFRPシート断面積（mm²/ウェブ）
　　　a：CFRPシートの貼り付け間隔（mm）　$a = 1\,000$ mm
　　　b_{cf}：CFRPシートの幅（mm）

σ_{cf}：終局荷重時作用時における炭素繊維シートの引張強度（N/mm²）

前項計算より　$\sigma_{cf} = 2\,744$ N/mm²

A_{cf} は次のとおりである。

$$A_{cf} = \frac{1.15 \times S_f \times a}{\sigma_{cf} \times d \times (\sin\theta + \cos\theta)}$$

ここに、S_f：CFRP シートが負担するせん断力（kN/ウェブ）

　　　　　表 2.3.20 の SEC-7 断面より　$S_{f1} = 208.84$ kN

　　d：主桁の有効高（mm）　$d = 1\,740$ mm

　　θ：CFRP シートが部材軸となす角度（度）$\theta = 90°$

$$A_{cf} = \frac{1.15 \times 208.84 \times 10^3 \times 1\,000}{2\,744 \times 1\,740 \times (1.0 + 0.0)}$$

$$= 50.30 \text{ mm}^2$$

したがって、CFRP シートの終局荷重作用時張力は、下記となる。

$T_{cfu} = 1/2 \times (1.5 \times 50.30 / 1\,000) \times 250 \times 2\,744$

　　　$= 25\,879$ N/枚

2) CFRP シートの破断時張力の計算

CFRP シートの破断時張力は、次式によって求める。

$T_{cfuk} = t_{cf} \times b_{cf} \times \sigma_{cfuk}$

ここに、T_{cfuk}：CFRP シートの破断時張力（N）

　　t_{cf}：CFRP シート厚（mm）　表 2.3.19 参照　$t_{cf} = 0.111$ mm

　　b_{cf}：CFRP シート幅（mm）　表 2.3.19 参照　$b_{cf} = 250$ mm

　　σ_{cfuk}：CFRP シート保証引張強度（N/mm²）

　　　　　　　　表 2.3.19 参照　$\sigma_{cfuk} = 3\,400$ N/mm²

　　$T_{cfuk} = 0.111 \times 250 \times 3\,400 = 94\,350$ N/枚

② 機械式定着部の定着耐力

機械式定着方法は、CFRP シートを接着させる鋼板および鋼板をコンクリートに定着する後施工アンカーボルトで構成する。機械式定着を構成する各部について、ボルト 1 本当たりに関わる耐力はそれぞれ次のように考える（図 2.3.19 参照）。

1) CFRP シートと定着鋼板との付着耐力（R_{u1}）

$R_{u1} = \tau_{cfba} \times b_{cf} \times D$

ここに、τ_{cfba}：CFRP シートと鋼板のと許容平均付着強度（N/mm²）

　　　　　$\tau_{cfba} = 2.5$ N/mm²　（文献[7] p.188　付属資料 6 6.3.3 より）

　　b_{cf}：CFRP シート幅（mm）　表 2.3.19 より　$b_{cf} = 250$ mm

　　D：定着鋼板の幅（mm）　$D = 150$ mm を使用

　　$R_{u1} = 2.5 \times 250 \times 150 = 93\,750$ N

2) 定着鋼板のせん断耐力（R_{u2}）

$R_{u2} = \tau_s \times D \times t_s$

ここに、τ_s：定着鋼板の許容せん断応力度（N/mm²）

$\tau_s = 80$ N/mm²　（道示Ⅱ、鋼橋編 [9]　表-3.2.4　SS400 鋼板厚 40 mm 以下）

D：定着鋼板の幅（mm）　前出

t_s：定着鋼板の厚さ（mm）　$t_s = 9$ mm を使用

$R_{u2} = 80 \times 150 \times 9 = 108\,000$ N

3) 定着鋼板とアンカーボルトによる支圧耐力（R_{u3}）

$R_{u3} = f'_{sc} \times d_1 \times t_s$

ここに、f'_{sc}：定着鋼板の許容支圧応力度（N/mm²）

$f'_{sc} = 210$ N/mm²

（道示Ⅱ、鋼橋編 [9]　表-3.2.4　SS400 鋼板厚 40 mm 以下）

d_1：アンカーボルト（M20）の軸径（mm）

$d_1 = 20$ mm を使用

t_s：定着鋼板の厚さ（mm）　前出

$R_{u3} = 210 \times 20 \times 9 = 37\,800$ N

4) アンカーボルトのせん断耐力（R_{u4}）

$R_{u4} = \tau_s \times A_{d1}$

ここに、τ_s：ボルトの許容せん断応力度（N/mm²）　$\tau_s = 80$ N/mm²

（道示Ⅱ、鋼橋編 [9]　表-3.2.11　SS400）

A_{d1}：アンカーボルト（M20）の断面積（mm²）

（ねじ部の断面積）$A_{d1} = 245.0$ mm²

$R_{u4} = 80 \times 245.0 = 19\,600$ N

5) 後施工アンカースリーブとコンクリートの支圧耐力（R_{u5}）

$R_{u5} = f'_{cc} \times d_2 \times L_1$

ここに、f'_{cc}：コンクリートの支圧強度（N/mm²）

$f'_{cc} = 40$ N/mm²

（コンクリートの設計基準強度とする。表 2.3.1 参照）

d_2：後施工アンカースリーブの径（mm）　$d_2 = 25.4$ mm

L_1：後施工アンカースリーブの長（mm）　$L_1 = 80.0$ mm

$R_{u5} = 40 \times 25.4 \times 80.0 = 81\,280$ N

以上の計算より、アンカーボルト1本当たりに関わる各部位の耐力の最小値は、アンカーボルトのせん断耐力（R_{u4}）である。

③ 定着鋼板で圧着された部分の CFRP シートとコンクリートとの付着耐力（R_{ub}）

定着鋼板と接着された CFRP シートとコンクリートとの付着強度を、コンクリートの引張強度（σ_t）とすれば、付着による耐力（R_{ub}）は、次式によって求められる。

$R_{ub} = \sigma_t \times b_{cf} \times D$

ここに、R_{ub}：CFRP シートとコンクリートとの付着耐力（N）

σ_t：コンクリートの引張強度（N/mm²）　$\sigma_t = 2.5$ N/mm²

（文献 [7] p.188　付属資料 6 6.3.3 より）

b_{cf}：CFRP シート幅（mm）　表 2.3.19 より　$b_{cf} = 250$ mm

D：定着鋼板幅（mm） 前出

$R_{ub} = 2.5 \times 250 \times 150 = 93\,750$ N

④ 機械式定着部の合計定着耐力

機械式定着部の合計定着耐力は、アンカーボルトをCFRPシートを挟んで2カ所で定着すると、次のとおりとなる（図2.3.19の凡例に示す式参照）。

$T_r = R_{ub} + R_{u4} \times N$

ここに、T_r：機械式定着部の合計定着耐力（N）

R_{ub}：CFRPシートとコンクリートとの付着耐力（N） 前出

N：定着アンカー本数（本/枚） $N = 2$ 本/枚

$T_r = 93\,750 + 19\,600 \times 2$

　　$= 132\,950$ N $>$ $T_{cfu} = 25\,879$ N

　　　　　　　$>$ $T_{cfuk} = 94\,350$ N　　OK

上記のとおり、機械式定着部の合計定着耐力は、CFRPシートの破断荷重および終局荷重作用時の張力を上回り安全となる。

また、この安全性確保のためには、定着鋼板を用いて圧着したCFRPシートとコンクリートの付着によるR_{ub}を確実にする必要がある。このため、アンカーボルトの施工では下記の緊張力を与えるためのトルク管理を行う。

$T_b = \sigma_{cb} \times p \times D$

ここに、T_b：アンカーボルトに与える緊張力（N）

σ_{cb}：定着金具の押し付け圧力（N/mm^2）

$\sigma_{cb} = 0.25$ N/mm^2（文献[7] p.189より）

p：アンカー間隔（mm） $p = 300$ mm

D：定着金具幅（mm） 前出

$T_b = 0.25 \times 300 \times 150$

　　$= 11\,250$ N $<$ $R_t = \sigma_{st} \times A_{d1} = 140 \times 245.0 = 34\,300$ N　　OK

ここに、R_t：許容軸方向引張力（N）

σ_{st}：許容軸方向引張応力度（N/mm^2）

$\sigma_{st} = 140$ N/mm^2（SS400）（道示Ⅱ 鋼橋編[9] 表-解3.2.1）

A_{di}：アンカーボルト断面積（mm^2） 前出

⑤ 炭素繊維シートを用いた補強に関する検討結果

以上の補強検討により決定した炭素繊維シートの貼り付け、および機械式定着の概要を図2.3.20に示す。

本事例では、主桁の曲げ補強を外ケーブル方式で実施するためそれによるプレストレスの鉛直分力を考慮し、補強に必要な炭素繊維シート量を決定する。また、道示Ⅲ[2]の構造細目に従うと同時に、主桁の構造、損傷度および使用材料や施工性等も考慮し、主桁ウェブに短冊型に炭素繊維シートを貼り付け機械式定着具を用い固定する。

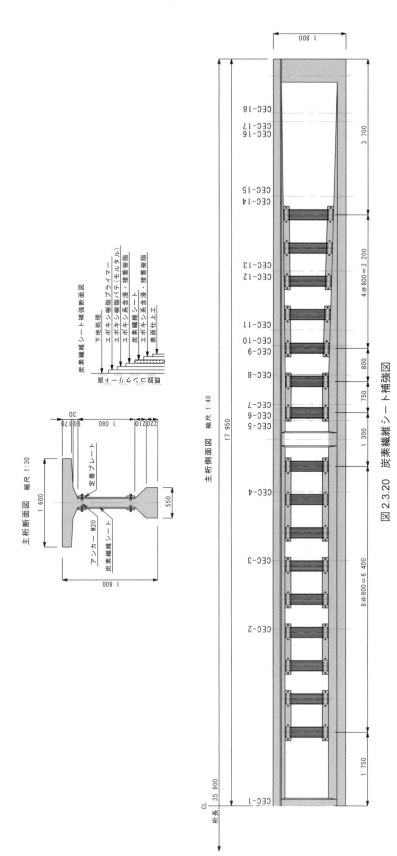

図 2.3.20　炭素繊維シート補強図

2.3.9 外ケーブルによる PC 横桁の補強

（1） 設計概要
（a） 設計概要

既設横桁は PC 構造で、フルプレストレスで設計されている。B 活荷重載荷によって設計荷重と既存のプレストレスによる合成曲げ応力度に負の応力が生じた場合には、補強用に新たに外ケーブルを配置し追加のプレストレスを与えることによって、フルプレストレスの条件を満足するよう設計を行う。

はじめに B 活荷重載荷時に既存の PC 鋼材のみを考慮した場合の曲げ応力度を算出する。合成応力度が許容値を満足しない場合は、外ケーブルを既設の横桁の両サイドに配置し、追加のプレストレスを与えることによって設計条件を満足するように補強する。

補強に用いる外ケーブルの計算方法は、本シリーズ既刊の「道路橋の補修・補強計算例」第 2 章 2.1[5] および「外ケーブル方式によるコンクリート橋の補強マニュアル（案）」[10] に準じて「換算内力載荷法」を用いて行う。

（b） 設計手順

設計の手順を、図 2.3.21 に示す。

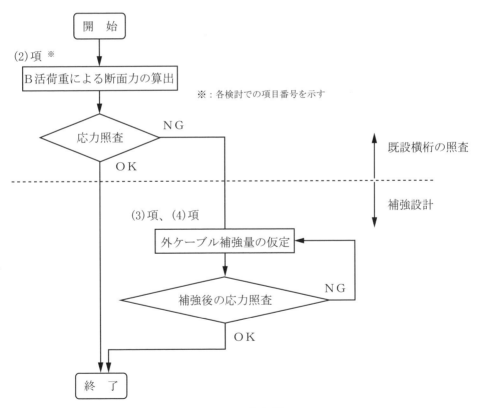

図 2.3.21　設計手順

(2) 各横桁の曲げ応力度の計算

本橋の横桁は、図2.3.22に示すとおり支点間に3本が配置されている。設計断面力の等しい両支点側に配置された横桁をY1、Y3、また支間中央の横桁をY2として検討を行う。

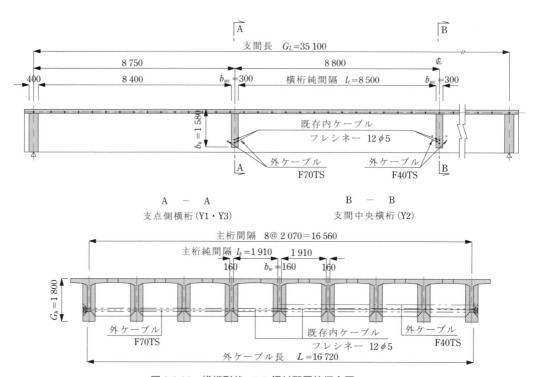

図2.3.22 横桁形状、PC鋼材配置等概念図

(a) 曲げモーメントの整理

B活荷重載荷時の各荷重による設計時および終局時の曲げモーメントを、表2.3.21および表2.3.22に示す。

表2.3.21 設計曲げモーメント

作用荷重	設計曲げモーメント（×10³ kN·mm）			
	支点側横桁（Y1、Y3）		支間中央横桁（Y2）	
	最大値（max）	最小値（min）	最大値（max）	最小値（min）
死荷重（M_D）	−205.92	−205.92	−283.02	−283.02
活荷重（M_L）	825.41	−519.50	973.62	−620.62
合計	619.49	−725.42	690.60	−903.64

表 2.3.22 終局荷重時の曲げモーメント

荷重ケース	終局荷重作用時曲げモーメント（×10^3 kN·mm）			
	支点側横桁（Y1、Y3）		支間中央横桁（Y2）	
	最大値（max）	最小値（min）	最大値（max）	最小値（min）
$M_1 : 1.3M_D + 2.5M_L$	1 795.83	−1 566.45	2 066.12	−1 919.48
$M_2 : 1.0M_D + 2.5M_L$	1 857.61	−1 504.67	2 151.03	−1 834.57
$M_3 : 1.7(M_D + M_L)$	1 053.13	−1 233.21	1 174.02	−1 536.19

(b) 横桁の断面定数の計算

各中間横桁を設計する場合、曲げモーメントに対する圧縮フランジの片側有効幅は、道示Ⅲ、4章部材の照査4.2.2 有効断面[2]、に規定される式を用いた次式により算出する。なお、各横桁は式より求めた圧縮フランジの有効幅λ_1、λ_2が同じとなることから断面諸定数は等しくなる。

① 床版の有効幅の計算（Y1～Y3 共通）

1) 曲げモーメントに対する有効幅の計算

$$\lambda_1 = \frac{n-1}{6}(l_b + b_w) \times 2 + b_{wc}$$

2) 軸力に対する有効幅の計算

$$\lambda_2 = l_t + b_w$$

ここに、λ_1：曲げモーメントに対する圧縮フランジ有効幅（mm）
λ_2：軸力に対する圧縮フランジ有効幅（mm）
n：主桁本数（本）＝9　　図 2.3.22 参照
l_b：主桁の純間隔（mm）＝1 910　　図 2.3.22 参照
b_w：主桁ウェブ厚（mm）＝160　　図 2.3.22 参照
b_{wc}：横桁厚（mm）＝300　　図 2.3.22 参照
l_t：横桁の純間隔（mm）＝8 500　　図 2.3.22 参照

したがって、

$$\lambda_1 = \frac{9-1}{6} \times (1\,910 + 160) \times 2 + 300 = 5\,820 \text{ mm}$$
$$\lambda_2 = 8\,500 + 160 = 8\,660 \text{ mm}$$

床版有効幅の計算結果をもとに、断面諸定数を算出するための横桁形状は、図 2.3.23 となる。

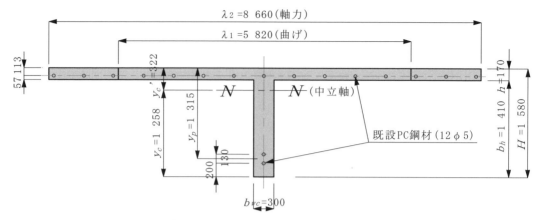

図 2.3.23　曲げ応力度計算用の横桁断面形状図（Y1 ～ Y3 共通）

② 断面定数の計算（Y1～Y3 共通）
1) 曲げモーメントによる応力度の計算に用いる断面諸定数の計算

曲げに対する断面諸定数の計算に用いる基本となる諸数値を表 2.3.23 に計算する。

表 2.3.23　曲げ応力用断面諸数値計算表

部材	寸法 (mm)		A	y'	$A \cdot y'$	$A \cdot y'^2$	I_0※
	b	h	(mm²)	(mm)	(mm³)	(mm⁴)	(mm⁴)
床版	5 820	170	989 400	85	84 099 000	7 148 415 000	2 382 805 000
横桁	300	1 410	423 000	875	370 125 000	323 859 375 000	70 080 525 000
計 Σ			1 412 400		454 224 000	331 007 790 000	72 463 330 000

※：$I_0 = b \times h^3 / 12$

横桁上縁より中立軸までの距離

$$y'_c = \frac{\Sigma(A \cdot y')}{\Sigma A} = \frac{454\,224\,000}{1\,412\,400} = 322 \text{ mm}$$

中立軸から下縁までの距離

$$y_c = -(H - y'_c) = -(1\,580 - 322) = -1\,258 \text{ mm}$$

横桁の断面 2 次モーメント

$$\begin{aligned}I_c &= \Sigma(A \cdot y'^2) + \Sigma I_0 - \Sigma A \cdot y'^2_c \\ &= (331\,007\,790\,000 + 72\,463\,330\,000 - 1\,412\,400 \times 322^2)/1\,000 \\ &= 257\,027\,838 \times 10^3 \text{ mm}^4\end{aligned}$$

横桁の断面係数

上縁　$Z'_c = \dfrac{I_c}{y'_c} = \dfrac{257\,027\,838 \times 10^3}{322} = 798\,223 \times 10^3 \text{ mm}^3$

下縁　$Z_c = \dfrac{I_c}{y_c} = \dfrac{257\,027\,838 \times 10^3}{-1\,258} = -204\,315 \times 10^3 \text{ mm}^3$

PC 鋼材図心位置

$$Z_{pc} = \dfrac{I_c}{y_c' - y_p} = \dfrac{257\,027\,838 \times 10^3}{322 - 1\,315} = -258\,840 \times 10^3 \text{ mm}^3$$

（ただし、$y_p = 1\,580 - (200 + 130/2) = 1\,315$ mm）

2) 軸力による応力度の計算に用いる断面積の計算

プレストレスによる軸応力の計算に使用する横桁断面積は、図 2.3.23 に示す床版幅 (λ_2) の値を用いて計算した下記の横桁断面積を使用する。

$A_{cp} = h \times \lambda_2 + b_{wc} \times b_h$
$\phantom{A_{cp}} = 170 \times 8\,660 + 300 \times 1\,410 = 1\,895\,200 \text{ mm}^2$

以上の計算より、曲げ応力度の計算に用いる断面諸定数を整理し、表 2.3.24 に示す。

表 2.3.24　曲げ応力度計算用の断面諸定数（Y1～Y3 共通）

		曲げモーメント用		軸力用※	
断面積 A_c（$\times 10^3$ mm^2）		A_{cm}	1 412.4	A_{cp}	1 895.2
中立軸(mm)	上縁 y_c'	322		–	
	上縁 y_c	1 258		–	
断面 2 次モーメント I_c（$\times 10^3$ mm^4）		257 027 838		–	
断面係数（$\times 10^3$ mm^3）	上縁 Z_c'	798 223		–	
	下縁 Z_c	–204 315		–	
	PC 鋼材図心 Z_{pc}	–258 840		–	

※：プレストレスによる軸力

(c) 曲げ応力度の計算

① B 活荷重載荷時の曲げ応力度

B 活荷重載荷時の曲げモーメントによる応力度の計算は、次式によって求める。

$$\sigma_c = \dfrac{M}{Z}$$

ここに、σ_c　：設計曲げモーメントによる応力度（N/mm^2）
　　　　M：設計曲げモーメント（$\times 10^3$ kN·mm）
　　　　Z：上縁および下縁の断面係数（N/mm^3）

なお、Y1（Y3）横桁の死荷重による曲げ応力度を計算すると、次のとおりである。

　　上縁　$\sigma_c' = -205.92 \times 1\,000 / 798\,223 = -0.26$ N/mm^2
　　下縁　$\sigma_c = -205.92 \times 1\,000 / -204\,315 = 1.01$ N/mm^2

以下、各中間横桁の曲げ応力度の計算結果をとりまとめて表2.3.25に示す。

表2.3.25 各荷重による曲げ応力度（Y1～Y3）

		支点側横桁(Y1・Y3)			支間中央横桁(Y2)		
		曲げモーメント ($\times 10^3$kN・mm)	曲げ応力度 (N/mm²)		曲げモーメント ($\times 10^3$kN・mm)	曲げ応力度 (N/mm²)	
			σ_c'	σ_c		σ_c'	σ_c
死荷重	最大 ($M_{D\max}$)	−205.92	−0.26	1.01	−283.02	−0.35	1.39
	最小 ($M_{D\min}$)	−205.92	−0.26	1.01	−283.02	−0.35	1.39
活荷重	最大 ($M_{L\max}$)	825.41	1.03	−4.04	973.62	1.22	−4.77
	最小 ($M_{L\min}$)	−519.50	−0.65	2.54	−620.62	−0.78	3.04
合計	最大 ($M_{\max}$)	619.49	0.77	−3.03	690.60	0.87	−3.38
	最小 ($M_{\min}$)	−725.42	−0.91	3.55	−903.64	−1.13	4.43

② 既存のプレストレスによる曲げ応力度

横桁の構造寸法・既存のPC鋼材配置等を図2.3.24に、また、PC鋼材に関する種別・諸数値等を表2.3.26に示す。

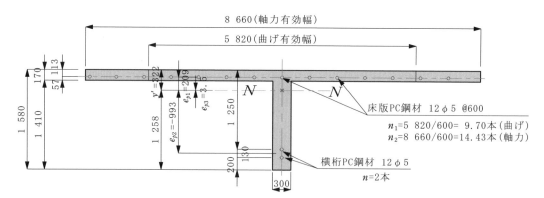

図2.3.24 横桁の構造寸法・既存PC鋼材配置（Y1～Y3共通）

表 2.3.26 既設横桁の PC 鋼材配置等の諸元（Y1〜Y3 共通）

項　　目		床版	横桁	合計	備　考
		@600			
PC 鋼材の種別		SWPR1AN 5mm	12φ5	−	フレシネー工法
PC 鋼材有効本数 n（本）	曲げ	5 820/600=9.70	2.0	−	床版:λ_2当たり本数
	軸力	8 660/600=14.43	2.0	−	床版:λ_1当たり本数
PC 鋼材断面積 A_p（mm²）		19.64×12=235.68		−	素線:19.64 mm²
有効引張応力度 σ_{pe}（N/mm²）		932[※1]		−	
有効緊張力（kN）	曲げ応力用 P_e	2 131	439	2 570	$A_p \cdot \sigma_{pe} \cdot n$
	軸力応力用 P_{ee}	3 170	439	3 609	
PC 鋼材の偏心距離 e_p（mm）		209[※2]	−993[※3]	3.5[※4]	曲げ計算用

※1：$\sigma_{pe}=\sigma_{pa} \cdot \eta$、$\sigma_{pa}$：設計荷重作用時の許容引張応力　η：有効係数
　　=960×0.971=932 N/mm²（当初設計計算書より）
※2：$e_{p1}=y'-113=322-113=209$ mm　　図 2.3.24 参照
※3：$e_{p2}=y'-(1\,250+130/2)=322-1\,315=-993$ mm　　図 2.3.24 参照
※4：$e_{p3}=(e_{p1} \times n_1+e_{p2} \times n_2)/(n_1+n_2)$　図 2.3.24 参照
　　=\{209×9.7+(−993×2.0)\}/(9.7+2.0)=3.5 mm

既存のプレストレスによる曲げ応力度の計算は、次式によって求める。

$$\sigma_{pe}=\frac{P_{ee}}{A_{cp}}+\frac{P_e \cdot e_p}{Z}$$

ここに、σ_{pe}：上・下縁のプレストレスによる曲げ応力度（N/mm²）
　　　　P_{ee}：軸力に対する有効プレストレス力（kN）
　　　　A_{cp}：軸力計算に用いる横桁の断面積（mm²）
　　　　P_e：曲げに対する有効プレストレス力（kN）
　　　　e_p：PC 鋼材の偏心距離（mm）
　　　　Z：上縁および下縁の断面係数（mm³）

式より、プレストレスによる曲げ応力度を計算すると下記となる。

上縁　$\sigma_{pe}'=\dfrac{3\,609}{1\,895.2}+\dfrac{2\,570 \times 3.5}{798\,223}=1.92$ N/mm²

下縁　$\sigma_{pe}=\dfrac{3\,609}{1\,895.2}+\dfrac{2\,570 \times 3.5}{-204\,315}=1.86$ N/mm²

(d)　合成応力度の計算

B 活荷重載荷時の設計荷重、既存のプレストレスによる各応力度および合成応力度を整理して表 2.3.27 に示す。なお、合成応力度の計算は次式による。

$\sigma=\sigma_c+\sigma_{pe}$

ここに、σ：B 活荷重載荷時の合成曲げ応力度（N/mm²）
　　　　σ_c：設計荷重による曲げ応力度（N/mm²）
　　　　σ_{pe}：既存のプレストレスによる曲げ応力度（N/mm²）

表 2.3.27　B 活荷重載荷時の既設横桁の合成応力度

	支点側横桁（Y1・Y3）				支間中央横桁（Y2）			
	最大時		最小時		最大時		最小時	
	上縁	下縁	上縁	下縁	上縁	下縁	上縁	下縁
設計荷重 σ_c	0.77	−3.03	−0.91	3.55	0.87	−3.38	−1.13	4.43
プレストレス σ_{pe}	1.92	1.86	1.92	1.86	1.92	1.86	1.92	1.86
合成応力度 σ	2.69	−1.17	1.01	5.41	2.79	−1.52	0.79	6.29
許容値 σ_{ca}	11.00 $>\sigma>$ 0.00							

許容値：コンクリート強度　$\sigma_{ck} = 30\,\text{N/mm}^2$
道示Ⅲ 3 章 3.2 コンクリートの許容応力度、表-3.3.2[2]

　表から、B 活荷重載荷時の合成応力度は、各横桁とも最大曲げモーメント作用時の下縁に引張応力度が発生し、既存のプレストレス力では許容値を満足しない。このため、以下において外ケーブルを用いて補強設計を行う。

（3）　外ケーブルによる補強の計算
（a）　補強概要
　B 活荷重載荷時に不足するプレストレス応力度に対し、外ケーブルを配置して補強をする。使用する PC 鋼材の諸元を**表 2.3.28** に、PC 鋼材の配置等を**図 2.3.25** に示す。

　外ケーブルの選定にあたっては、既存の主ケーブル、鉄筋等を避けるよう配置するとともに、不足するプレストレス量を有効に補強するためケーブル種別や本数を選定し決定する。

表 2.3.28　補強用に用いた外ケーブルの諸元（Y1〜Y3）

項　　目		支点側横桁（Y1・Y3）	支間中央側横桁（Y2）	備　　考
PC 鋼材種別		F70TS（7×φ9.5）	F40TS（1×φ17.8）	SEEE工法
記　　号		SWPR7BL	SWPR19L	
断面積 $A_p\,(\text{mm}^2)$		383.9	208.4	
引張強度 $P_u\,(\text{kN})$		714.0	387.0	
降伏強度 $P_y\,(\text{kN})$		608.0	330.0	
許容荷重 (kN)	$0.6 P_u$	428.4	232.2	設計荷重作用時
	$0.7 P_u$	499.8	270.9	プレストレス導入直後
	$0.9 P_y$	547.2	297.0	プレストレッシング中
使用本数 n（本）		2.0	4.0	図2.3.25参照
有効張力 $P_e\,(\text{kN})$		407.0	220.6	下記、※による
偏心距離 $e_p\,(\text{mm})$		−998	−833	図2.3.25参照

※：$P_e = 0.6 P_u \times \eta$（有効係数）、$\eta = 0.95$ とする。

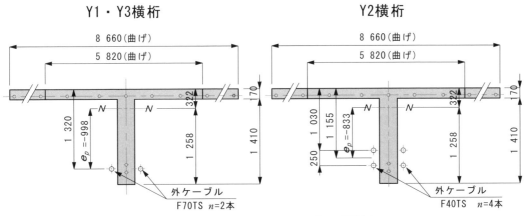

図 2.3.25 補強用外ケーブル配置位置

(b) プレストレスによる曲げ応力度の計算

既存の内ケーブルによる曲げ応力度の計算式を用い、同様に補強した外ケーブルによる曲げ応力度を算出する。

$$\sigma_{pe} = \frac{P_{ee}}{A_{cp}} + \frac{P_e \cdot e_p}{Z}$$

① 支点側横桁（Y1・Y3）の計算

上縁　$\sigma_{pe}' = \dfrac{407.0 \times 2}{1\,895.2} + \dfrac{407.0 \times 2 \times (-998)}{798\,223} = -0.59\,\mathrm{N/mm^2}$

下縁　$\sigma_{pe} = \dfrac{407.0 \times 2}{1\,895.2} + \dfrac{407.0 \times 2 \times (-998)}{-204\,315} = 4.41\,\mathrm{N/mm^2}$

② 支間中央横桁（Y2）の計算

上縁　$\sigma_{pe}' = \dfrac{220.6 \times 4}{1\,895.2} + \dfrac{220.6 \times 4 \times (-833)}{798\,223} = -0.46\,\mathrm{N/mm^2}$

下縁　$\sigma_{pe} = \dfrac{220.6 \times 4}{1\,895.2} + \dfrac{220.6 \times 4 \times (-833)}{-204\,315} = 4.06\,\mathrm{N/mm^2}$

(c) 外ケーブル補強後の合成曲げ応力度

B活荷重載荷時には、既存の PC 鋼材のみではプレストレス量が不足し合成応力度は許容値を超過する（**表 2.3.27** 参照）。補強した外ケーブルのプレストレスによる曲げ応力度を考慮した後の合成曲げ応力度は**表 2.3.29** となり、各横桁とも許容値を満足する。

表 2.3.29　B 活荷重載荷時の既設横桁の合成応力度（Y1〜Y3）

	支点側横桁（Y1・Y3）				支間中央横桁（Y2）			
	最大時		最小時		最大時		最小時	
	上縁	下縁	上縁	下縁	上縁	下縁	上縁	下縁
設計荷重	0.77	−3.03	−0.91	3.55	0.87	−3.38	−1.13	4.43
プレストレス	1.92	1.86	1.92	1.86	1.92	1.86	1.92	1.86
合成応力度①	2.69	−1.17	1.01	5.41	2.79	−1.52	0.79	6.29
追加プレストレス②	−0.59	4.41	−0.59	4.41	−0.46	4.06	−0.46	4.06
補強後 ①+②	2.10	3.24	0.42	9.82	2.33	2.54	0.33	10.35
許容値	11.00 ＞ σ ＞ 0.00							

許容値：コンクリート強度　$\sigma_{ck}=30\,\mathrm{N/mm^2}$
道示Ⅲ 3 章 3.2 コンクリートの許容応力度、表-3.3.2[2]

（4）　終局荷重時の照査
（a）　終局時曲げモーメント

B 活荷重載荷時の破壊モーメントに対し、既存ケーブルと補強した外ケーブルを考慮して曲げ破壊抵抗モーメントを求め、終局荷重時の曲げ破壊安全度を確認する。

終局荷重時の荷重の組み合わせは、道示Ⅲ第 2 章 2.2[2] によるものとし、**表 2.3.30** に各横桁の設計および終局荷重時曲げモーメントを示す。

表 2.3.30　B 活荷重載荷時の設計および終局荷重時曲げモーメント

横桁名	設計曲げモーメント（×10³ kN·mm）			終局荷重時曲げモーメント M_u（×10³ kN·mm）		
	死荷重 M_d	活荷重 M_l		荷重ケース	最大	最小
		最大	最小			
支点側横桁（Y1・Y3）	−205.92	825.41	−519.50	$1.3M_D+2.5M_L$	1 795.83	−1 566.45
				$1.0M_D+2.5M_L$	1 857.61	−1 504.67
				$1.7(M_D+M_L)$	1 053.13	−1 233.21
	最大値（$M_{u\max}$）、最小値（$M_{u\min}$）				1 857.61	−1 566.45
支間中央横桁（Y2）	−283.02	973.62	−620.62	$1.3M_D+2.5M_L$	2 066.12	−1 919.48
				$1.0M_D+2.5M_L$	2 151.03	−1 834.57
				$1.7(M_D+M_L)$	1 174.02	−1 536.19
	最大値（$M_{u\max}$）、最小値（$M_{u\min}$）				2 151.03	−1 919.48

（b）　破壊安全度に対する照査

曲げ破壊安全度に対する照査は、**表 2.3.30** の終局荷重時曲げモーメントの最大値および最小値に対して検討を行うことになる。しかし、ここでは当初設計の既存鋼材によ

る破壊抵抗モーメントの値が既知であるため、はじめにこの破壊抵抗モーメント値を用いて安全度の照査を行う。その結果を表 2.3.31 に示す。

表 2.3.31 B 活荷重載荷時の終局荷重時モーメントと既存の PC 鋼材による破壊抵抗モーメントおよび破壊安全度

	B活荷重時終局モーメント ($\times 10^3$ kN·mm)		破壊抵抗モーメント[※1] ($\times 10^3$ kN·mm)		破壊安全度 $F = (M_{ud}/M_u) > 1.00$	
	M_{umax}	M_{umin}	M_{udmax}	M_{udmin}	最大時	最小時
支点側横桁 (Y1・Y3)	1 857.61	1 566.45	920.29	3 882.92	0.50	2.48
支間中央横桁 (Y3)	2 151.03	1 919.48			0.43	2.02

[※1]：既存鋼材で計算した破壊抵抗曲げモーメント
　　　当初設計計算書から抜粋

表 2.3.31 より、B 活荷重載荷時の終局荷重時曲げモーメントの最大時（網掛け）に、各横桁は破壊安全度を満足しない結果となっている。このためこのケースに着目し補強した外ケーブルを考慮して破壊安全度の検討を実施する。

破壊抵抗曲げモーメントの計算は、「外ケーブル方式によるコンクリート橋の補強マニュアル(案)[改訂版]」[10)] に従い計算を行う。

(c) 外ケーブルで補強後の破壊抵抗曲げモーメントの計算

① 外ケーブル配置

横桁の断面形状と既存 PC 鋼材、および補強に用いた PC 外ケーブルの配置等を図 2.3.26 に示す。

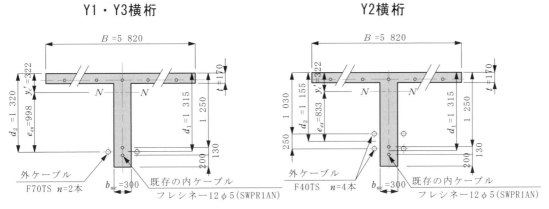

図 2.3.26　内および外ケーブル配置寸法

② 外ケーブルの応力ひずみ曲線

外ケーブル構造の破壊抵抗曲げモーメントの算出の際には、外ケーブルの増加応力度を考し引張抵抗部材に含め平面保持を仮定して行う。また、外ケーブル図心位置は相対的に変化しないものと見なし、図 2.3.27 [10)] に示すように外ケーブルの応力を緊張材位

置でひずみが増加しても一定として（有効プレストレス＋張力増加量）破壊抵抗モーメントを算出する。

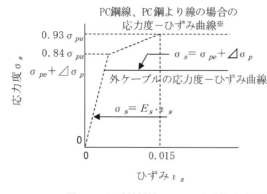

図2.3.27　破壊抵抗モーメントを算出する場合の外ケーブルの応力-ひずみ曲線

③　鋼材ひずみの領域判定
1)　中立軸Xの仮定

破壊抵抗モーメントを算出する場合の抵抗断面およびPC鋼材に関する諸数値等を、図2.3.28とし以下の計算を行う。

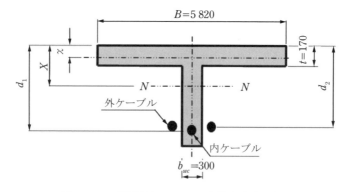

図2.3.28　破壊抵抗モーメントを算出時断面諸元

引張鋼材量が終局つり合い鋼材量であると仮定し、また、圧縮ひずみがコンクリートの終局ひずみに、鋼材中心の引張ひずみが降伏ひずみに同時になると仮定すると、中立軸Xは次式により求まる。

$$X = \frac{\varepsilon_{cu}}{\varepsilon_s - \varepsilon_{pe} + \varepsilon_{cu}} \cdot d_1$$

ここに、X：圧縮縁から中立軸までの距離（mm）

ε_{cu}：コンクリートの終局ひずみ＝0.0035　道示Ⅲ p.142、表-4.2.2[2)]

ε_s：既設ケーブルの終局ひずみ＝0.015　道示Ⅲ p.143、図-4.2.3[2)]

d_1：既設ケーブルの有効高さ（mm）　図 2.3.24 参照

　　各横桁とも＝1 315 mm（d_1＝1 250 ＋ 130/2）

ε_{pe}：有効プレストレスによる PC 鋼材ひずみ

$$=\frac{\sigma_{pe}-\Delta\sigma_{exg}}{E_p}$$

σ_{pe}：既設ケーブル有効プレストレス量（N/mm^2）　表 2.3.26 参照

　　（各横桁とも＝932 N/mm^2）

E_p：PC 鋼材の弾性係数＝200 000 N/mm^2　道示Ⅲ p.86、表-3.3.1[2)]

　　Y1・Y3 横桁 ε_{pe}＝(932－3.7)/200 000＝0.004642

　　Y2 横桁 ε_{pe}＝(932－3.5)/200 000＝0.004643

$\Delta\sigma_{exg}$：外ケーブルによる内ケーブルの応力増加量（N/mm^2）

$$=\frac{P_{ex}}{A_c}+\frac{P_{ex}\cdot e_{ex}}{W_{exg}}$$

P_{ex}：外ケーブルの有効プレストレス力（kN）　表 2.3.28 参照

　　Y1・Y3 横桁＝$P_e\times n$＝407.0×2.0＝814.0 kN

　　Y2 横桁＝$P_e\times n$＝220.6×4.0＝882.4 kN

A_c：横桁の断面積（mm^2）　表 2.3.24 より

　　（各横桁とも＝1 412.4×10^3 mm^2）

W_{exg}：既設ケーブル図心位置での断面係数（mm^3）　表 2.3.24 より

　　（各横桁とも＝－258 840×10^3 mm^3）

e_{ex}：外ケーブルの偏心量（mm）　図 2.3.26 参照

　　Y1・Y3 横桁＝－998 mm

　　Y2 横桁＝－833 mm

　　Y1・Y3 横桁

　　　$\Delta\sigma_{exg}$＝(814.0/1 412.4)＋{814.0×(－998)}/(－258 840)＝3.7 N/mm^2

　　Y2 横桁

　　　$\Delta\sigma_{exg}$＝(882.4/1 412.4)＋{882.4×(－833)}/(－258 840)＝3.5N /mm^2

以上の諸数値を用いての各数値の計算および中立軸 X の計算結果を、表 2.3.32 に取りまとめて示す。

表 2.3.32　中立軸 X の計算結果

横　桁	ε_{cu}	ε_s	ε_{pe}	d_1 (mm)	X (mm)
支点側横桁（Y1・Y3）	0.0035	0.015	0.004642	1 315	332
支間中央横桁（Y3）	0.0035	0.015	0.004643	1 315	332

2）既存の内ケーブルによる鋼材引張力

終局時の既存ケーブルの引張力 T_1 を、次式により算出する。

$T_1 = 0.93 \times \sigma_{pu} \times A_p \times n$

ここに、σ_{pu}：既存 PC 鋼材の引張強度（N/mm²）

　　　　　　（各横桁とも ＝ 1 600 N/mm²）道示Ⅲ p.78、表- 解 3.1.3[2)]

　　　A_p：既存 PC 鋼材の断面積（mm²）　表 2.3.26 より ＝ 235.68 mm²

　　　n：既存 PC 鋼材の使用本数（本）　表 2.3.26 より ＝ 2 本

$T_1 = 0.93 \times 1\,600 \times 235.68 \times 2 / 1\,000 = 701.38$ kN

3）補強外ケーブルの鋼材引張力

終局時補強外ケーブルの引張力 T_2 を、次式により算出する。

$T_2 = (\sigma_{pe} + \Delta\sigma_p) \times A_p \times n$

ここに、σ_{pe}：外ケーブルの有効プレストレス（N/mm²）　表 2.3.28 参照

　　　$\Delta\sigma_p$：外ケーブルの引張増加量（N/mm²）

　　　　　　ただし、$L/d_p > 50$ の場合：$\Delta\sigma_p = 0$ （N/mm²）

　　　　　　　　　$L/d_p \leq 50$ の場合：$\Delta\sigma_p$ は次式

　　　　　　　　　$= k \times d_2 / L < \Delta\sigma_{p\max}$

　　　A_p：外ケーブルの断面積（N/mm²）　表 2.3.28 参照

　　　n：外ケーブルの使用本数（本）　表 2.3.28 参照

　　　k：単純桁の場合（N/mm²）＝ 6 000　表 2.3.33 参照

　　　d_2：外ケーブルの有効高さ（mm）　図 2.3.26 参照

　　　L：外ケーブルの定着間距離（mm）　図 2.3.22 参照

　　　　　（各横桁とも ＝ 16 720 mm）

σ_{pe} の計算を行う。

　支点側横桁（Y1・Y3）

　　$\sigma_{pe} = 407.0 \times 1\,000 / 383.9 = 1\,060$ kN/mm²

　支間中央横桁（Y2）

　　$\sigma_{pe} = 220.6 \times 1\,000 / 208.4 = 1\,059$ kN/mm²

$\Delta\sigma_p$ の計算を行う。

　支点側横桁（Y1・Y3）

　　$\Delta\sigma_p = 6\,000 \times 1\,320 / 16\,720 = 474$ N/mm² $< \Delta\sigma_{p\max} = 524$ N/mm²　　OK

　支間中央横桁（Y2）

　　$\Delta\sigma_p = 6\,000 \times 1\,155 / 16\,720 = 414$ N/mm² $< \Delta\sigma_{p\max} = 525$ N/mm²　　OK

$\varDelta\sigma_{p\max}$：構造別、ケーブル種別毎に設定される張力増加量の限界値（N/mm^2）

　　　$=\sigma_{py}-\sigma_{pe}$　　　　　　　　　　　　　　　　　表 2.3.33 参照

σ_{py}：外ケーブルの降伏点強度（N/mm^2）　　表 2.3.28 参照

　　　$=P_y/A_p$

σ_{pe}：外ケーブルの有効プレストレス（N/mm^2）　　表 2.3.28 参照

　　　$=P_e/A_p$

$\varDelta\sigma_{p\max}$ の計算を行う。

　支点側横桁（Y1・Y3）

　　$\varDelta\sigma_{p\max}=608.0\times1\,000/383.9-407.0\times1\,000/383.9=524\text{ N/mm}^2$

　支間中央横桁（Y2）

　　$\varDelta\sigma_{p\max}=330.0\times1\,000/208.4-220.6\times1\,000/208.4=525\text{ N/mm}^2$

表 2.3.33　k、$\varDelta\sigma_{p\max}$ の値※

構造	ケーブル種別	着目断面	k	$\varDelta\sigma_{p\max}$ (N/mm^2)
単純桁	－	支間中央	6 000	$\sigma_{py}-\sigma_{pe}$

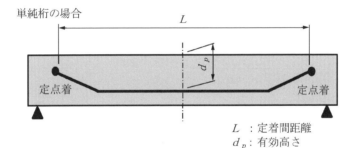

※：外ケーブル方式による
　　コンクリート橋の補強マニュアル（案）p-27 表 3.2.4 より抜粋 [10]

上記に計算した諸数値を用いて算出した T_2 の結果を、表 2.3.34 に示す。

表 2.3.34　T_2 の計算結果

	σ_{pe} (N/mm^2)	$\varDelta\sigma_p$ (N/mm^2)	A_p (mm^2)	n (本)	T_2 (kN)
支点側横桁（Y1・Y3）	1 060	474	383.9	2	1 177.81
支間中央横桁（Y2）	1 059	414	208.4	4	1 227.89

4）　鋼材の引張力の合計

鋼材の引張力の合計 T を次式により算出し、表 2.3.35 に示す。

　　$T=T_1+T_2$

表 2.3.35 T の計算結果　　　　　（単位:kN）

	T_1	T_2	T
支点側横桁（Y1・Y3）	701.38	1 177.81	1 879.19
支間中央横桁（Y2）	701.38	1 227.89	1 929.27

5) コンクリートの圧縮応力度の算出

圧縮域 t' を次式より算出し、表 2.3.36 にまとめる。

$$t' = 0.8 \times X \qquad X：表 2.3.32 参照$$

表 2.3.36 t' の計算結果と圧縮断面形状

	係数	X (mm)	t' (mm)	$t^{※}$ (mm)	圧縮域の形状判定
支点側横桁（Y1・Y3）	0.8	332	266	170	T 型断面
支間中央横桁（Y2）	0.8	332	266	170	T 型断面

※：床版厚

コンクリートの圧縮域 t' は、すべての横桁で桁ウェブまで及び圧縮域の形状は T 型断面となる。よって、T 型断面の場合は、次式によりコンクリートの圧縮応力度の合力 C を算出する。なお、横桁 Y1（Y3）と Y2 では表 2.3.32 より、X の値が同一であることから合力 C は等しくなる。

$$C = 0.85 \times \sigma_{ck} \times \{B \times t + (0.8 \times t' - t) \times b\}$$

ここに、σ_{ck}：コンクリートの設計基準強度 = 30 N/mm^2
　　　　B：横桁の圧縮フランジ幅 = 5 820 mm
　　　　t：床版厚さ = 170 mm
　　　　b：横桁幅 = 300 mm

$$C = \frac{0.85 \times 30 \times \{5\,820 \times 170 + (0.8 \times 266 - 170) \times 300\}}{1\,000}$$

$$= 25\,557.12 \text{ kN} \geq \begin{matrix} \text{Y1（Y3）横桁} & T = 1\,879.19 \text{ kN} \\ \text{Y2 横桁} & T = 1\,929.27 \text{ kN} \end{matrix}$$

T：表 2.3.35 参照

$C \geq T$ となり、各横桁とも PC 鋼材が先に降伏する。

④ 中立軸 χ の決定

中立軸 χ は、次式により算出する。

$$\chi = \frac{T}{0.8 \times 0.85 \times \sigma_{ck} \times B}$$

支点側横桁（Y1・Y3）

$$\chi = 1\,879.19 \times 10^3 / (0.8 \times 0.85 \times 30 \times 5\,820) = 15.8 \text{ mm}$$

支間中央横桁（Y2）

$$\chi = 1\,929.27 \times 10^3 / (0.8 \times 0.85 \times 30 \times 5\,820) = 16.2 \text{ mm}$$

⑤ 破壊抵抗曲げモーメントの計算
破壊抵抗曲げモーメント M_{ud} は、次式により算出し、その結果を表2.3.37に示す。

$$M_{ud} = T_1 \times (d_1 - 0.4 \times \chi) + T_2 \times (d_2 - 0.4 \times \chi)$$

表2.3.37 破壊抵抗曲げモーメントの検討結果

	T_1 (kN)	d_1 (mm)	χ (mm)	T_2 (kN)	d_2 (mm)	M_{ud} ($\times 10^3$ kN·mm)
支点側横桁（Y1・Y3）	701.38	1 315	15.8	1 177.81	1 320	2 465.15
支間中央横桁（Y2）	701.38	1 315	16.2	1 227.89	1 155	2 328.03

(d) 曲げ破壊安全度の計算

B活荷重載荷に既存のPC鋼材では破壊安全度が確保されない終局荷重最大曲げモーメントに対して照査を行う。破壊安全度 F は、次式により計算し表2.3.38に示す。

$$F = \frac{M_{ud}}{M_u} > 1$$

ここに、M_{ud}：破壊抵抗曲げモーメント（$\times 10^3$ kN·mm）　表2.3.37参照
　　　　M_u：終局時作用モーメント（$\times 10^3$ kN·mm）　表2.3.31参照

表2.3.38 曲げ破壊安全度の検討結果

	M_u（最大時）($\times 10^3$ kN·mm)	M_{ud} ($\times 10^3$ kN·mm)	破壊安全度 $F=(M_u/M_{ud})>1$
支点側横桁（Y1・Y3）	1 857.61	2 465.15	1.33
支間中央横桁（Y2）	2 151.03	2 328.03	1.08

外ケーブルで補強することによって、B活荷重載荷時の終局荷重最大曲げモーメントに対しても十分に安全が確保されている。

参考文献
1) 高島春生：道路橋の横分配実用計算法 前篇（改定4版）、現代社、昭和49年4月
2) 日本道路協会：道路路橋示方書・同解説　I共通編、IIIコンクリート橋編、平成24年
3) やさしいPC橋の設計、プレストレスト・コンクリート建設業協会、平成14年7月
4) やさしいPC橋の設計　道路橋示方書（H24年版）への対応、プレストレスト・コンクリート建設業協会 技術委員会技術部会、平成26年1月
5) 道路保全技術センター・海洋架橋・橋梁調査会：道路橋の補修・補強計算例、鹿島出版会、2008年12月
6) 橋梁調査会：道路橋の補修・補強計算例II、鹿島出版会、2014年11月
7) コンクリート部材の補修・補強に関する共同研究報告書（III）－炭素繊維シート接着工法による道路橋コンクリート部材の補修・補強に関する設計・施工指針（案）－、建設省土木研究所橋梁構造部橋梁研究室 炭素繊維補修・補強工法技術研究会、平成11年12月
8) 炭素繊維シート接着工法 設計・施工の手引き、炭素繊維補修・補強工法技術研究会 技術部会、平成22年6月

9) 日本道路協会：道路路橋示方書・同解説　Ⅰ共通編、Ⅱ鋼橋編、平成24年
10) 外ケーブル方式によるコンクリート橋の補強マニュアル(案)[改訂版]、プレストレスト・コンクリート建設業協会、平成19年4月

第3章

下部工・基礎工

3.1 補強筋埋設式 PCM 巻立て工法による橋脚の耐震補強
3.2 高耐力マイクロパイル工法による杭基礎の耐震補強
3.3 ST マイクロパイル工法による杭基礎の耐震補強
3.4 ルートパイルによる橋台前面の切土補強

3.1 補強筋埋設式 PCM 巻立て工法による橋脚の耐震補強

3.1.1 橋梁諸元
（1）橋梁形式
　　　上部工：鋼 2 径間連続鈑桁橋
　　　下部工：T 型橋脚（小判型）
　　　基礎工：杭基礎（鉄筋コンクリート場所打ち杭）
（2）支　間　長：25.0 m＋25.0 m
（3）幅　　　員：8.600 m
（4）斜　　　角：90°
（5）橋　　　格：一等橋（活荷重 TL-20）
（6）建　設　年：昭和 50 年代

橋梁一般図を図 3.1.1 に示す。本計算例の対象橋脚は P2 橋脚である。

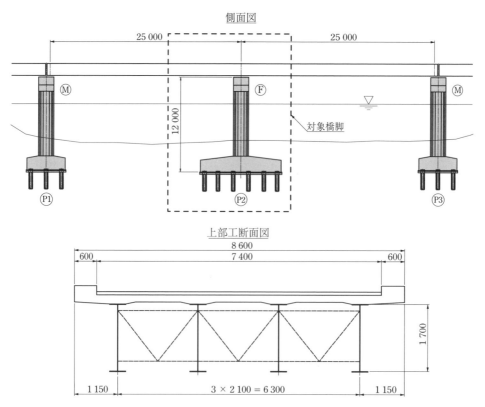

図 3.1.1　橋梁一般図（既設桁）

3.1 補強筋埋設式 PCM 巻立て工法による橋脚の耐震補強　125

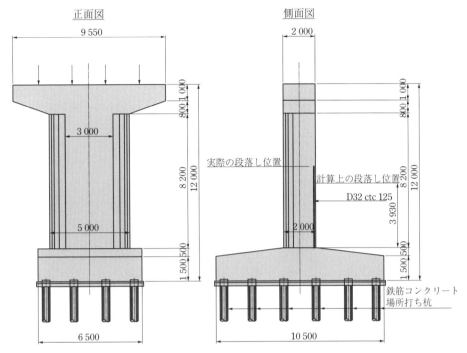

図 3.1.2　橋脚構造図

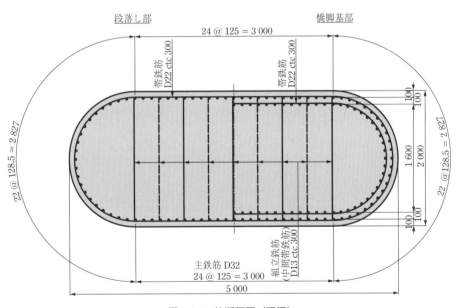

図 3.1.3　柱断面図（現況）

(7) 既設橋脚の断面構成
・段落し高さ：橋脚基部から 3.930 m
　　　　　　（計算上の位置で、実際の高さから定着長を差し引いた高さ）
・主鉄筋：（段落し部）　D32 ctc 125　1 段
　　　　　（橋脚基部）　D32 ctc 125　2 段
・帯鉄筋：表 3.1.1 参照

表 3.1.1　帯鉄筋の構成

（橋軸方向）

既設帯鉄筋				横拘束効果	
帯鉄筋			中間帯鉄筋	横拘束鉄筋[※2]	
範囲 （柱付根からの距離）	ピッチ	断面 A_W	断面[※1] A_p	断面 A_h	有効長 d
3.930 〜 8.200 m	300 mm	D22×2 本	D13×4.5 本	D22×1	4.800 m
0.000 〜 3.930 m	300 mm	D22×4 本	D13×4.5 本	D22×2	4.700 m

（橋軸直角方向）

既設帯鉄筋				横拘束効果	
帯鉄筋			中間帯鉄筋	横拘束鉄筋[※2]	
範囲 （柱付根からの距離）	ピッチ	断面 A_W	断面 A_p	断面 A_h	有効長 d
3.930 〜 8.200 m	300 mm	D22×2 本	—	D22×1	1.800 m
0.000 〜 3.930 m	300 mm	D22×4 本	—	D22×2	1.700 m

※1　中間帯鉄筋は、交互に 4 本、5 本、配置されているため、平均値として 4.5 本と表現している。
※2　横拘束鉄筋とは、軸方向鉄筋を取り囲む帯鉄筋と部材断面内に配筋される中間帯鉄筋から構成される（H14 道示 V 編 10.4 解説）。本橋の橋脚は昭和 50 年代に施工され、帯鉄筋は橋脚基部において 2 段配筋されており、2 段ともフックを用いて内部コンクリートに定着されていることから、これを横拘束鉄筋として全て考慮した。また、中間帯鉄筋は施工当時、組立用に配置された鉄筋であり、H14 道示 V 編 10.6 に示される横拘束鉄筋の構造細目を満たしていないため、これを横拘束鉄筋として考慮しないこととする。

3.1.2　補強理由

　対象の鉄筋コンクリート橋脚は、柱中間部に段落しを有しており、耐震性能の照査を行うと、橋軸方向、橋軸直角方向ともに段落し部で損傷が先行すると判断される。また、柱基部の耐震性能は、変形性能および耐力が不足する結果となり、現行の耐震基準「平成 24 年 道路橋示方書 V 編（以下、H24 道示 V 編）」や「既設橋の耐震補強設計に関する技術資料」[1]を満足しない結果となる。
　本計算例では、所要の耐震性能を確保することを目的として、河川区域内にある鉄筋コンクリート橋脚の補強対策について示す。

3.1.3 補強方法

　鉄筋コンクリート橋脚の耐震補強工法は、「コンクリート巻立て工法」、「鋼板巻立て工法」および「繊維材巻立て工法」などの3工法が考えられる（表3.1.2参照）。対象橋脚は、河川区域内の制約条件（河積阻害率5.0％以内、「解説・河川管理施設等構造令」第62条解説より）から、通常のコンクリート巻立て工法（$t = 25$ cm程度）を採用することができないため、コンクリート系材料で巻立て厚を薄くすることが可能な「補強主鉄筋埋設方式ポリマーセメントモルタル（PCM）巻立て工法」を採用することとする。

表3.1.2　鉄筋コンクリート橋脚耐震補強工法の概念図

工法		概略断面図	特徴	採否
コンクリート巻立て工法	通常工法	RC巻立て／現況	鉄筋コンクリート橋脚耐震補強の一般的な工法。鉄筋を配しコンクリートで巻立て、曲げ耐力、せん断抵抗、じん性の向上を図る工法。通常、巻立て厚さは25cm。	
	主鉄筋埋設方式PCM巻立て	PCM巻立て	躯体に掘った溝に主鉄筋を埋め、緻密なポリマーセメントモルタル（PCM）で被覆することで、巻立て厚を薄く（補強規模を小さく）できる。向上性能は上記通常工法に同じ。	○
鋼板巻立て工法		鋼板巻立て	鋼板を巻き、曲げ耐力、せん断抵抗、じん性の向上を図る工法。鋼板（塗装）は定期的な塗替えが必要となる。補強規模は小さくできる。	
繊維巻立て工法（炭素繊維等）		繊維巻立て	高い引張強度をもつ炭素繊維等を巻立て、せん断抵抗とじん性の向上を図る工法。曲げ補強ができない。補強規模は小さくできる。	

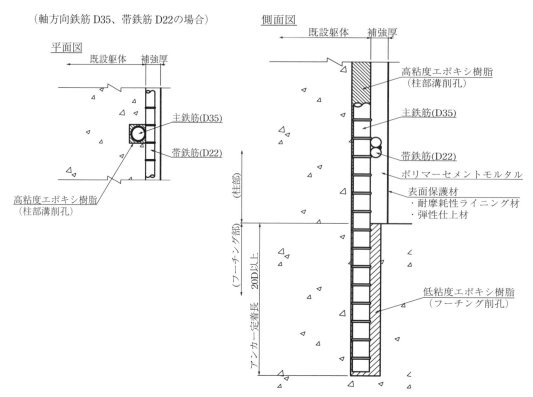

図 3.1.4　補強主鉄筋埋設方式ポリマーセメントモルタル巻立て工法の概要図

3.1.4　補強方針と条件
（1）　設計方法

　既設橋脚の地震時保有水平耐力および許容塑性率の算出方法について、参考文献[1]にH24道示Ⅴ編に基づいた既設橋の耐震補強に関する設計の考え方が整理されている。この参考文献[1]によると、既設の鉄筋コンクリート橋脚の地震時保有水平耐力および許容塑性率の算出方法においては、H24道示Ⅴ編による算出方法を適用すると、横拘束鉄筋の水平方向の配置間隔などが構造細目を満たしていない場合に許容変位を過小評価することが実験結果から明らかになり、許容塑性率の算出においては合理的な推定精度を確保できない場合があることが示されている。

　以上より、既設橋の鉄筋コンクリート橋脚の地震時水平耐力および許容塑性率の算出方法は、「既設道路橋の耐震補強に関する参考資料」[2]に示される算出方法を用いる。

　図3.1.5に、参考文献[2]による鉄筋コンクリート橋脚の耐震補強の設計手順を示す。基本的な考え方は、「平成14年道路橋示方書Ⅴ編（以下、H14道示Ⅴ編）」に踏襲されているため、照査式などは、H14道示Ⅴ編に準ずる。

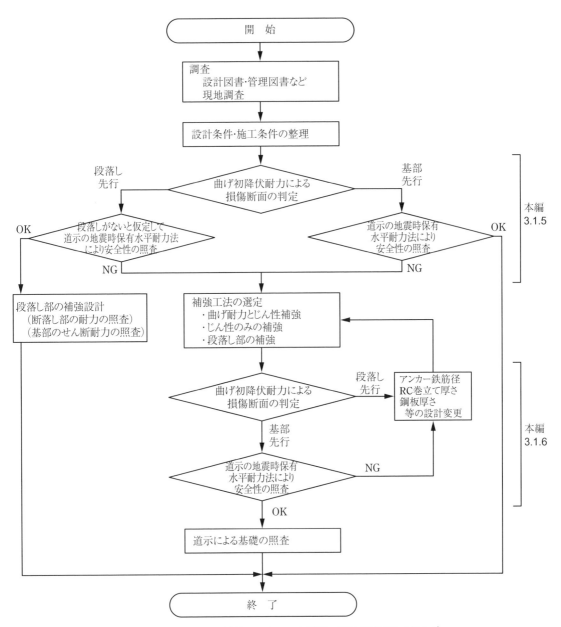

図 3.1.5　鉄筋コンクリート橋脚の耐震補強設計の流れ[2]

　本計算例は既設橋脚躯体に溝を切りここに補強主鉄筋を埋め込み、帯鉄筋を配置し、ポリマーセメントモルタルを用いて薄く巻立てる点が特徴的である。

　通常の鉄筋コンクリート巻立て工法と同様であるが、設計方針を以下に補足する。

・補強主鉄筋は1本おきにフーチングに定着する。これは、定着された主鉄筋により橋脚躯体の基部における曲げ耐力の増加を図る一方、巻立て部の主鉄筋全体により段落し部における曲げ耐力の向上を図って、段落し部で損傷が先行して発生しないようにするものである。補強主鉄筋のフーチング定着長は、鉄筋径の20倍以上とする（図3.1.4、図3.1.9参照）。

・橋脚躯体基部の塑性ヒンジ領域の断面に中間貫通 PC 鋼棒を配置し、補強帯鉄筋の面外へのはらみ出し、コンクリートの剥落を防止する。中間貫通 PC 鋼棒は、その目的から密に配置する方が効果的ではあるが、既設躯体に貫通孔を削孔するため、既設配筋を考慮し、その高さ方向の間隔は 30 cm 程度、水平方向の間隔は巻立て後の壁厚相当以下かつ 2 m 以下とすることを標準とする[2]。なお、中間貫通 PC 鋼棒にはプレストレスを導入しない。これは、中間貫通 PC 鋼棒の主たる設置目的が補強帯鉄筋の面外へのはらみ出し防止にあることを考慮したものである[2]。

(2) 設計条件
(a) **材料条件**
① 既設材料
　　　コンクリート：$\sigma_{ck} = 21.0\,\mathrm{N/mm^2}$
　　　鉄筋：SD295
② 補強材料
補強主鉄筋埋設方式ポリマーセメントモルタル巻立て工法の設計・施工指針[3]にもとづき以下とする。
　　　コンクリート：$\sigma_{ck} = 24.0\,\mathrm{N/mm^2}$（ポリマーセメントモルタル）
　　　鉄筋：SD345
　　　中間貫通 PC 鋼棒：B 種 1 号（SBPR 930/1 080）

(b) 構造条件
① 支承条件および慣性力作用位置

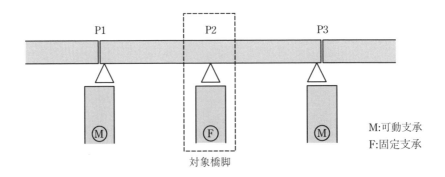

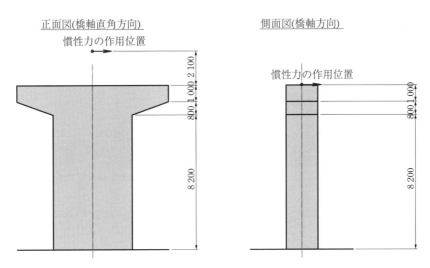

図 3.1.6 支承条件および慣性力作用位置

② 荷重条件
・橋軸方向
上部工反力：$R_d = 2\,900$ kN
橋脚が支持する上部工重量：$W_u = 5\,800$ kN
・橋軸直角方向
上部工反力：$R_d = 2\,900$ kN
橋脚が支持する上部工重量：$W_u = 2\,900$ kN
③ 重要度の区分および地域区分
重要度の区分：B 種の橋
地域区分：A2 地域
④ 地盤種別
Ⅱ種地盤

(c) 橋脚の固有周期

橋軸方向：固有周期 $T = 0.640$ sec

橋軸直角方向：固有周期 $T = 0.420$ sec

(d) 補強諸元

① 橋脚構造図

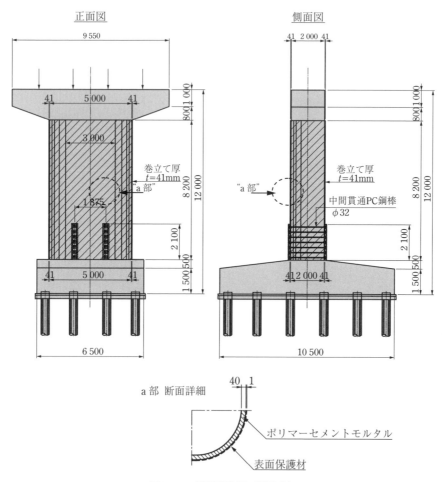

図 3.1.7　橋脚構造図（補強後）

② 巻立て厚

巻立て厚：40 mm（25 mm + 15 mm）

　　　　　帯鉄筋 D22 最外径　25 mm

　　　　　かぶり（ポリマーセメント）15 mm

　　　　　表面保護材　1 mm

③ 鉄筋配置（主鉄筋・帯鉄筋）

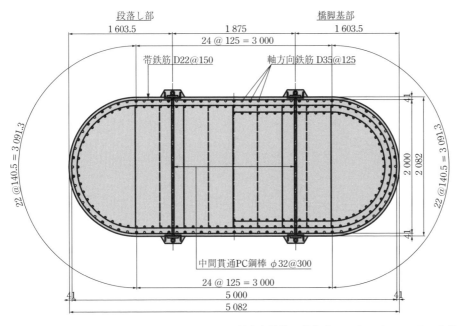

軸方向鉄筋の●印はフーチングにアンカー定着を行う

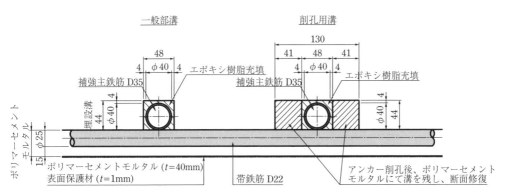

図 3.1.8　柱断面図（上図：配筋要領図、下図：埋設被覆部詳細）

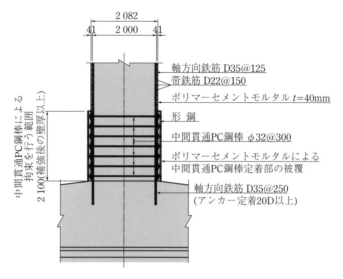

図 3.1.9　柱基部詳細

表 3.1.3　帯鉄筋の構成（補強後の橋脚）

（橋軸方向）

既設帯鉄筋				横拘束効果	
帯鉄筋			中間帯鉄筋	横拘束鉄筋	
範囲 （柱付根からの距離）	ピッチ	断面 A_w	断面 A_p	断面 A_h	有効長 d
0.000 〜 8.200 m	150 mm	D22×2本	—	D22×1	1.875 m

（橋軸直角方向）

既設帯鉄筋				横拘束効果	
帯鉄筋			中間帯鉄筋	横拘束鉄筋	
範囲 （柱付根からの距離）	ピッチ	断面 A_w	断面 A_p	断面 A_h	有効長 d
0.000 〜 8.200 m	150 mm	D22×2本	—	D22×1	2.000 m

（PC 貫通鋼棒）

ピッチ	鋼棒断面積 $\phi 32, A_w$	水平間隔
300 m	789.3 mm²※	1.875 m

※ PC貫通鋼棒断面積は、丸棒 $\phi 32$ のねじ切り加工を考慮して、ネジ部有効径（31.701mm）を用いて算出している。

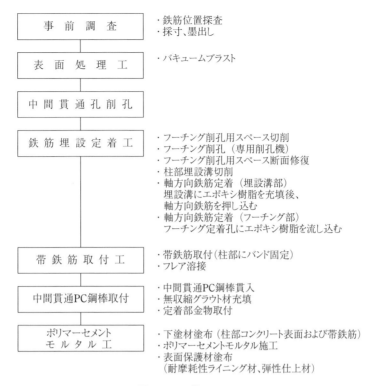

図 3.1.10　施工フロー

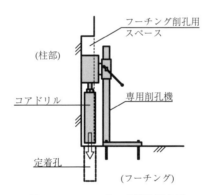

図 3.1.11　フーチング削孔概念図

（3）　目標とする橋の耐震性能

　本橋はB種の橋であり、目標とする橋の耐震性能は、H24道示Ⅴ編に基づき、レベル2地震動に対して耐震性能2を確保する。

3.1.5 既設橋脚の耐震照査
（1） 段落し部の照査

H24道示V編10.9では、原則として軸方向鉄筋の段落しは行わないことが規定されている。既設橋脚は軸方向鉄筋に段落しがあるため、参考文献[2]より段落し部での損傷判定を行う。

なお、破壊形態が基部で生じる場合は、段落し部の照査は行わなくてよい。

$$\frac{\dfrac{M_{Ty0}}{h_t}}{\dfrac{M_{By0}}{h_B}} \geq 1.2 \quad \text{（基部損傷）}$$

$$\frac{\dfrac{M_{Ty0}}{h_t}}{\dfrac{M_{By0}}{h_B}} < 1.2 \quad \text{（段落し損傷）}$$

ここに、M_{Ty0}：橋脚躯体の段落し断面[注]における初降伏曲げモーメント（kN·m）
　　　　h_t：橋脚躯体の段落し断面[注]から上部工の慣性力の作用位置までの高さ（m）
　　　　M_{By0}：橋脚躯体基部断面における初降伏曲げモーメント（kN·m）
　　　　h_B：橋脚躯体基部断面から上部工の慣性力の作用位置までの高さ（m）
　　　注）段落し断面とは、実際に鉄筋が途中定着されている位置から、次式による定着長 l に相当する長さだけ下げた断面とする。

$$l_a = \frac{\sigma_{sa}}{4\tau_{0a}}\phi = \frac{180}{4\times 1.4}\phi = 32.143\,\phi$$

　σ_{sa}：鉄筋の許容引張応力度（N/mm²）　$\sigma_{sa}=180\,\text{N/mm}^2$（SD295）
　τ_{0a}：コンクリートの許容付着応力度（N/mm²）　$\tau_{0a}=1.4\,\text{N/mm}^2$（$\sigma_{ck}=21\,\text{N/mm}^2$）
　ϕ：軸方向鉄筋の直径（mm）

初降伏曲げモーメントについては、H14道示V編10.3 より求める。

各要素の断面を慣性力の作用方向に n 分割し、平面保持の仮定が成立するものとして求めた中立軸からの距離に比例する縦ひずみおよびこれに対応する応力度が各微小要素内では一定として、下式のつり合い条件を満足する中立軸を試算によって求める。断面内の分割数としては50分割程度とする。

$$N_i = \sum_{j=1}^{n}\sigma_{cj}\Delta A_{cj} + \sum_{j=1}^{n}\sigma_{sj}\Delta A_{sj}$$

ここに、N_i：慣性力の作用位置から数えて i 番目の断面に作用する軸力（N）
　　　　σ_{cj},σ_{sj}：j 番目の微小要素内のコンクリートおよび鉄筋の応力度（N/mm²）
　　　　$\Delta A_{cj}, \Delta A_{sj}$：$j$ 番目の微小要素内のコンクリートおよび鉄筋の断面積（mm²）

中立軸位置を定めた後に、曲げモーメント・曲率は下式により求める。

$$M_i = \sum_{j=1}^{n} \sigma_{cj} x_j \Delta A_{cj} + \sum_{j=1}^{n} \sigma_{sj} x_j \Delta A_{sj}$$

$$\Phi_i = \frac{\varepsilon_{c0}}{x_0}$$

ここに、M_i：慣性力の作用位置から数えて i 番目の断面に作用する曲げモーメント（N・mm）

Φ_i：慣性力の作用位置から数えて i 番目の断面の曲率（1/mm）

x_j：j 番目の各微小要素内のコンクリートまたは鉄筋から断面の図心の位置までの距離（mm）

ε_{c0}：コンクリートの圧縮縁ひずみ

x_0：コンクリートの圧縮縁から中立軸までの距離（mm）

以下に示す判定の結果、橋軸方向、橋軸直角方向ともに段落し部で損傷が先行することとなった。よって、図 3.1.5 のフローにより、段落しがないと仮定して地震時保有水平耐力法により安全性の照査を行う。

(a) **橋軸方向**

段落し断面　　$M_{Ty0} = 19\,349$ kN・m

　　　　　　　$h_t = 6.070$ m

橋脚基部断面　$M_{By0} = 32\,436$ kN・m

　　　　　　　$h_B = 10.000$ m

$$\frac{\dfrac{M_{Ty0}}{h_t}}{\dfrac{M_{By0}}{h_B}} = 0.98 < 1.2 \quad (段落し損傷)$$

(b) **橋軸直角方向**

段落し断面　　$M_{Ty0} = 37\,166$ kN・m

　　　　　　　$h_t = 8.170$ m

橋脚基部断面　$M_{By0} = 62\,215$ kN・m

　　　　　　　$h_B = 12.100$ m

$$\frac{\dfrac{M_{Ty0}}{h_t}}{\dfrac{M_{By0}}{h_B}} = 0.88 < 1.2 \quad (段落し損傷)$$

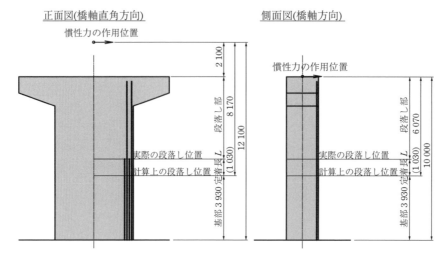

図 3.1.12　段落し位置

（2）破壊形態の判定

ここでは、終局水平耐力とせん断耐力の算出を行い破壊形態の判定を行う。

（a）終局水平耐力 P_u

① コンクリートの応力-ひずみ曲線

コンクリートの応力-ひずみ曲線の算出は、参考文献[2]に従い、H14道示V編10.4における算出式を用いる。

$$\sigma_c = E_c \varepsilon_c \left\{ 1 - \frac{1}{n}\left(\frac{\varepsilon_c}{\varepsilon_{cc}}\right)^{n-1} \right\} \quad (0 \leq \varepsilon_c \leq \varepsilon_{cc})$$

$$= \sigma_{cc} - E_{des}(\varepsilon_c - \varepsilon_{cc}) \quad (\varepsilon_{cc} < \varepsilon_c \leq \varepsilon_{cu})$$

$$n = \frac{E_c \varepsilon_{cc}}{E_c \varepsilon_{cc} - \sigma_{cc}}$$

$$\sigma_{cc} = \sigma_{ck} + 3.8 \alpha \rho_s \sigma_{sy}$$

$$\varepsilon_{cc} = 0.002 + 0.033 \beta \frac{\rho_s \sigma_{sy}}{\sigma_{ck}}$$

$$E_{des} = 11.2 \frac{\sigma_{ck}^2}{\rho_s \sigma_{sy}}$$

$$\varepsilon_{cu} = \varepsilon_{cc} \quad (タイプⅠ地震動)$$

$$\varepsilon_{cu} = \varepsilon_{cc} + \frac{0.2\sigma_{cc}}{E_{des}} \quad (タイプⅡ地震動)$$

$$\rho_s = \frac{4A_h}{sd} \leq 0.018$$

ここに、σ_c：コンクリート応力度（N/mm²）

σ_{cc}：横拘束鉄筋で拘束されたコンクリートの強度（N/mm²）

σ_{ck}：コンクリートの設計基準強度（N/mm²）

ε_c ：コンクリートのひずみ
ε_{cc} ：コンクリートが最大圧縮応力に達する時のひずみ
ε_{cu} ：横拘束鉄筋で拘束されたコンクリートの終局ひずみ
E_c ：コンクリートのヤング係数（N/mm^2）
E_{des} ：下降勾配（N/mm^2）
ρ_s ：横拘束鉄筋の体積比
A_h ：横拘束鉄筋1本当たりの断面積（mm^2）
s ：横拘束鉄筋の間隔（mm）
d ：横拘束鉄筋の有効長（mm）
　帯鉄筋や中間帯鉄筋により分割拘束される内部コンクリートの辺長のうち最も長い値とする。
σ_{sy} ：横拘束鉄筋の降伏点（N/mm^2）
α, β ：断面補正係数　$\alpha = 0.2$, $\beta = 0.4$

以下に、応力-ひずみ曲線の算出過程を示す。計算例は、橋軸方向の計算過程を示す。

本橋の橋脚は昭和50年代に施工され、帯鉄筋は橋脚基部において2段に配された主鉄筋に各々巻かれており、2段ともフックを用いて内部コンクリートに定着されていることから、これを横拘束鉄筋として全て考慮した。また、中間帯鉄筋は施工当時、組立用に配置された鉄筋であり、H14道示V編10.6に示される横拘束鉄筋の構造細目を満たしていないため、これを横拘束鉄筋として考慮しないこととする。よって、Ah（横拘束鉄筋1本あたりの断面積）は帯鉄筋D22（2段配筋）とし、d（横拘束鉄筋の有効長）は最大間隔となる4.7 m となる。

$$\rho_s = \frac{4A_h}{sd} = \frac{4 \times 774.2}{300 \times 4\,700} = 0.00220 \leq 0.018$$

$$\sigma_{cc} = \sigma_{ck} + 3.8\alpha\rho_s\sigma_{sy} = 21 + 3.8 \times 0.2 \times 0.00220 \times 295 = 21.49 \quad (\text{N}/\text{mm}^2)$$

$$\varepsilon_{cc} = 0.002 + 0.033\beta\frac{\rho_s\sigma_{sy}}{\sigma_{ck}} = 0.002 + 0.033 \times 0.4 \times \frac{0.00220 \times 295}{21} = 0.00241$$

$$E_{des} = 11.2\frac{\sigma_{ck}^2}{\rho_s\sigma_{sy}} = 11.2\frac{21^2}{0.00220 \times 295} = 7\,610.5 \quad (\text{N}/\text{mm}^2)$$

$$\varepsilon_{cu} = \varepsilon_{cc} = 0.00241 \quad （タイプI地震動）$$

$$\varepsilon_{cu} = \varepsilon_{cc} + \frac{0.2\sigma_{cc}}{E_{des}} = 0.00241 + \frac{0.2 \times 21.49}{7\,610.5} = 0.00297 \quad （タイプII地震動）$$

$$n = \frac{E_c\varepsilon_{cc}}{E_c\varepsilon_{cc} - \sigma_{cc}} = \frac{23\,500 \times 0.00241}{23\,500 \times 0.00241 - 21.49} = 1.611$$

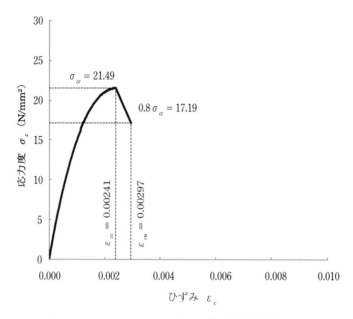

図 3.1.13 コンクリートの応力ひずみ曲線（橋軸方向）

② 慣性力作用位置における水平力−水平変位の関係

橋脚基部における曲げモーメント M−曲率 Φ の関係および塑性ヒンジ長 L_p の算出過程を以下に示す。算出式は H14 道示 V 編 10.3 に従い、計算例は橋軸方向タイプⅡ地震動を示す。

ひび割れ時： $M_c = 7\,913$ kN·m、 $\Phi_c = 9.699 \times 10^{-5}$ 1/m
初降伏時： $M_{y0} = 32\,436$ kN·m、 $\Phi_{y0} = 1.169 \times 10^{-3}$ 1/m
降伏時： $M_y = 39\,674$ kN·m、 $\Phi_y = 1.430 \times 10^{-3}$ 1/m
終局時： $M_u = 39\,674$ kN·m、 $\Phi_u = 1.152 \times 10^{-2}$ 1/m

ここに、M_c：ひび割れ時の曲げモーメント（kN·m）
　　　　M_{y0}：初降伏曲げモーメント（kN·m）
　　　　M_y：降伏曲げモーメント（kN·m）
　　　　M_u：終局曲げモーメント（kN·m）
　　　　Φ_c：ひび割れ時の曲率（1/m）
　　　　Φ_{y0}：初降伏曲率（1/m）
　　　　Φ_y：降伏曲率（1/m）で、次式により求める。
　　　　　　$\Phi_y = (M_u/M_{y0})\,\Phi_{y0} = (39\,674 / 32\,436) \times 1.169 \times 10^{-3} = 1.430 \times 10^{-3}$
　　　　Φ_u：終局曲率（1/m）

塑性ヒンジ長は、以下により算出する。
　　$L_p = CL_p(0.2h - 0.1D) = 0.8(0.2 \times 10.000 - 0.1 \times 2.000) = 1.440$ m
　　　 $\leq C_{Lp}(0.5D) = 0.8(0.5 \times 2.000) = 0.800$ m
よって、$L_p = 0.800$ m

ここに、h : 橋脚基部から慣性力の作用位置までの距離 (m)
  D : 断面高さ (m)
  CL_p : 橋脚補強における塑性ヒンジ長の補正係数　$CL_p = 0.8$

> 参考文献[2]では、終局変位を求める場合に使用される塑性ヒンジ長は、H14 道示V編で算出される値に補正係数を乗じた値とする旨が示されている。

橋脚の上部工慣性力作用位置における水平力 P–水平変位 δ の関係は以下となる。

ひび割れ時：　$P_c = 791$ kN
初降伏時：　$P_{y0} = 3\,244$ kN、　$\delta_{y0} = 0.0354$ m
降伏時：　$P_y = 3\,967$ kN、　$\delta_y = 0.0433$ m
終局時：　$P_u = 3\,967$ kN、　$\delta_u = 0.1208$ m

ここに、P_c : ひび割れ水平耐力 (kN)

$$P_c = \frac{M_c}{h} = \frac{7\,913}{10} = 791$$

P_{y0} : 初降伏水平耐力 (kN)

$$P_{y0} = \frac{M_{y0}}{h} = \frac{32\,436}{10} = 3\,244$$

P_y : 降伏水平耐力 (kN)

$$P_y = \frac{M_u}{h} = \frac{39\,674}{10} = 3\,967$$

P_u : 終局水平耐力 (kN)

$$P_u = \frac{M_u}{h} = 3\,967$$

δ_{y0} : 初降伏水平変位 (m)

$$\delta_{y0} = \int \Phi y\,dy \fallingdotseq \sum_{i=1}^{m}(\Phi_i y_i + \Phi_{i-1} y_{i-1})\frac{\Delta y_i}{2}$$

δ_y : 降伏水平変位 (m) で、次式により求める。

$$\delta_y = (M_u/M_{y0})\delta_{y0} = (39\,674/32\,436) \times 0.0354 = 0.04330 \text{ m}$$

δ_u : 終局水平変位 (m) で、次式により求める。

$$\delta_u = \delta_y + (\Phi_u - \Phi_y)L_p(h - L_p/2)$$
$$= 0.0433 + (1.152 \times 10^{-2} - 1.430 \times 10^{-3}) \times 0.800 \times (10 - 0.8/2) = 0.1208 \text{ m}$$

h : 橋脚基部から慣性力の作用位置までの距離 (m)　$h = 10.000$ m

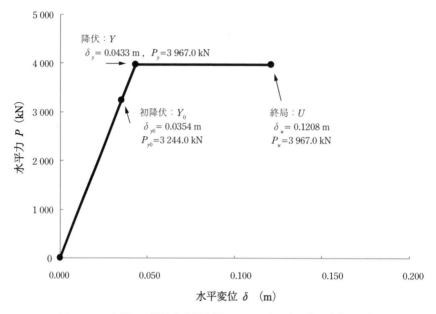

図3.1.14　上部工の慣性力作用位置における水平力 - 水平変位の関係

(b) せん断耐力 P_s

せん断耐力の算出過程を以下に示す。算出式はH14道示Ⅴ編10.5に従い、計算例は橋軸方向タイプⅡ地震動を示す。

① コンクリートが負担するせん断耐力 S_c

$$S_c = c_c \cdot c_e \cdot c_{pt} \cdot \tau_c \cdot b \cdot d = 0.8 \times 0.872 \times 1.500 \times 0.33 \times 4\,571 \times 1\,851 \times 0.001 = 2\,922 \text{ kN}$$

ここに、c_c：荷重の正負交番繰返し作用の影響に関する補正係数でタイプⅠの地震動に対する照査では0.6、タイプⅡの地震動に対する照査では0.8とする

τ_c：平均せん断応力度（N/mm²）（H14道示Ⅴ編 表-10.5.1）

c_e：橋脚断面の有効高 d に関する補正係数（H14道示Ⅴ編 表-10.5.2）

c_{pt}：軸方向引張主鉄筋比 pt に関する補正係数（H14道示Ⅴ編 表-10.5.3）

b：せん断耐力を算定する方向に直角な方向の橋脚断面の幅（mm）

$$b = (B \times D + \pi \times D^2/4)/D = (3\,000 \times 2\,000 + \pi \times 2\,000^2/4)/2\,000 = 4\,571 \text{ mm}$$

d：せん断耐力を算定する方向に平行な方向の橋脚断面の有効高（mm）

$$d = \frac{\Sigma A_i x_i}{\Sigma x_i} = 1\,851 \text{ mm}$$

P_t：軸方向引張鉄筋比で、中立軸よりも引張側にある主鉄筋の断面積の総和を bd で除した値（%）

$A_s = 92\,127.3 \text{ mm}^2$

$$P_t = \frac{A_s}{bd} \times 100 = \frac{92\,127.3}{4\,571 \times 1\,851} \times 100 = 1.089$$

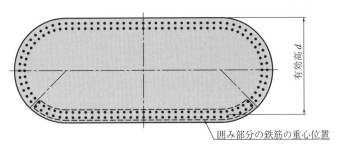

図 3.1.15　小判断面における有効高の設定

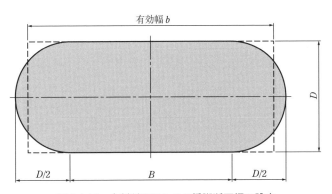

図 3.1.16　小判断面における橋脚断面幅の設定

② 帯鉄筋が負担するせん断耐力 S_s

$$S_s = \frac{A_W \sigma_{sy} d(\sin\theta + \cos\theta)}{1.15a} = \frac{2\,118.6 \times 295 \times 1\,851 \times 1.0}{1.15 \times 300} \times 0.001 = 3\,353 \text{ kN}$$

ここに、A_w：間隔 a 及び角度 θ で配置される帯鉄筋の断面積（mm^2）

$A_w = D13 \times 4.5$ 本 $+ D22 \times 4$ 本 $= 2\,118.6$ mm^2

　　　　$D13$（SD295）　　126.7 mm^2

　　　　$D22$（SD295）　　387.1 mm^2

σ_{sy}：帯鉄筋の降伏点（N/mm^2）　$\sigma_{sy} = 295$ N/mm^2

a：帯鉄筋の間隔（mm）　$a = 300$ mm

θ：帯鉄筋と鉛直軸とのなす角度（°）　$\theta = 90°$

③ せん断耐力 P_s

$P_s = S_c + S_s = 2\,922 + 3\,353 = 6\,275$ kN

(c)　破壊形態の判定

H14 道示 V 編 10.2 に従い、破壊形態は下式により判定する。

　　　$P_u \leqq P_s$：曲げ破壊型

　　　$P_u > P_s$：せん断破壊型

対象橋脚は橋軸方向の場合、$P_u \leqq P_s$ であり、曲げ破壊型となる。橋軸直角方向につ

いては、曲げ損傷からせん断破壊移行型（タイプⅠ）と曲げ破壊型（タイプⅡ）となる。
表3.1.4と表3.1.5に判定結果を示す。

表3.1.4　破壊形態の判定（橋軸方向）

橋軸方向		対象橋脚	
		タイプⅠ	タイプⅡ
終局水平耐力	P_u	3 961　（kN）	3 967　（kN）
せん断耐力	P_s	5 545　（kN）	6 275　（kN）
破壊形態		$P_u \leqq P_s$	$P_u \leqq P_s$
		曲げ破壊型	曲げ破壊型

表3.1.5　破壊形態の判定（橋軸直角方向）

橋軸方向		対象橋脚	
		タイプⅠ	タイプⅡ
終局水平耐力	P_u	7 872　（kN）	7 933　（kN）
せん断耐力	P_s	7 709　（kN）	8 270　（kN）
破壊形態		$P_u > P_s$	$P_u \leqq P_s$
		曲げ損傷からせん断破壊移行型	曲げ破壊型

（3）　必要条件の算出
（a）　許容塑性率 μ_a

H14道示Ⅴ編10.2に従い、鉄筋コンクリート橋脚の許容塑性率 μ_a は、破壊形態に応じて以下により算出する。計算例は、橋軸方向タイプⅡ地震動を示す。

①　曲げ破壊型

$$\mu_a = 1 + \frac{\delta_u - \delta_y}{\alpha \cdot \delta_y} = 1 + \frac{0.1208 - 0.0433}{1.5 \times 0.0433} = 2.193$$

②　せん断破壊型

$\mu_a = 1.0$

ここに、δ_y：鉄筋コンクリート橋脚の降伏変位（m）
　　　　δ_u：鉄筋コンクリート橋脚の終局変位（m）
　　　　α：安全係数　1.5
　　　　　　参考文献[1]より、載荷の繰り返しの影響が顕著でないことが明らかになったため、タイプⅠの許容塑性率を求める場合にもタイプⅡの値を使用する（H14道示Ⅴ編 表-10.2.1）。

（b）　設計水平震度 k_{hc}

H24道示Ⅴ編6.4.3に従い、計算を行う。

$$k_{hc} = c_s \cdot c_{\text{II}z} \cdot k_{hc0} = 0.54 \times 1.0 \times 1.75 = 0.95$$

ここに、c_s：構造物特性補正係数で、次式により求める。

$$c_s = \frac{1}{\sqrt{2\mu_a - 1}} = \frac{1}{\sqrt{2 \times 2.193 - 1}} = 0.54$$

$c_{\text{II}z}$：レベル2地震動（タイプII）の地域別補正係数 1.0

k_{hc0}：設計水平震度の標準値 1.75（II種地盤、$0.4 \leq T \leq 1.2$）

ただし、$c_{\text{II}z} \cdot k_{hc0}$ が 0.6 を下回る場合、$k_{hc} = 0.6 \cdot c_s$ とする。

また、$0.4 \cdot c_{\text{II}z}$ を下回る場合、$k_{hc} = 0.4 \cdot c_{\text{II}z}$ とする。

許容塑性率の算出結果を以下に示す。

表 3.1.6　許容塑性率および設計水平震度（橋軸方向）

橋軸方向		対象橋脚	
		タイプI	タイプII
許容塑性率	μ_a	2.193	2.193
設計水平震度	k_{hc}	0.70	0.95

表 3.1.7　許容塑性率および設計水平震度（橋軸直角方向）

橋軸直角方向		対象橋脚	
		タイプI	タイプII
許容塑性率	μ_a	1.000	2.640
設計水平震度	k_{hc}	1.30	0.85

（4）地震時保有水平耐力の照査

H14 道示V編 6.4.6 に従い安全性の判定を行う。計算例は、橋軸方向タイプII地震動を示す。

① 地震時保有水平耐力法に用いる重量 W

$$W = W_U + c_P W_P = 5\,800 + 0.5 \times 2\,590 = 7\,095 \text{ kN}$$

ここに、c_P：等価重量算出係数（0.5：曲げ破壊型）

W_U：橋脚が支持する上部工重量（kN）

W_P：橋脚の重量（kN）　$W_P = 2\,590$ kN

② 地震時保有水平耐力 P_a（H14 道示V編 10.2）

曲げ破壊型のため $P_a = P_u$ となる。

$$P_a = P_u = 3\,967 \text{ kN}$$

ここに、P_u：終局水平耐力（kN）

③ 地震時保有水平耐力の照査

$$P_a = 3\,967 < k_{hc} W = 0.95 \times 7\,095 = 6\,740 \text{ kN} \quad (\text{NG})$$

表 3.1.8　地震時保有水平耐力の照査（橋軸方向）

橋軸方向		対象橋脚	
		タイプⅠ	タイプⅡ
等価重量	W	7 095　(kN)	7 095　(kN)
設計水平震度	k_{hc}	0.70	0.95
慣性力	$k_{hc} \cdot W$	4 967　(kN)	6 740　(kN)
地震時保有水平耐力	P_a	3 961　(kN)	3 967　(kN)
照査結果		** NG **	** NG **

表 3.1.9　地震時保有水平耐力の照査（橋軸直角方向）

橋軸方向		対象橋脚	
		タイプⅠ	タイプⅡ
等価重量	W	4 195　(kN)	4 195　(kN)
設計水平震度	k_{hc}	1.30	0.85
慣性力	$k_{hc} \cdot W$	5 453　(kN)	3 566　(kN)
地震時保有水平耐力	P_a	7 872　(kN)	7 933　(kN)
照査結果		** OK **	** OK **

（5）　残留変位の照査

　H14 道示Ⅴ編 6.4.6 に従い残留変位の照査を行う。計算例は、橋軸方向タイプⅡ地震動を示す。

① 応答塑性率 μ_r

$$\mu_r = \frac{1}{2}\left\{\left(\frac{c_{ⅡZ}k_{hc0}W}{P_a}\right)^2 + 1\right\} = \frac{1}{2}\left\{\left(\frac{1.0 \times 1.75 \times 7\,095}{3\,967}\right)^2 + 1\right\} = 5.40$$

② 残留変位の照査

$$\delta_R = c_R(\mu_r - 1)(1-r)\delta_y = 0.6 \times (5.40 - 1) \times (1 - 0.0) \times 43.3$$
$$= 114.3 \text{ mm} \geqq \delta_{Ra} = h/100 = 10\,000/100 = 100.0 \text{ mm} \quad (\text{NG})$$

　ここに、δ_R：残留変位（mm）
　　　　　c_R：残留変位補正係数 0.6
　　　　　r：橋脚の降伏剛性に対する降伏後の二次剛性の比 0.0
　　　　　δ_{Ra}：橋脚の許容残留変位（mm）
　　　　　δ_y：降伏変位（mm）
　　　　　h：橋脚下端から上部工慣性力作用位置までの高さ（mm）

表 3.1.10 残留変位の照査（橋軸方向）

橋軸方向		対象橋脚	
		タイプI	タイプII
許容残留変位	δ_{Ra}	100.0 （mm）	100.0 （mm）
残留変位	δ_R	57.0 （mm）	114.3 （mm）
照査結果		** OK **	** NG **

表 3.1.11 残留変位の照査（橋軸直角方向）

橋軸直角方向		対象橋脚	
		タイプI	タイプII
許容残留変位	δ_{Ra}	121.0 （mm）	121.0 （mm）
残留変位	δ_R	0.0 （mm）	0.0 （mm）
照査結果		** OK **	** OK **

（6） 総括

補強前の対象橋脚について耐震性能を照査すると、以下のような結果となる。

① 地震時保有水平耐力が不足している（表 3.1.8、表 3.1.9 参照）。
② 残留変位量が許容値より大きい（表 3.1.10、表 3.1.11 参照）。

上記より、橋軸方向および橋軸直角方向について、タイプIおよびタイプIIの地震動に対して耐震性能を満たしていないので、耐震補強が必要である。

3.1.6 補強後の耐震照査

補強後の対象橋脚の耐震照査については、補強前と同様に行う。

補強主鉄筋埋設方式ポリマーセメントモルタル巻立て工法による橋脚の耐震補強は 3.1.4(2) の設計条件に示すとおり、既設橋脚表面に軸方向に溝を切り主鉄筋 D35 を埋設し、帯鉄筋 D22 を巻き、中間貫通 PC 鋼棒 $\phi 32$ を設置し、ポリマーセメントモルタルを 40 mm 被覆する。

（1） 段落し部の照査

補強後の橋脚に対する橋脚基部断面と段落し断面の曲げ初降伏耐力を算出し、損傷断面の判定を行うと以下となる。

(a) 橋軸方向

段落し断面　$M_{Ty0} = 39\,856$ kN·m

$h_t = 6.070$ m

橋脚基部断面　$M_{By0} = 42\,743$ kN·m

$h_B = 10.000$ m

$$\frac{\dfrac{M_{Ty0}}{h_t}}{\dfrac{M_{By0}}{h_B}} = 1.54 \geq 1.2 \text{（基部損傷）}$$

(b) 橋軸直角方向

段落し断面 　　　M_{Ty0} = 68 436 kN·m

　　　　　　　　　h_t = 8.170 m

橋脚基部断面 　　M_{By0} = 77 569 kN·m

　　　　　　　　　h_B = 12.100 m

$$\frac{\dfrac{M_{Ty0}}{h_t}}{\dfrac{M_{By0}}{h_B}} = 1.31 \geq 1.2 \,(基部損傷)$$

橋軸方向、橋軸直角方向ともに、基部で損傷が先行すると判断される。

（2） 破壊形態の判定

ここでは、終局水平耐力とせん断耐力の算出を行い破壊形態の判定を行う。

(a) 終局水平耐力 P_u

① コンクリートの応力-ひずみ曲線

コンクリートの応力-ひずみ曲線の算出は、参考文献[2]に従い、H14 道示Ⅴ編 10.4 における算出式を用いる。計算例は、橋軸方向の計算過程を示す。

横拘束鉄筋の断面積 A_h は、既設橋脚の帯鉄筋（SD295）、巻立て部の帯鉄筋（SD345）を考慮する。ただし、横拘束鉄筋の断面積 A_h は、帯鉄筋の換算断面積 A_{h1} と、中間貫通 PC 鋼棒の換算断面積 A_{h2} のうち小さい方の値を用いる。帯鉄筋の横拘束筋としての換算断面積は以下の式により求める。帯鉄筋の配置間隔は中間貫通 PC 鋼棒の配置間隔に、帯鉄筋の降伏点は既設橋脚の鉄筋の降伏点に、各々合わせて換算を行う。

・帯鉄筋の換算断面積

$$A_{h1} = (A_{hs1} \cdot \sigma_{sy1} \cdot s/s_1 + A_{hs2} \cdot \sigma_{sy2} \cdot s/s_2)/\sigma_y$$
$$= (774.2 \times 295 \times 300/300 + 387.1 \times 345 \times 300/150)/295 = 1\,679.6 \text{ mm}^2$$

・中間貫通 PC 鋼棒の換算断面積

$$A_{h2} = (A_p \cdot \sigma_p \cdot 2/3)/\sigma_y = (789.3 \times 930 \times 2/3)/295 = 1\,658.9 \text{ mm}^2$$

ここに、A_h：横拘束鉄筋の断面積（mm^2）

　　　　A_{hs1}：既設橋脚の横拘束鉄筋断面積（mm^2）

　　　　　　　塑性ヒンジ発生個所である橋脚基部は帯鉄筋が D22×2 段配筋であるため、2 本を横拘束筋と見なす。A_{hs1} = 387.1×2 = 774.2 mm^2

　　　　A_{hs2}：鉄筋コンクリート巻立て部の横拘束鉄筋断面積（mm^2）

　　　　　　　ポリマーセメントモルタル巻立て部は帯鉄筋が D22×1 段配筋であるため、1 本を横拘束筋と見なす。A_{hs2} = 387.1 mm^2

　　　　A_p：中間貫通 PC 鋼棒の断面積（mm^2）

　　　　　　　ϕ 32 mm 鋼棒（丸棒 B 種 1 号、SBPR930/1 080）、使用する断面積は鋼棒定着部のネジ切りによる有効径 31.701 mm を考慮している。

　　　　　　　$A_p = \pi \times 31.701^2/4 = 789.3 \text{ mm}^2$

　　　　σ_{sy1}：既設橋脚の横拘束鉄筋の降伏点（N/mm^2）。σ_{sy1} = 295 N/mm^2

σ_{sy2}：鉄筋コンクリート（ポリマーセメントモルタル）巻立て部の横拘束鉄筋の降伏点（N/mm²）。$\sigma_{sy2} = 345 \text{ N/mm}^2$

σ_y：コンクリートの応力度-ひずみ曲線に使用する鋼材の降伏点（N/mm²）既設橋脚の鉄筋の降伏点に合わせるため、$\sigma_y = 295 \text{ N/mm}^2$

σ_p：中間貫通 PC 鋼棒の降伏点（N/mm²）
0.2％の永久ひずみを生じる応力を耐力と呼び、降伏点の代用として用いる。$\sigma_p = 930 \text{ N/mm}^2$。なお、中間貫通 PC 鋼棒は、降伏点の 2/3 に低減させて拘束効果を評価する[2]。

s：中間貫通 PC 鋼棒の高さ方向の配置間隔（mm）。$s = 300$ mm

s_1：既設橋脚の横拘束鉄筋の高さ方向の配置間隔（mm）。$s_1 = 300$ mm

s_2：鉄筋コンクリート（ポリマーセメントモルタル）巻立て部の横拘束鉄筋の高さ方向の配置間隔（mm）。$s_2 = 150$ mm

したがって、横拘束鉄筋の断面積 A_h は、1 658.9 mm² とする。

横拘束鉄筋の体積比 ρ_s は以下となる。なお、横拘束鉄筋の有効長 d は、中間貫通 PC 鋼棒の水平方向間隔とする。

$$\rho_s = \frac{4A_h}{sd} = \frac{4 \times 1\,658.9}{300 \times 1\,875} = 0.01180 \leq 0.018$$

・既設部

$$\sigma_{cc} = \sigma_{ck} + 3.8\alpha\rho_s\sigma_{sy} = 21 + 3.8 \times 0.2 \times 0.01180 \times 295 = 23.65 \quad (\text{N/mm}^2)$$

$$\varepsilon_{cc} = 0.002 + 0.033\beta\frac{\rho_s\sigma_{sy}}{\sigma_{ck}} = 0.002 + 0.033 \times 0.4 \times \frac{0.01180 \times 295}{21} = 0.00419$$

$$E_{des} = 11.2\frac{\sigma_{ck}^2}{\rho_s\sigma_{sy}} = 11.2\frac{21^2}{0.01180 \times 295} = 1\,418.9 \quad (\text{N/mm}^2)$$

$$\varepsilon_{cu} = \varepsilon_{cc} = 0.00419 \text{（タイプⅠ地震動）}$$

$$\varepsilon_{cu} = \varepsilon_{cc} + \frac{0.2\sigma_{cc}}{E_{des}} = 0.00419 + \frac{0.2 \times 23.65}{1\,418.9} = 0.00752 \text{（タイプⅡ地震動）}$$

$$n = \frac{E_c\varepsilon_{cc}}{E_c\varepsilon_{cc} - \sigma_{cc}} = \frac{23\,500 \times 0.00419}{23\,500 \times 0.00419 - 23.65} = 1.316$$

・補強部

$$\sigma_{cc} = \sigma_{ck} + 3.8\alpha\rho_s\sigma_{sy} = 24 + 3.8 \times 0.2 \times 0.01180 \times 295 = 26.65 \quad (\text{N/mm}^2)$$

$$\varepsilon_{cc} = 0.002 + 0.033\beta\frac{\rho_s\sigma_{sy}}{\sigma_{ck}} = 0.002 + 0.033 \times 0.4 \times \frac{0.01180 \times 295}{24} = 0.00391$$

$$E_{des} = 11.2\frac{\sigma_{ck}^2}{\rho_s\sigma_{sy}} = 11.2\frac{24^2}{0.01180 \times 295} = 1\,853.3 \quad (\text{N/mm}^2)$$

$$\varepsilon_{cu} = \varepsilon_{cc} = 0.00391 \text{（タイプⅠ地震動）}$$

$$\varepsilon_{cu} = \varepsilon_{cc} + \frac{0.2\sigma_{cc}}{E_{des}} = 0.00391 + \frac{0.2 \times 26.65}{1853.3} = 0.00679 \text{（タイプⅡ地震動）}$$

$$n = \frac{E_c\varepsilon_{cc}}{E_c\varepsilon_{cc} - \sigma_{cc}} = \frac{25\,000 \times 0.00391}{25\,000 \times 0.00391 - 26.65} = 1.375$$

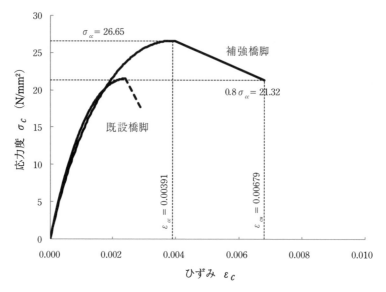

図3.1.17　コンクリートの応力ひずみ曲線（橋軸方向）

② 慣性力作用位置における水平力−水平変位の関係

橋脚基部における曲げモーメント M−曲率 Φ の関係および塑性ヒンジ長 L_p の算出過程を以下に示す。算出式は H14 道示Ⅴ編 10.3 に従い、計算例は橋軸方向タイプⅡ地震動を示す。

ひび割れ時：　$M_c = 9\,160\ \text{kN·m}$、$\Phi_c = 9.386 \times 10^{-5}\,1/\text{m}$
初降伏時：　　$M_{y0} = 42\,743\ \text{kN·m}$、$\Phi_{y0} = 1.222 \times 10^{-3}\,1/\text{m}$
降伏時：　　　$M_y = 55\,149\ \text{kN·m}$、$\Phi_y = 1.577 \times 10^{-3}\,1/\text{m}$
終局時：　　　$M_u = 55\,149\ \text{kN·m}$、$\Phi_u = 2.401 \times 10^{-2}\,1/\text{m}$

塑性ヒンジ長は、以下により算出する。

$$L_p = C_{Lp}(0.2h - 0.1D) = 0.8(0.2 \times 10.000 - 0.1 \times 2.080) = 1.434\ \text{m}$$
$$\leq C_{Lp}(0.5D) = 0.8(0.5 \times 2.080) = 0.832\ \text{m}$$

よって、$L_p = 0.832\ \text{m}$

ここに、D：補強部断面高さ（m）。$D = 0.040 + 2.000 + 0.040 = 2.080\ \text{m}$

橋脚の上部工慣性力作用位置における水平力 P−水平変位 δ の関係は以下となる。

ひび割れ時：　$P_c = 916\ \text{kN}$
初降伏時：　　$P_{y0} = 4\,274\ \text{kN}$、$\delta_{y0} = 0.0376\ \text{m}$
降伏時：　　　$P_y = 5\,515\ \text{kN}$、$\delta_y = 0.0485\ \text{m}$
終局時：　　　$P_u = 5\,515\ \text{kN}$、$\delta_u = 0.2274\ \text{m}$

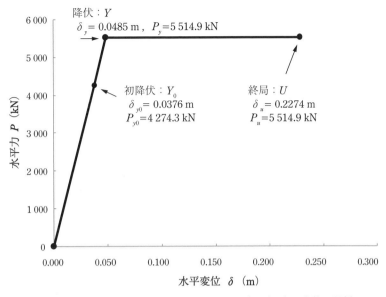

図 3.1.18　上部工の慣性力作用位置における水平力–水平変位の関係

(b)　せん断耐力 P_s

せん断耐力の算出過程を以下に示す。算出式は H14 道示 V 編 10.5 に従い、計算例は橋軸方向タイプⅡ地震動を示す。

① コンクリートが負担するせん断耐力 S_c

$$S_c = c_c \cdot c_e \cdot c_{pt}(\tau_{c0} \cdot b_0 + \tau_{c1} \cdot b_1)d$$
$$= 0.8 \times 0.866 \times 1.500 \times (0.33 \times 4\,571 + 0.35 \times 62.83) \times 1\,893.8 \times 0.001 = 3\,012 \text{ kN}$$

ここに、τ_{c0}：既設部平均せん断応力度（N/mm²）（$\sigma_{ck} = 21$ N/mm²）

τ_{c1}：補強部平均せん断応力度（N/mm²）（$\sigma_{ck} = 24$ N/mm²）

b_0：既設部断面の幅（mm）

b_1：補強部断面の幅（mm）

② 帯鉄筋が負担するせん断耐力 S_s

$$S_s = \frac{A_W \sigma_{sy} d(\sin\theta + \cos\theta)}{1.15 a} = \frac{3\,929.4 \times 295 \times 1\,893.8 \times 1.0}{1.15 \times 300} \times 0.001 - 6\,363 \text{ kN}$$

ここに、A_w：帯鉄筋の総断面積（mm²）

$$A_w = A_{w0} + A_{w1} \times (a_0/a_1) \times (\sigma_{sy1}/\sigma_{sy0})$$
$$= 2\,118.6 + 774.2 \times (300/150) \times (345/295) = 3\,929.4 \text{ mm}^2$$

A_{w0}：既設部のせん断補強鉄筋の総面積（mm²）

$D13 \times 4.5$ 本 $+ D22 \times 4$ 本 $= 2\,118.6$ mm²

A_{w1}：補強部のせん断補強鉄筋の総面積（mm²）

$D22 \times 2$ 本 $= 774.2$ mm²

a_0：既設部のせん断補強鉄筋の間隔（mm）　$a_0 = 300$ mm

a_1：補強部のせん断補強鉄筋の間隔（mm） $a_1 = 150$ mm
σ_{sy0}：既設部のせん断補強鉄筋の降伏点（N/mm²） $\sigma_{sy0} = 295$ N/mm²
σ_{sy1}：補強部のせん断補強鉄筋の降伏点（N/mm²） $\sigma_{sy1} = 345$ N/mm²
θ：せん断補強鉄筋と鉛直軸とのなす角（°） $\theta = 90°$
a：せん断補強鉄筋の間隔（mm） $a = 300$ mm

③ せん断耐力 P_s

$$P_s = S_c + S_s = 3\,012 + 6\,363 = 9\,375 \text{ kN}$$

(c) 破壊形態の判定

H14 道示Ⅴ編 10.2 に従い、破壊形態は下式により判定する。

$P_u \leqq P_s$ ：曲げ破壊型

$P_u > P_s$ ：せん断破壊型

対象橋脚は、橋軸方向・橋軸直角方向ともに $P_u \leqq P_s$ であり、曲げ破壊型となる。表 3.1.12、表 3.1.13 に、判定結果を示す。

表 3.1.12 破壊形態の判定（橋軸方向）

橋軸方向		対象橋脚	
		タイプⅠ	タイプⅡ
終局水平耐力	P_u	5 497 (kN)	5 515 (kN)
せん断耐力	P_s	8 622 (kN)	9 375 (kN)
破壊形態		$P_u \leqq P_s$	$P_u \leqq P_s$
		曲げ破壊型	曲げ破壊型

表 3.1.13 破壊形態の判定（橋軸直角方向）

橋軸方向		対象橋脚	
		タイプⅠ	タイプⅡ
終局水平耐力	P_u	10 345 (kN)	10 479 (kN)
せん断耐力	P_s	12 940 (kN)	14 113 (kN)
破壊形態		$P_u \leqq P_s$	$P_u \leqq P_s$
		曲げ破壊型	曲げ破壊型

(3) 必要条件の算出

(a) 許容塑性率 μ_a

H14 道示Ⅴ編 10.2 に従い、鉄筋コンクリート橋脚の許容塑性率 μ_a は、破壊形態に応じて以下により算出する。計算例は、橋軸方向タイプⅡ地震動を示す。

① 曲げ破壊型

$$\mu_\alpha = 1 + \frac{\delta_u - \delta_y}{\alpha \cdot \delta_y} = 1 + \frac{0.2274 - 0.0485}{1.5 \times 0.0485} = 3.459$$

② せん断破壊型
$$\mu_a = 1.0$$
ここに、δ_y：鉄筋コンクリート橋脚の降伏変位（m）
δ_u：鉄筋コンクリート橋脚の終局変位（m）
α：安全係数 1.5

参考文献[1]より、載荷の繰り返しの影響が顕著でないことが明らかになったため、タイプ I の許容塑性率を求める場合にもタイプ II の値を使用する（H14 道示 V 編表-10.2.1）。

(b) 設計水平震度 k_{hc}

H24 道示 V 編 6.4.3 に従い、計算を行う。
$$k_{hc} = c_s \cdot c_{IIz} \cdot k_{hc0} = 0.41 \times 1.0 \times 1.75 = 0.72$$
ここに、c_s：構造物特性補正係数で、次式により求める。

$$c_s = \frac{1}{\sqrt{2\mu_a - 1}} = \frac{1}{\sqrt{2 \times 3.459 - 1}} = 0.41$$

c_{IIz}：地域別補正係数 1.0
k_{hc0}：設計水平震度の標準値 1.75（II 種地盤、$0.4 \leq T \leq 1.2$）

ただし、$c_{IIz} \cdot k_{hc0}$ が 0.6 を下回る場合、$k_{hc} = 0.6 \cdot c_s$ とする。
また、$0.4 \cdot c_{IIz}$ を下回る場合、$k_{hc} = 0.4 \cdot c_{IIz}$ とする。
許容塑性率の算出結果を以下に示す。

表 3.1.14 許容塑性率および設計水平震度（橋軸方向）

橋軸方向		対象橋脚	
		タイプ I	タイプ II
許容塑性率	μ_a	3.459	3.459
設計水平震度	k_{hc}	0.53	0.72

表 3.1.15 許容塑性率および設計水平震度（橋軸直角方向）

橋軸直角方向		対象橋脚	
		タイプ I	タイプ II
許容塑性率	μ_a	2.830	2.830
設計水平震度	k_{hc}	0.60	0.81

(4) 地震時保有水平耐力の照査

H14 道示 V 編 10.2 に従い安全性の判定を行う。計算例は、橋軸方向タイプ II 地震動を示す。

① 地震時保有水平耐力法に用いる重量 W
$$W = W_U + c_P \cdot W_P = 5\,800 + 0.5 \times 2\,689 = 7\,145 \text{ kN}$$

ここに、c_P：等価重量算出係数（0.5：曲げ破壊型）
W_P：補強巻立て厚を含む橋脚の重量（kN） $W_P = 2\,689$ kN

② 地震時保有水平耐力 P_a

曲げ破壊型のため $P_a = P_u$ となる。

$P_a = P_u = 5\,515$ kN

③ 地震時保有水平耐力の照査

$P_a = 5\,515 < k_{hc} \cdot W = 0.72 \times 7\,145 = 5\,144$ kN （OK）

表3.1.16 地震時保有水平耐力の照査（橋軸方向）

橋軸方向		対象橋脚	
		タイプⅠ	タイプⅡ
等価重量	W	7 145 (kN)	7 145 (kN)
設計水平震度	k_{hc}	0.53	0.72
慣性力	$k_{hc} \cdot W$	3 787 (kN)	5 144 (kN)
地震時保有水平耐力	P_a	5 497 (kN)	5 515 (kN)
照査結果		＊＊ OK ＊＊	＊＊ OK ＊＊

表3.1.17 地震時保有水平耐力の照査（橋軸直角方向）

橋軸方向		対象橋脚	
		タイプⅠ	タイプⅡ
等価重量	W	4 245 (kN)	4 245 (kN)
設計水平震度	k_{hc}	0.60	0.81
慣性力	$k_{hc} \cdot W$	2 547 (kN)	3 438 (kN)
地震時保有水平耐力	P_a	10 345 (kN)	10 479 (kN)
照査結果		＊＊ OK ＊＊	＊＊ OK ＊＊

（5） 残留変位の照査

H14道示Ⅴ編 6.4.6に従い残留変位の照査を行う。計算例は、橋軸方向タイプⅡ地震動を示す。

① 応答塑性率 μ_r

$$\mu_r = \frac{1}{2}\left\{\left(\frac{c_{IIz} k_{hc0} W}{P_a}\right)^2 + 1\right\} = \frac{1}{2}\left\{\left(\frac{1.0 \times 1.75 \times 7\,145}{5\,515}\right)^2 + 1\right\} = 3.07$$

② 残留変位の照査

$\delta_R = c_R(\mu_r - 1)(1 - r)\delta_y = 0.6 \times (3.07 - 1) \times (1 - 0.0) \times 48.5$
$\quad = 60.2$ mm $\leq \delta_{Ra} = h/100 = 10\,000/100 = 100.0$ mm （OK）

表 3.1.18　残留変位の照査（橋軸方向）

橋軸方向		対象橋脚	
		タイプ I	タイプ II
許容残留変位	δ_{Ra}	100.0　(mm)	100.0　(mm)
残留変位	δ_R	27.0　(mm)	60.2　(mm)
照査結果		＊＊　OK　＊＊	＊＊　OK　＊＊

表 3.1.19　残留変位の照査（橋軸直角方向）

橋軸直角方向		対象橋脚	
		タイプ I	タイプ II
許容残留変位	δ_{Ra}	121.0　(mm)	121.0　(mm)
残留変位	δ_R	0.0　(mm)	0.0　(mm)
照査結果		＊＊　OK　＊＊	＊＊　OK　＊＊

（6）　総括

対象橋脚について、補強主鉄筋埋設方式ポリマーセメントモルタル巻立て工法により耐震補強を行うことにより、次の結果が得られる。

① 地震時保有水平耐力が増加し、地震水平力（$k_{hc} \cdot W$）より大きな値となる。

② 残留変位量が減少し、許容残留変位値より小さくなる。

上記より、橋軸方向および橋軸直角方向について、タイプ I およびタイプ II の地震動に対して、橋軸方向および橋軸直角方向ともに安全性が確保されると判断できる。

参考文献

1) 国総研資料 第 700 号、土研資料 第 4244 号：既設橋の耐震補強設計に関する技術資料、平成 24 年 11 月
2) 日本道路協会：既設道路橋の耐震補強に関する参考資料、平成 9 年 8 月
3) AT 工法研究会：補強鉄筋埋設方式 PCM 巻立て橋脚 AT-P 工法（新仕様）設計・施工指針、平成 24 年 9 月

3.2 高耐力マイクロパイル工法による杭基礎の耐震補強

3.2.1 構造諸元
（1） 橋梁形式
　　　　上部工：プレテンション方式 PC 床版橋
　　　　下部工：逆 T 式橋台
　　　　基礎工：鋼管杭
　　　　支承条件：固定
（2） 支　間　長：19.0m
（3） 幅　　　員：全幅員 10.0m
（4） 斜　　　角：90°
（5） 橋　　　格：一等橋（活荷重 TL-20）
（6） 建設年：昭和 50 年代

3.2 高耐力マイクロパイル工法による杭基礎の耐震補強　　157

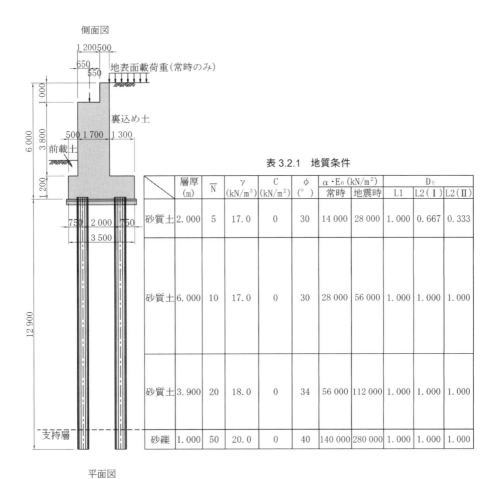

表 3.2.1　地質条件

	層厚 (m)	$\overline{N}$	γ (kN/m³)	C (kN/m²)	ϕ (°)	$\alpha \cdot E_0$ (kN/m²)		D_E		
						常時	地震時	L1	L2(Ⅰ)	L2(Ⅱ)
砂質土	2.000	5	17.0	0	30	14 000	28 000	1.000	0.667	0.333
砂質土	6.000	10	17.0	0	30	28 000	56 000	1.000	1.000	1.000
砂質土	3.900	20	18.0	0	34	56 000	112 000	1.000	1.000	1.000
砂礫	1.000	50	20.0	0	40	140 000	280 000	1.000	1.000	1.000

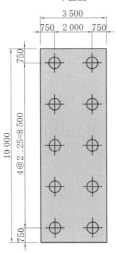

〈既設杭〉
杭種：鋼管杭
杭径：φ600
板厚：9mm
材質：SKK400
杭長：12.90m
腐食代：1mm(外側)
施工方法：中掘り杭工法
先端処理方法：セメントミルク噴出攪拌方式

図 3.2.1　概要図（補強前）

3.2.2 補強理由

既設橋台基礎の補強が必要な理由として、例えば以下に示すような条件の既設基礎では、耐震安全性を満足せず、補強が必要となる場合がある。

① 設計当時の技術基準類の規定は満足しているが、H24道路橋示方書・同解説の規定を満たしていないもの。特に、当初設計において液状化の影響を考慮していないものは、この可能性がある。

② 上部構造の拡幅などなんらかの変更により、基礎が支持する荷重が増加したもの。

本設計例では、H24道路橋示方書・同解説に準拠した照査において必要な耐震性能を満足しないと判定された既設橋台についての補強計算例を示す。

また、本例では既設橋梁基礎補強の適用事例が豊富で桁下空間での標準施工が可能な高耐力マイクロパイルによる増杭補強事例を示す。

3.2.3 設計手順

橋台基礎の標準的な設計計算フローを図3.2.2に示す。本計算例は高耐力マイクロパイル工法設計・施工マニュアル[1]を参考に行うものとし、常時・暴風時およびレベル1地震動については、部材に生じる応力度や変位が許容応力度や許容変位量以下であるかどうかを照査する。レベル1地震動に対しては、従来から用いられている震度法により耐震性能を照査する。また、レベル2地震動については、部材の塑性域での変形性能や耐力を考慮して耐震性能を照査する。橋台基礎におけるレベル2地震動に対する照査は、通常、液状化が生じると判定される地盤にある橋台基礎において行うものとしている。

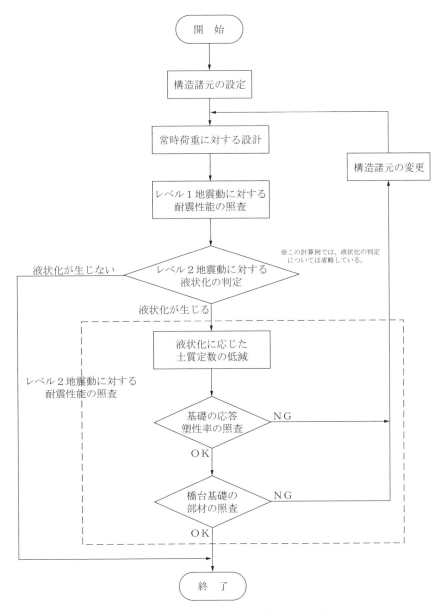

図 3.2.2 地震時保有水平耐力法による橋台基礎の照査フロー

3.2.4 既設橋台基礎の耐震照査
（1） 設計条件
① 上部工反力：死荷重 R_d = 1 500 kN、活荷重 R_L = 750 kN
② 設計水平震度（レベル 1 地震動時）：躯体 = 0.25、土砂 = 0.20
③ 地域区分：A1
④ 地盤種別：Ⅱ種

⑤　裏込め土：単位体積重量＝20.0 kN/m³、内部摩擦角＝35°
⑥　前載土：単位体積重量＝18.0 kN/m³
⑦　表面載荷重（常時のみ）：q＝10.0 kN/m²

（2）　常時およびレベル1地震動時の作用力

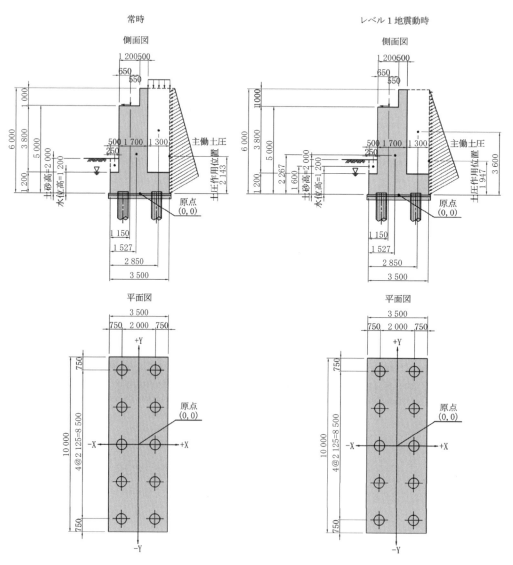

図 3.2.3　荷重モデル図（常時・レベル1地震動時）

表3.2.2 フーチング前面での作用力集計：常時

項　目	鉛直力 V_0 (kN)	水平力 H_0 (kN)	アーム長		回転モーメント (kN·m)	
			X (m)	Y (m)	$M_x = V \cdot X$	$M_y = H \cdot Y$
躯体自重	2 734.200	0.000	1.527	0.000	4 176.270	0.000
前面土砂	72.000	0.000	0.250	0.000	18.000	0.000
背面土砂	1 248.000	0.000	2.850	0.000	3 556.800	0.000
上部工反力	2 250.000	0.000	1.150	5.000	2 587.500	0.000
載荷荷重	130.000	0.000	2.850	6.000	370.500	0.000
土圧	601.578	859.142	3.500	2.143	2 105.522	1 841.018
合計	7 035.778	859.142	——	——	12 814.592	1 841.018

注）土圧はクーロン土圧とし、詳細な算出については紙面の都合上割愛する。

表3.2.3 フーチング前面での作用力集計：レベル1地震動時（浮力あり）

項　目	鉛直力 V_0 (kN)	水平力 H_0 (kN)	アーム長		回転モーメント (kN·m)	
			X (m)	Y (m)	$M_x = V \cdot X$	$M_y = H \cdot Y$
躯体自重	2 734.200	683.550	1.527	2.267	4 176.270	1 549.380
前面土砂	72.000	14.400	0.250	1.600	18.000	23.040
背面土砂	1 248.000	249.600	2.850	3.600	3 556.800	898.560
上部工反力	1 500.000	750.000	1.150	5.000	1 725.000	3 750.000
土圧	427.738	1 356.611	3.500	1.947	1 497.083	2 641.127
前面水圧	0.000	−72.000	0.000	0.400	0.000	−28.800
浮力	−420.000	0.000	1.750	0.000	−735.000	0.000
合計	5 561.938	2 982.161	——	——	10 238.153	8 833.307

注）土圧はクーロン土圧とし、詳細な算出については紙面の都合上割愛する。

表3.2.4 フーチング中心での作用力集計

方　向	荷重ケース名称	鉛直荷重 V (kN)	水平荷重 H (kN)	モーメント M (kN·m)
橋軸方向	常時	7 035.78	−859.14	−1 339.04
	レベル1地震動時	5 561.94	−2 982.16	−8 328.55

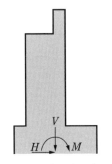

図3.2.4 作用力の向き

フーチング中心での作用力の集計

　　鉛直力：　$V = V_0$ (kN)

　　水平力：　$H = H_0$ (kN)

　　回転モーメント：　$M = V_0 \cdot B_j / 2 + (M_y - M_x)$ (kN·m)

ここに、フーチング橋軸方向幅 $B_j = 3.500$ (m)

（3） レベル2地震動時の作用力

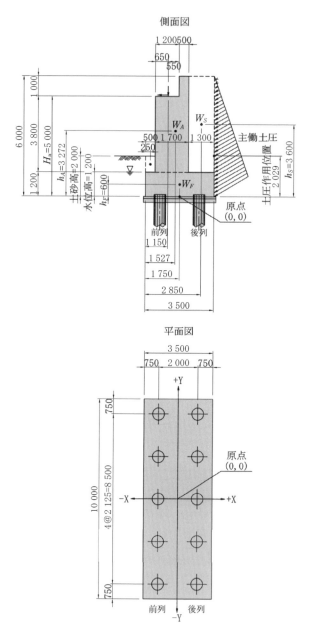

図3.2.5　荷重モデル図（レベル2地震動時）

許容塑性率：
　　$\mu_a = 3.0$（H24道路橋示方書・同解説V編 13.4 より）
橋台基礎の設計水平震度の補正係数：
　　$C_A = 1.0$（H24道路橋示方書・同解説V編 13.2 より）
上部工死荷重：　$R_D = 1\,500.00$（kN）

橋台躯体重量：
$$W_A = (0.500 \times 1.000 + 1.700 \times 3.800) \times 10.000 \times 24.5 (\mathrm{kN/m^3}) = 1\,705.20\,(\mathrm{kN})$$
フーチング下面から W_A 重心位置までの高さ：　$h_A = 3.272$（m）
フーチング重量：　$W_F = 1.200 \times 3.500 \times 10.000 \times 24.5(\mathrm{kN/m^3}) = 1\,029.00$（kN）
フーチング下面から W_F 重心位置までの高さ：　$h_F = 0.600$（m）
橋台背面土重量：　$W_s = 1.300 \times 4.800 \times 10.000 \times 20.0(\mathrm{kN/m^3}) = 1\,248.00$（kN）
フーチング下面から W_s 重心位置までの高さ：　$h_s = 3.600$（m）
前面土砂自重：　$0.800 \times 0.500 \times 10.000 \times 18.0(\mathrm{kN/m^3}) = 72.00$（kN）
フーチング下面から水位までの高さ：　1.200（m）
フーチング橋軸方向幅：　$B_j = 3.500$（m）
浮力：　$1.200 \times 3.500 \times 10.000 \times 10.0(\mathrm{kN/m^3}) = -420.00$（kN）

表 3.2.5　死荷重時（$k_h = 0.00$）作用力集計

項　目	鉛直力 V (kN)	水平力 H (kN)	アーム長		回転モーメント (kN·m)		
			X (m)	Y (m)	$M_x = V \cdot X$	$M_y = H \cdot Y$	$M_0 = M_y - M_x$
上部構造	1 500.000	0.000	1.150	5.000	1 725.000	0.000	-1 725.000
躯体自重	2 734.200	0.000	1.527	0.000	4 176.270	0.000	-4 176.270
前面土砂	72.000	0.000	0.250	0.000	18.000	0.000	-18.000
背面土砂	1 248.000	0.000	2.850	0.000	3 556.800	0.000	-3 556.800
土圧	233.872	741.748	3.500	2.029	818.552	1 505.249	686.697
浮力	-420.000	0.000	1.750	0.000	-735.000	0.000	735.000
合計 1	5 368.072	741.748	——	——	9 559.622	1 505.249	-8 054.373
合計 2	5 134.200	0.000	——	——	8 741.070	0.000	-8 741.070

注）　合計 1：土圧を含む時の合計
　　　合計 2：土圧を除く時の合計（土圧強度は含む）
　　　土圧は、修正物部・岡部法により算出するが、詳細な算出は紙面の都合上割愛する。

死荷重時にフーチング下面中心に作用する鉛直力（土圧を除く）：
$$V_D = 5\,134.20\,(\mathrm{kN})$$
死荷重時にフーチング下面中心に作用する水平力（土圧を除く）：
$$H_D = 0.00\,(\mathrm{kN})$$
死荷重時にフーチング下面中心に作用するモーメント（土圧を除く）：
$$M_D = V_D \cdot B_j/2 + M_0 = 5\,134.20 \times 3.500/2 - 8\,741.07 = 243.78\,(\mathrm{kN \cdot m})$$
地盤面における設計水平震度：
$$K_{hg}(= C_{2Z} \cdot k_{hgo}) = 1.2 \times 0.45 = 0.54 \quad (タイプ\,\mathrm{I})$$
$$= 1.0 \times 0.70 = 0.70 \quad (タイプ\,\mathrm{II})$$

橋台基礎の照査に用いる設計水平震度：
$$k_{hA}(C_A \cdot C_{sz} \cdot k_{hgo}) = 1.0 \times 1.2 \times 0.45 = 0.54 \quad (タイプⅠ)$$
$$= 1.0 \times 1.0 \times 0.70 = 0.70 \quad (タイプⅡ)$$

1橋台当りの上部構造水平力：
$$H_R = k_{hA} \times 2 \times R_D = 0.54 \times 2 \times 1\,500.00 = 1\,620.00 \quad (タイプⅠ)$$
$$= 0.70 \times 2 \times 1\,500.00 = 2\,100.00 \quad (タイプⅡ)$$

フーチング下面から上部構造慣性力作用位置までの高さ： $H_u = 5.000$ (m)

（4） 許容支持力の計算

1）軸方向許容押込み支持力の計算

$$R_a = \gamma / n \cdot R_u$$
$$R_u = qd \cdot Ap + U \cdot \Sigma (L_i \cdot f_i)$$

R_a：杭頭における杭の軸方向許容押込み支持力 (kN)

n ：安全率（常時：3、レベル1地震動時：2）

γ ：安全率の補正係数 = 1.0

　　安全率および安全率の補正係数は、H24道路橋示方書・同解説Ⅳ編12.4.1に準じる。

R_u：地盤から決まる杭の極限支持力 (kN)

qd：杭先端で支持する単位面積当りの極限支持力度 (kN/m²)
$$qd = 200 \cdot N \, (\leq 10\,000) \text{ 砂れき層}$$
$$= 200 \times 50.0 = 10\,000 \text{ (kN/m}^2\text{)}$$

Ap：杭先端面積 (m²)
$$Ap = \pi/4 \cdot D^2 = \pi/4 \times 0.600^2 = 0.28274 \text{ (m}^2\text{)}$$

U ：杭の周長 (m)
$$U = \pi \cdot D = \pi \times 0.600 = 1.885 \text{ (m)}$$

L_i：周面摩擦力を考慮する層の層厚 (m)

f_i ：周面摩擦力を考慮する層の最大周面摩擦力度 (kN/m²)

　　杭先端から上方に $1.0 \cdot D$ の範囲では周面摩擦力を考慮しない。

表3.2.6　最大周面摩擦力度の推定方法

	砂質土	粘性土
中掘り杭工法	$2N \, (\leq 100)$	$8N \, (\leq 100)$

※ N は各層の N 値を示す。
※ N 値が5未満となる軟弱層の最大周面摩擦力度は0とする。

表 3.2.7　周面摩擦力（常時）

層 No	土質	平均 N 値	粘着力 (kN/m²)	層厚 L_i(m)	f_i (kN/m²)	$L_i \cdot f_i$ (kN/m)
1	砂質	5.0	0.0	2.000	10.0	20.00
2	砂質	10.0	0.0	6.000	20.0	120.00
3	砂質	20.0	0.0	3.900	40.0	156.00
4	砂礫	50.0	0.0	0.400	100.0	40.00
計（押込み）				12.300		336.00
4	砂礫	50.0	0.0	0.600	100.0	60.00
計（引抜き）				12.900		396.00

表 3.2.8　周面摩擦力（レベル 1 地震動時）

層 No	土質	平均 N 値	粘着力 (kN/m²)	層厚 L_i(m)	f_i (kN/m²)	$L_i \cdot f_i$ (kN/m)
1	砂質	5.0	0.0	2.000	10.0	20.00
2	砂質	10.0	0.0	6.000	20.0	120.00
3	砂質	20.0	0.0	3.900	40.0	156.00
4	砂礫	50.0	0.0	0.400	100.0	40.00
計（押込み）				12.300		336.00
4	砂礫	50.0	0.0	0.600	100.0	60.00
計（引抜き）				12.900		396.00

地盤から決まる極限支持力（常時、レベル 1 地震動時）

$$R_u = qd \cdot Ap + U \cdot \Sigma (L_i \cdot f_i)$$
$$= 10\,000 \times 0.28274 + 1.885 \times 336.0 = 3\,461\ (kN)$$

許容支持力

　常時　　　　　　　　　$R_a = 1.0 / 3.0 \times 3\,461 = 1\,154\ (kN)$

　レベル 1 地震動時　$R_a = 1.0 / 2.0 \times 3\,461 = 1\,730\ (kN)$

2）軸方向許容引抜き抵抗力の計算

$$P_a = 1/n \cdot P_u$$
$$P_u = U \cdot \Sigma (L_i \cdot f_i)$$

　P_a：杭頭における杭の軸方向許容引抜き抵抗力 (kN)

　n：安全率（常時：6、レベル 1 地震動時：3）

　　　安全率は、H24 道路橋示方書・同解説Ⅳ編 12.4.2 に準じる。

　P_u：地盤から決まる杭の極限引抜き抵抗力 (kN)（常時、レベル 1 地震動時）

$$P_u = 1.885 \times 396.0 = 746\ (kN)$$

許容引抜力

　常時　　　　　　　　　$P_a = 1.0 / 6.0 \times 746 = 124\ (kN)$

レベル1地震動時　$P_a = 1.0/3.0 \times 746 = 249$ (kN)

3）計算結果一覧

表 3.2.9　許容支持力

許容支持力 (kN/本)	常時	1 154
	レベル1地震動時	1 730
許容引抜力 (kN/本)	常時	124
	レベル1地震動時	249

※ただし、常時は引抜きが生じない設計とするため以後の計算は、常時の許容引抜力は0として計算する。

（5）押込み支持力の上限値

1）地盤から決まる杭の極限支持力

$R_u = qd \cdot Ap + U \cdot \Sigma (L_i \cdot f_i \cdot DE_i)$

R_u：地盤から決まる杭の極限支持力 (kN)

qd：杭先端で支持する単位面積当りの極限支持力度 (kN/m²)

　　$qd = 200 \cdot N\ (\leqq 10\ 000)$　砂れき層
　　　　$= 200 \cdot 50.0 = 10\ 000$ (kN/m²)

Ap：杭先端面積 (m²)

　　$Ap = \pi/4 \cdot D^2 = \pi/4 \cdot 0.600^2 = 0.28274$ (m²)

U：杭の周長 (m)

　　$U = \pi \cdot D = \pi \cdot 0.600 = 1.885$ (m)

L_i：層厚 (m)

f_i：層の最大周面摩擦力度 (kN/m²)

　　杭先端から上方に $1.0 \cdot D$ の範囲では周面摩擦力を考慮しない。

DE_i：土質定数の低減係数

表 3.2.10　周面摩擦力（液状化考慮［タイプⅠ］）

層 No	土質	平均 N 値	粘着力 (kN/m²)	層厚 L_i(m)	f_i (kN/m²)	DE_i	$L_i \cdot f_i \cdot DE_i$ (kN)
1	砂質	5.0	0.0	2.000	10.0	0.667	13.34
2	砂質	10.0	0.0	6.000	20.0	1.000	120.00
3	砂質	20.0	0.0	3.900	40.0	1.000	156.00
4	砂礫	50.0	0.0	0.400	100.0	1.000	40.00
計(押込み)				12.300			329.34
4	砂礫	50.0	0.0	0.600	100.0	1.000	60.00
計(引抜き)				12.900			389.34

地盤から決まる極限支持力

$R_u = qd \cdot Ap + U \cdot \Sigma (L_i \cdot f_i \cdot DE_i)$

　　$= 10\ 000 \times 0.28274 + 1.885 \times 329.34 = 3\ 448$ (kN)

表 3.2.11 周面摩擦力（液状化考慮［タイプⅡ］）

層 No	土質	平均 N 値	粘着力 (kN/m²)	層厚 L_i (m)	f_i (kN/m²)	DE_i	$L_i \cdot f_i \cdot DE_i$ (kN)
1	砂質	5.0	0.0	2.000	10.0	0.333	6.66
2	砂質	10.0	0.0	6.000	20.0	1.000	120.00
3	砂質	20.0	0.0	3.900	40.0	1.000	156.00
4	砂礫	50.0	0.0	0.400	100.0	1.000	40.00
計（押込み）				12.300			322.66
4	砂礫	50.0	0.0	0.600	100.0	1.000	60.00
計（引抜き）				12.900			382.66

地盤から決まる極限支持力

$R_u = qd \cdot Ap + U \cdot \Sigma (L_i \cdot f_i \cdot DE_i)$
　　$= 10\,000 \times 0.28274 + 1.885 \times 322.66 = 3\,436\,(\mathrm{kN})$

2）杭体から決まる押込み支持力の上限値

$R_{pu} = \sigma_y \cdot A_s = 235.00 \times 10^3 \times 0.014828 = 3\,485\,(\mathrm{kN})$

　R_{pu}：杭体から決まる押込み支持力の上限値 (kN)

　σ_y：鋼管の降伏点 $= 235.00 \times 10^3\,(\mathrm{kN/m^2})$

　A_s：鋼管断面積 $= 0.014828\,(\mathrm{m^2})$

3）押込み支持力の上限値

$P_{Nu} = \min(R_u, R_{pu}) = 3\,448\,(\mathrm{kN})$　（液状化考慮：地震動タイプⅠ）
　　　$= \min(R_u, R_{pu}) = 3\,436\,(\mathrm{kN})$　（液状化考慮：地震動タイプⅡ）

（6）引抜き抵抗力の上限値

1）地盤から決まる杭の極限引抜き力

$P_u + W = U \cdot \Sigma (L_i \cdot f_i \cdot DE_i) + W$

　P_u：地盤から決まる杭の極限引抜き力 (kN)

　W：杭の有効重量 (kN)

　　$W = 0.0\,(\mathrm{kN})$（有効重量考慮しない）

　U：杭の周長 $= 1.885\,(\mathrm{m})$

　L_i：層厚 (m)

　f_i：層の最大周面摩擦力度 (kN/m²)

　DE_i：土質定数の低減係数

・液状化考慮［タイプⅠ］

$P_u + W = U \cdot \Sigma (L_i \cdot f_i \cdot DE_i) + W$
　　　$= 1.885 \times 389.34 + 0.0 = 734\,(\mathrm{kN})$　（水位無）
　　　$= 1.885 \times 389.34 + 0.0 = 734\,(\mathrm{kN})$　（水位有）

・液状化考慮 [タイプⅡ]

$$P_u + W = U \cdot \Sigma (L_i \cdot f_i \cdot DE_i) + W$$
$$= 1.885 \times 382.66 + 0.0 = 721 \text{ (kN)}（水位無）$$
$$= 1.885 \times 382.66 + 0.0 = 721 \text{ (kN)}（水位有）$$

2）杭体から決まる引抜き抵抗力の上限値

$$P_{pu} = \sigma_y \cdot A_s = 235.00 \times 10^3 \times 0.014828 = 3\,485 \text{ (kN)}$$

P_{pu}：杭体から決まる引抜き抵抗力の上限値 (kN)

σ_y：鋼管の降伏点 $= 235.00 \times 10^3$ (kN/m^2)

A_s：鋼管断面積 $= 0.014828$ (m^2)

3）引抜き抵抗力の上限値

$$P_{Tu} = \min(P_u + W, P_{pu}) = 734 \text{ (kN)}（タイプⅠ：水位無）$$
$$= \min(P_u + W, P_{pu}) = 734 \text{ (kN)}（タイプⅠ：水位有）$$
$$P_{Tu} = \min(P_u + W, P_{pu}) = 721 \text{ (kN)}（タイプⅡ：水位無）$$
$$= \min(P_u + W, P_{pu}) = 721 \text{ (kN)}（タイプⅡ：水位有）$$

（7） 許容変位

許容変位は、H24 道路橋示方書・同解説Ⅳ編 9.2 に準拠して、15 mm とする。

（8） 杭頭変位及び杭頭反力の計算

計算は、変位法により行うものとし、底版中心の変位は次の三元連立方程式を解いて求める。

$$A_{xx} \cdot \delta_x + A_{xy} \cdot \delta_y + A_{xa} \cdot \alpha = H_o$$
$$A_{yx} \cdot \delta_x + A_{yy} \cdot \delta_y + A_{ya} \cdot \alpha = V_o$$
$$A_{ax} \cdot \delta_x + A_{ay} \cdot \delta_y + A_{aa} \cdot \alpha = M_o$$

フーチング底面を水平とすれば各係数は次式で求められる。

$$A_{xx} = \Sigma (K_1 \cdot \cos^2\theta_i + K_v \cdot \sin^2\theta_i)$$
$$A_{xy} = A_{yx} = \Sigma (K_v - K_1) \cdot \sin\theta_i \cdot \cos\theta_i$$
$$A_{xa} = A_{ax} = \Sigma \{(K_v - K_1) \cdot x_i \cdot \sin\theta_i \cdot \cos\theta_i - K_2 \cdot \cos\theta_i\}$$
$$A_{yy} = \Sigma (K_v \cdot \cos^2\theta_i + K_1 \cdot \sin^2\theta_i)$$
$$A_{ya} = A_{ay} = \Sigma \{(K_v \cdot \cos^2\theta_i + K_1 \cdot \sin^2\theta_i) \cdot x_i + K_2 \cdot \sin\theta_i\}$$
$$A_{aa} = \Sigma \{(K_v \cdot \cos^2\theta_i + K_1 \cdot \sin^2\theta_i) \cdot x_i^2 + (K_2 + K_3) \cdot x_i \cdot \sin\theta_i + K_4\}$$

ここに、A_{xx}　　：水平方向ばね (kN/m)

$A_{xy} = A_{yx}$：鉛直と水平の連成ばね (kN/m)

$A_{xa} = A_{ax}$：水平と回転の連成ばね (kN/rad, kN·m/m)

A_{yy}　　：鉛直方向ばね (kN/m)

$A_{ya} = A_{ay}$：鉛直と回転の連成ばね (kN/rad, kN·m/m)

A_{aa} ：回転ばね (kN·m/rad)
V_o ：フーチング底面より上に作用する鉛直荷重 (kN)
H_o ：フーチング底面より上に作用する水平荷重 (kN)
M_o ：原点 0 まわりの外力のモーメント (kN·m)
K_v ：杭の軸方向ばね定数 (kN/m)
$K_1 \sim K_4$：杭の軸直角方向ばね定数 (kN/m, kN/rad, kN·m/m, kN·m/rad)
x_i ：i 番目の杭の杭頭の x 座標 (m)
θ_i ：i 番目の杭の杭軸が鉛直軸となす角度 (°)
δ_x ：原点 0 の水平変位 (m)
δ_y ：原点 0 の鉛直変位 (m)
α ：フーチングの回転角 (rad)

注）式中の i は i 番目の杭を示す。

以上の計算の結果求められたフーチング原点における変位 (δ_x, δ_z, α) より、各杭頭に作用する杭軸方向力 P_N、杭軸直角方向力 P_H、およびモーメント M_t は次の式により求められる。

$$P_{Ni} = K_v \cdot \delta_{yi}'$$
$$P_{Hi} = K_1 \cdot \delta_{xi}' - K_2 \cdot \alpha$$
$$M_{ti} = -K_3 \cdot \delta_{xi}' + K_4 \cdot \alpha$$

$$\delta_{xi}' = \delta_x \cdot \cos\theta_i + (\delta_y + \alpha_{xi}) \cdot \sin\theta_i$$
$$\delta_{yi}' = \delta_x \cdot \sin\theta_i + (\delta_y + \alpha_{xi}) \cdot \cos\theta_i$$

ここに、P_{Ni} ：i 番目の杭の杭軸方向力 (kN)
P_{Hi} ：i 番目の杭の杭軸直角方向力 (kN)
M_{ti} ：i 番目の杭の杭頭に作用する外力としてのモーメント (kN·m)
K_v ：杭の軸方向ばね定数 (kN/m)
$K_1 \sim K_4$：杭軸直角方向ばね定数 (kN/m, kN/rad, kN·m/m, kN·m/rad)
x_i ：i 番目の杭の杭頭の x 座標 (m)
θ_i ：i 番目の杭の杭軸が鉛直軸となす角度 (°)
δ_{xi}' ：i 番目の杭の杭頭の軸直角方向変位 (m)
δ_{yi}' ：i 番目の杭の杭頭の軸方向変位 (m)
α ：フーチングの回転角 (rad)

杭頭での鉛直反力 V_i、及び水平反力 H_i は、次式による。

$$V_i = P_{Ni} \cdot \cos\theta_i - P_{Hi} \cdot \sin\theta_i$$
$$H_i = P_{Ni} \cdot \sin\theta_i + P_{Hi} \cdot \cos\theta_i$$

注）式中の i は i 番目の杭を示す。

※杭頭に作用する水平力およびモーメントは、全ての杭が直杭であるため杭の位置（列）に関わらず一定となる。増し杭の場合は、既設杭と増し杭それぞれで一定となる。

（4） 常時およびレベル1地震動時の照査結果

常時およびレベル1地震動時に対して、①水平変位、②押込み・引抜き支持力、③各部材に生じる応力度が許容値以下であることを照査する。

表 3.2.12　照査結果（常時・レベル1地震動時）

照査方向		橋軸方向	
荷重ケース 略称		常時	レベル1 地震動時
原点作用力			
V	kN	7 035.8	5 561.9
H	kN	−859.1	−2 982.2
M	kN·m	−1 339.0	−8 328.5
原点変位（水平変位の照査）			
δx	mm	−4.82	−13.46
δz	mm	5.32	4.21
α	rad	−0.00139668	−0.00620104
δ_f, δ_a	mm	4.82 ≦ 15.00	13.46 ≦ 15.00
鉛直反力（押込み・引抜き支持力の照査）			
P_{Nmax}, R_a	kN	888.21 ≦ 1 154.00	1 375.92 ≦ 1 730.00
P_{Nmin}, P_a	kN	518.95 ≧ 0.00	−263.53 ≧ −249.00
水平反力			
P_H	kN	−85.91	−298.22
杭作用モーメント			
杭頭 M_t	kN·m	50.72	−13.13
地中部 M_m	kN·m	−82.13	−239.69
杭体応力度（部材応力度の照査）			
σ_c, σ_{ca}	N/mm²	−97.95 ≧ −140.00	−203.85 < −210.00
σ_t, σ_{ta}	N/mm²	3.05 ≦ 140.00	128.83 ≦ 210.00
τ, τ_a	N/mm²	5.794 ≦ 80.000	20.111 ≦ 120.00
判定		OK	NG

・常時

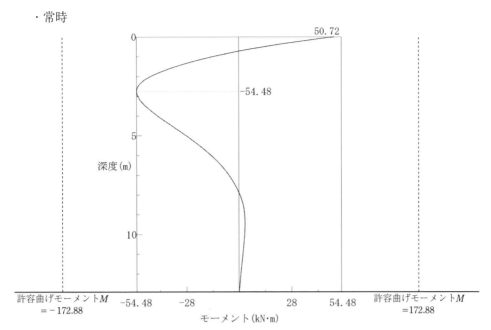

※許容曲げモーメントは、$N=888.21$（kN）の場合
（杭頭剛結）

図 3.2.6　曲げモーメント図

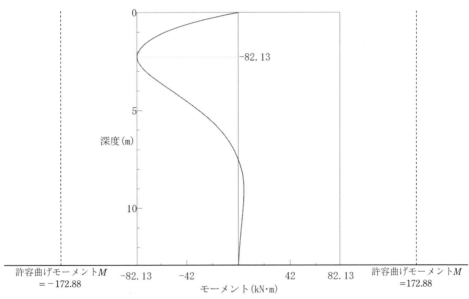

※許容曲げモーメントは、$N=888.21$（kN）の場合
（杭頭ヒンジ）

図 3.2.7　曲げモーメント図

許容曲げモーメント M は、$(\sigma_{ca,ta} - P_{Nmax} / A) / Y_s \times I$ にて算出しています。
$\sigma_{ca,ta}$：許容応力度 (N/mm^2)
P_{Nmax}：押込み力 (kN)
　A　：断面積 (mm^2)
　Y_s　：部材断面の図心より部材引張縁までの距離 (mm)
　I　：断面2次モーメント (mm^4)

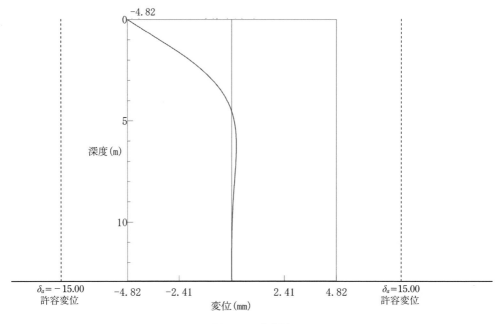

図 3.2.8　変位図

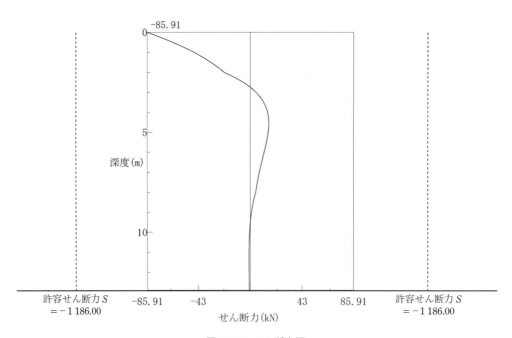

図 3.2.9　せん断力図

許容せん断力 S は、$\tau_a \times A$ にて算出しています。
τ_a：許容応力度 (N/mm^2)
A：断面積 (mm^2)

・レベル1地震動時

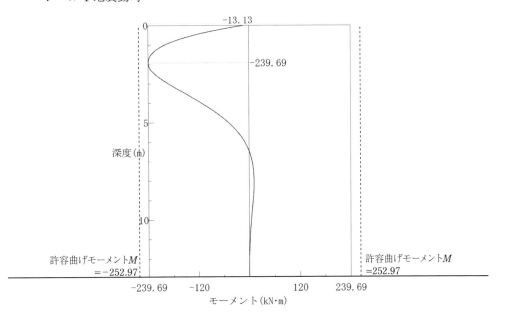

※許容曲げモーメントは、$N=1\,375.92$（kN）の場合
（杭頭剛結）

図 3.2.10　曲げモーメント図

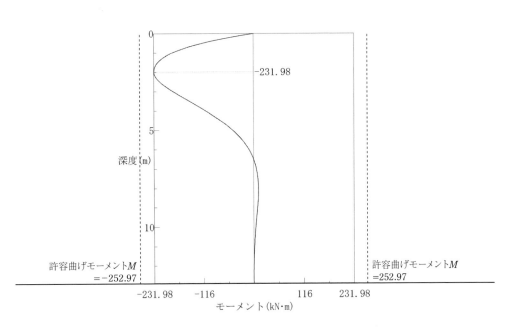

※許容曲げモーメントは、$N=1\,375.92$（kN）の場合
（杭頭ヒンジ）

図 3.2.11　曲げモーメント図

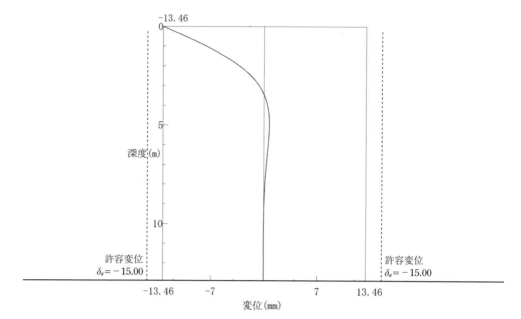

図 3.2.12　変位図

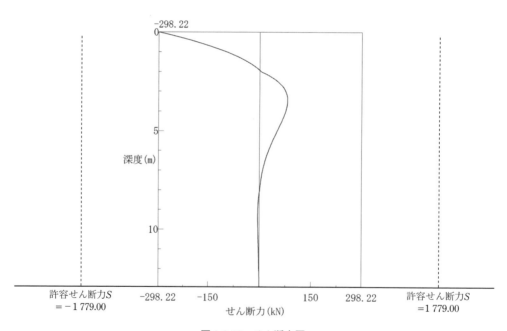

図 3.2.13　せん断力図

(10) レベル2地震動時の照査結果

レベル2地震動に対する照査における降伏は、H24道路橋示方書・同解説 Ⅳ編 12.10.2 に準じて、次のいずれかの状態に最初に達する時とする。

① 全ての杭において、杭体が塑性化する。($M > M_y$ となる。)
② 一列の杭頭反力が押込み支持力の上限値に達する。

表 3.2.13　照査結果（レベル2地震動時）

照査方向				橋軸方向			
地震動タイプ				タイプⅠ		タイプⅡ	
降伏時の震度 k_{hyA}				0.317（図3.2.15参照）		0.283（図3.2.18参照）	
降伏照査	最大曲げモーメント			計算値	M_y	計算値	M_y
		M 前列	kN·m	524.95	429.10	521.50	429.10
		M 後列	kN·m	442.31	429.10	435.46	429.10
	最大押込み力			計算値	上限値	計算値	上限値
		P	kN	1 862.13	3 448.00	1 843.30	3 436.00
	判　定			k_{hA} に達する前に杭体が塑性化するので応答塑性率照査に移行		k_{hA} に達する前に杭体が塑性化するので応答塑性率照査に移行	
塑性率照査	基礎の応答塑性率	μ	−	1.867	3.000	3.278	3.000
	基礎の応答変位	δ_{fr}	m	0.1969	−	0.3377	−
	判　定			OK		NG	

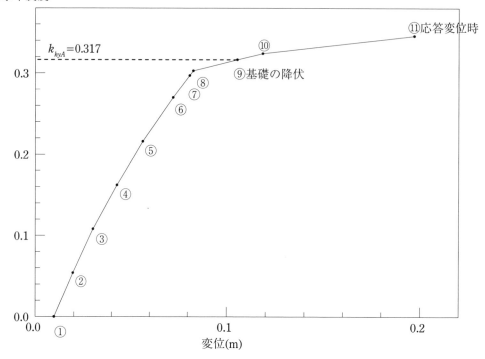

図 3.2.14 水平震度 - 変位（タイプⅠ）

表 3.2.14 震度と杭の状態（タイプⅠ）

図中番号	α_i	水平震度	水平力(kN)	上部構造慣性力作用位置の変位(m)	極限支持力 押込側杭列数	極限支持力 引抜側杭列数	杭本体状態 前列	杭本体状態 後列	備考
①	0.0000	0.000	741.7	0.0097	0/2	0/2	1	1	初期土圧変位
②	0.1000	0.054	1 266.3	0.0195	0/2	0/2	1	1	
③	0.2000	0.108	1 790.8	0.0303	0/2	0/2	1	1	
④	0.3000	0.162	2 315.3	0.0427	0/2	0/2	1	1	
⑤	0.4000	0.216	2 839.8	0.0565	0/2	0/2	1	1	
⑥	0.5000	0.270	3 364.3	0.0723	0/2	0/2	1	1	
⑦	0.5501	0.297	3 627.1	0.0810	0/2	0/2	3	1	
⑧	0.5607	0.302	3 682.8	0.0829	0/2	1/2	3	1	
⑨	0.5862	0.317	3 816.3	0.1055	0/2	1/2	3	3	基礎の降伏
⑩	0.6000	0.324	3 888.8	0.1184	0/2	1/2	3	3	
⑪	0.6400	0.346	4 098.7	0.1969	0/2	1/2	4	4	応答変位時

注） 極限支持力：全杭列中、極限支持力に達している杭列数を示す。
　　 杭本体状態：1（降伏前の状態）、3（降伏～終局）、4（塑性ヒンジ発生）

3.2 高耐力マイクロパイル工法による杭基礎の耐震補強   177

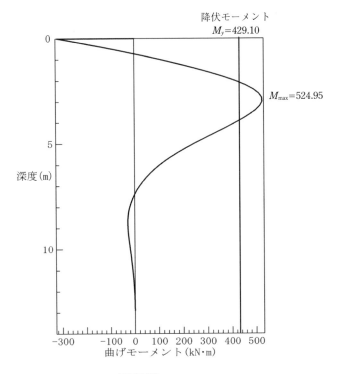

（前列杭）

図 3.2.15　曲げモーメント図（基礎の降伏時）

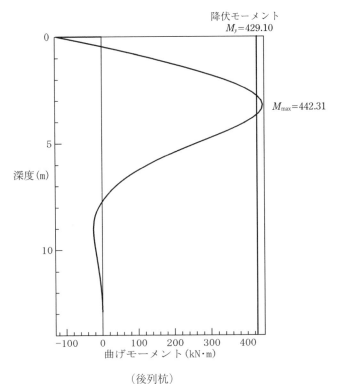

（後列杭）

図 3.2.16　曲げモーメント図（基礎の降伏時）

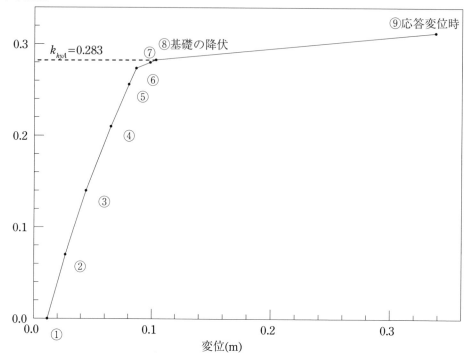

図 3.2.17 水平震度 - 変位（タイプⅡ）

表 3.2.15 震度と杭の状態（タイプⅡ）

図中番号	α_i	水平震度	水平力(kN)	上部構造慣性力作用位置の変位(m)	極限支持力 押込側杭列数	極限支持力 引抜側杭列数	杭本体状態 前列	杭本体状態 後列	備考
①	0.0000	0.000	741.7	0.0116	0/2	0/2	1	1	初期土圧変位
②	0.1000	0.070	1 421.7	0.0266	0/2	0/2	1	1	
③	0.2000	0.140	2 101.6	0.0442	0/2	0/2	1	1	
④	0.3000	0.210	2 781.5	0.0648	0/2	0/2	1	1	
⑤	0.3658	0.256	3 228.6	0.0803	0/2	0/2	3	1	
⑥	0.3911	0.274	3 401.1	0.0865	0/2	1/2	3	1	
⑦	0.4000	0.280	3 461.4	0.0982	0/2	1/2	3	1	
⑧	0.4039	0.283	3 487.8	0.1030	0/2	1/2	3	3	基礎の降伏
⑨	0.4467	0.313	3 779.3	0.3377	0/2	1/2	4	4	応答変位時

注）極限支持力：全杭列中、極限支持力に達している杭列数を示す。
　　杭本体状態：1（降伏前の状態）、3（降伏～終局）、4（塑性ヒンジ発生）

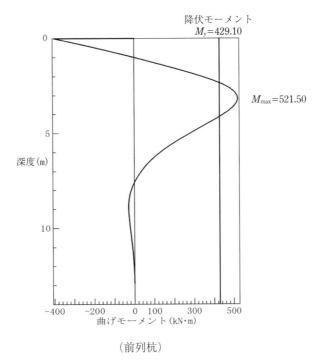

(前列杭)

図 3.2.18　曲げモーメント図（基礎の降伏時）

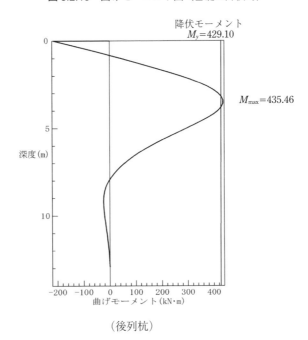

(後列杭)

図 3.2.19　曲げモーメント図（基礎の降伏時）

　既設橋台基礎照査の結果、レベル1地震動においては鉛直反力（引抜き力）が許容値を超過し（**表 3.2.12**）、レベル2地震動時においては基礎の設計水平震度以前に基礎が降伏し応答塑性率が許容値を超過する（**表 3.2.13**）ことから、増し杭補強を行う。

3.2.5 補強設計における設計概要

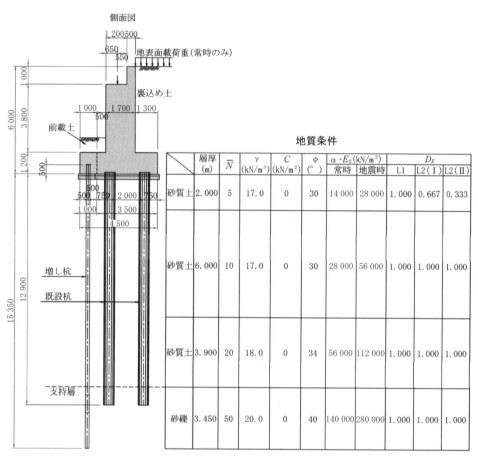

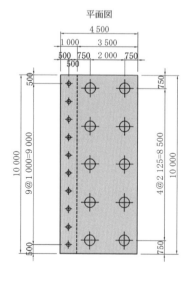

〈既設杭〉
杭種：鋼管杭
杭径：φ600
板厚：9mm
材質：SKK400
杭長：12.90m
腐食代：1mm（外側）
施工方法：中掘り杭工法
先端処理方法：セメントミルク噴出攪拌方式

〈増し杭〉
杭種：高耐力マイクロパイル工法
杭径：φ219.1
板厚：11.43mm
材質：API 5CT N80
杭長：15.85m（杭のフーチングへの根入れ含む）
非定着部長：12.35m
鋼管定着部長：1.00m
非鋼管定着部長：2.00m
腐食代：1mm（外側）
芯鉄筋：D51（SD490）
グラウト：$\sigma_{ck}=30N/mm^2$

図 3.2.20　概要図（補強後）

3.2.6 補強方法

高耐力マイクロパイル工法（High capacity Micro Piles：以下 HMP という）は、グラウンドアンカー工法で用いられている削孔技術やグラウトの加圧注入技術を取り入れ、異形棒鋼と高強度の鋼管を埋め込むことにより、小口径でも高耐力・高支持力を可能にした工法である。

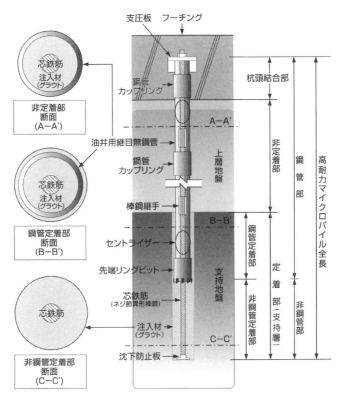

図 3.2.21　高耐力マイクロパイル工法の構造

（1）HMP の構造

① HMP は、杭頭結合部、非定着部、定着部（定着部は鋼管定着部および非鋼管定着部に分けられる）で構成される。

② HMP に作用する上部構造物から伝達された荷重は、杭体に埋め込んだ高強度の鋼管（油井用継目無鋼管）および芯鉄筋（異形棒鋼）により定着部に圧縮力および引張力として伝達され、さらにグラウト（セメントミルク）、地盤へと伝達される。

③ 定着部のグラウトは、加圧注入されて定着部と周辺地盤の摩擦強度が増強される。

（2）HMP の特徴

(a) 設計面

① 定着部グラウトを加圧注入することによって周囲地盤との摩擦強度が増加し、杭径に比して大きな支持力が期待でき、押込み支持力および引抜き支持力にも有効で

ある。
② 小口径であるため、フーチングの拡幅を小さくできる。
③ 高強度の鋼管を用いるため大きな曲げ耐力を確保できる。
④ 斜杭を用いることが可能である。

(b) 施工面
① 小型のボーリングマシンにより削孔するため、騒音や振動が少ない。
② 施工機械が小さいため、幅3m程度の狭隘な場所や高さ4m程度の上空制限のある場所での施工が可能である。
③ 軟弱地盤から砂礫地盤、玉石地盤、岩盤まであらゆる地盤での施工が可能である。
④ 杭径が300mm以下と小さいため、地中障害物や既設構造物に対して影響が小さい。
⑤ 材料および施工機械が小さく運搬が容易であるため、運搬経路の狭い場所での施工が可能である。

・HMPおよびSTMPの工法選定について（参考）

HMP、STMP（STMPとはSTマイクロパイルの略称である。概要については次節3.3を参照。）とも大きな曲げ耐力を確保できる、施工機械が小さい、軟弱地盤から硬質地盤まであらゆる地盤まで対応可能などどちらも似た特徴を有しているが、支持力に注目するとその算出方法の特徴から中間層が周面摩擦を考慮できないほど軟弱（$N \leq 5$）であり、支持層だけで大きな支持力が確保できる場合にはHMP工法が優位となる可能性がある。

本計算例ではHMPによる増し杭の例を示すが、支持力の考え方、杭径および板厚など工法により異なるため、経済性も含めた総合的判断により工法選定を行うのが望ましい。

3.2.7 増し杭の諸元

増し杭の諸元を表3.2.16に示す。
ここに示す数値は、HMP工法設計・施工マニュアル（参考文献[1]）に準じる。
また、着色部は本設計計算例にて使用するものを示す。

表3.2.16 鋼管外径・肉厚および削孔径（グラウト外径）

鋼　　管		削孔径（グラウト外径）(mm)
鋼管外径（mm）	鋼管肉厚（mm）	
177.8	10.36	195
177.8	12.65	195
219.1	11.43	235

表 3.2.17　鋼管の材質および物理定数

応力度の種類	単位	油井用継目無鋼管 API 5CT N-80
ヤング係数　E_s	N/mm^2	2.0×10^5
許容曲げ引張応力度　σ_{ta}	N/mm^2	310
許容曲げ圧縮応力度　σ_{ca}	N/mm^2	310
許容せん断応力度　τ_a	N/mm^2	175
降伏点　σ_y	N/mm^2	552
引張強さ　σ_t	N/mm^2	689

表 3.2.18　グラウトの設計基準強度およびヤング係数

	グラウト
設計基準強度（N/mm^2）	30
ヤング係数（N/mm^2）	2.0×10^4

表 3.2.19　芯鉄筋の降伏点

材質	SD490	SD390	SD345
降伏点（N/mm^2）	490	390	345

表 3.2.20　芯鉄筋の断面積

径	D51	D41	D38	D35
断面積（m^2）	0.0020270	0.0011400	0.0011400	0.0009566

表 3.2.21　最大周面摩擦力度 f_i

地盤の種類		グラウンド・アンカー設計施工基準 摩擦強度（N/mm^2）	最大周面摩擦力度（N/mm^2）
岩盤	硬岩	1.5～2.5	2.00
	軟岩	1.0～1.5	1.25
	風化岩	0.6～1.0	0.80
	土丹	0.6～1.2	0.90
砂礫 N値	10	0.10～0.20	0.15
	20	0.17～0.25	0.21
	30	0.25～0.35	0.30
	40	0.35～0.45	0.40
	50	0.45～0.70	0.57
砂 N値	10	0.10～0.14	0.12
	20	0.18～0.22	0.20
	30	0.23～0.27	0.25
	40	0.29～0.35	0.32
	50	0.30～0.40	0.35
粘性土		$1.0\,c$（c は粘着力）	$1.0\,c$（c は粘着力）

3.2.8 橋台基礎補強計算

（1） 杭長の設定

HMPの杭長は、図3.2.4に示すように杭のフーチングへの根入れ長、非定着部長、定着部長から構成される。

また、使用する鋼管の長さは0.500 m、1.000 m、1.500 m、2.000 mの組合せとし、杭頭結合用鋼管はϕ219.1用の最小長0.350 mの鋼管を使用することとする。

よって、本設計計算例での構成は下記のとおりとし、杭長＝15.850 mとして設定した。

・杭のフーチングへの根入れ長：0.500 m（標準値）
・非定着部長：12.350 m
・定着部長：3.000 m（定着部長の最小値。定着部長は、0.500 m毎で調整）

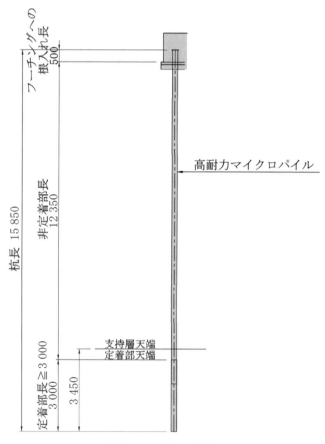

図3.2.22　杭長の設定

（2） 許容支持力の算出

HMPの許容支持力は、押込み支持力も引抜き支持力も定着部の周面摩擦のみで算出する。（HMP工法設計・施工マニュアル6.2より）

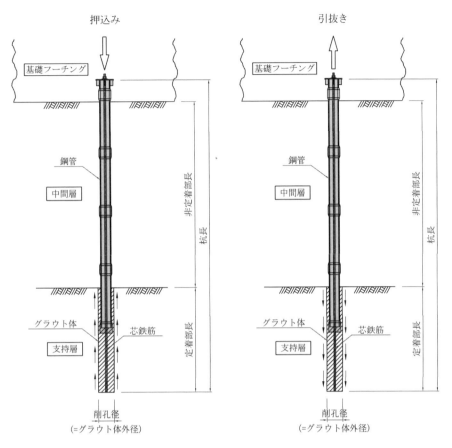

図 3.2.23 支持機構の概念図

(a) 軸方向許容押込み支持力

$$R_a = \gamma/n \cdot R_u$$
$$R_u = U \cdot \Sigma (L_i \cdot f_i)$$

ここで、R_a：HMP の杭頭における軸方向許容押込み支持力（kN）
  n：安全率（常時：3、レベル1地震動時：2）
  γ：安全率の補正係数 = 1.0
    安全率および安全率の補正係数は、H24 道路橋示方書・同解説 IV 編 12.4.1 に準じる
  R_u：地盤から決まる HMP の極限支持力（kN）
  U：定着部の周長（m）
    $U = \pi \cdot D = \pi \cdot 0.235 = 0.738$ (m)
  D：削孔径 = 0.235（m）
  L_i：周面摩擦力を考慮する層の層厚（m）
  f_i：周面摩擦力を考慮する層の最大周面摩擦力度（kN/m^2）

表 3.2.22　周面摩擦力

	土質	平均 N 値	粘着力 (kN/m²)	層厚 L_i (m)	f_i (kN/m²)	$L_i \cdot f_i$ (kN/m)
鋼管定着部	砂礫	50.0	0.0	1.000	570.0	570.00
非鋼管定着部	砂礫	50.0	0.0	2.000	570.0	1 140.00
定着部				3.000		1 710.00

・地盤から決まる極限支持力
　　常時　　　　　　　　　$R_u = U \cdot \Sigma\ (L_i \cdot f_i) = 0.738 \times 1\ 710.0 = 1\ 262$　(kN)
　　レベル1地震動時　　　$R_u = U \cdot \Sigma\ (L_i \cdot f_i) = 0.738 \times 1\ 710.0 = 1\ 262$　(kN)
・軸方向許容押込み支持力
　　常時　　　　　　　　　$R_a = \gamma/n \cdot R_u = 1.0/3 \times 1\ 262 = 421$　(kN)
　　レベル1地震動時　　　$R_a = \gamma/n \cdot R_u = 1.0/2 \times 1\ 262 = 631$　(kN)

(b)　**軸方向許容引抜き抵抗力**
　　　$P_a = \gamma/n \cdot P_u$
　　　$P_u = U \cdot \Sigma\ (L_i \cdot f_i)$
　ここで、P_a：HMPの杭頭における軸方向許容引抜き抵抗力 (kN)
　　　　n：安全率（常時：6、レベル1地震動時：3）
　　　　γ：安全率の補正係数 = 1.0
　　　　　（安全率は、H24道路橋示方書・同解説 Ⅳ編 12.4.2 に、安全率の補正係数は、H24道路橋示方書・同解説 Ⅳ編 12.4.1 に準じる）
・地盤から決まる杭の極限引抜き抵抗力 P_u
　　常時　　　　　　　　　$P_u = U \cdot \Sigma\ (L_i \cdot f_i) = 0.738 \times 1\ 710.0 = 1\ 262$　(kN)
　　レベル1地震動時　　　$P_u = U \cdot \Sigma\ (L_i \cdot f_i) = 0.738 \times 1\ 710.0 = 1\ 262$　(kN)
・軸方向許容引抜き抵抗力
　　常時　　　　　　　　　$P_a = \gamma/n \cdot R_u = 1.0/6 \times 1\ 262 = 210$　(kN)
　　レベル1地震動時　　　$P_a = \gamma/n \cdot R_u = 1.0/3 \times 1\ 262 = 421$　(kN)

(3)　**定着部の照査**
　極限支持力 R_u あるいは極限引抜き力 P_u に相当する軸方向力が作用した場合において、非鋼管定着部（定着部のうちの芯鉄筋とグラウトで構成される部分。図 3.2.21 参照）に生じる軸力が当該部位の耐力以下となることを照査する。

　　　$N_{cu} \geq C_u$
　　　$N_{Tu} \geq T_u$
　　　$N_{cu} = 0.85 \cdot \sigma_{ck} \cdot A_c + \sigma_{ry} \cdot A_r$
　　　$N_{Tu} = \sigma_{ry} \cdot A_r$
　　　$C_u = R_u - U \cdot \Sigma\ (L_i \cdot f_i)$
　　　$T_u = P_u - U \cdot \Sigma\ (L_i \cdot f_i)$

ここで、N_{cu}：非鋼管定着部の軸方向圧縮耐力（kN）
　　　　N_{Tu}：非鋼管定着部の軸方向引張耐力（kN）
　　　　C_u：非鋼管定着部の照査に用いる軸方向圧縮力（kN）
　　　　T_u：非鋼管定着部の照査に用いる軸方向引張力（kN）
　　　　σ_{ck}：グラウトの設計基準強度＝30 000（kN/m²）
　　　　A_c：非鋼管定着部におけるグラウト部の断面積（m²）
　　　　　　　$A_c = \pi/4 \cdot D^2 - A_r = 0.0413466$（m²）
　　　　D：削孔径＝0.235（m）
　　　　A_r：芯鉄筋の断面積＝0.0020270（m²）
　　　　σ_{ry}：芯鉄筋の降伏点＝490 000（kN/m²）
　　　　R_u：地盤から決まる極限支持力＝1 262（kN）
　　　　P_u：地盤から決まる極限引抜き力＝1 262（kN）
　　　　U：定着部の周長（m）
　　　　　　　$U = \pi \times D = 0.738$（m）
　　　　L_i：鋼管定着部の層の厚さ（m）
　　　　f_i：鋼管定着部の層の最大周面摩擦力度（kN/m²）

表 3.2.23　鋼管定着部の層の最大周面摩擦力度

	土質	平均 N 値	層 厚 L_i（m）	f_i （kN/m²）	$L_i \cdot f_i$ （kN/m）
鋼管定着部	砂礫	50.0	1.000	570.0	570.0

・非鋼管定着部の照査結果
　　　$N_{cu} = 2\,048$（kN）$\geq C_u = 842$（kN）　　∴ OK
　　　$N_{Tu} = 993$（kN）$\geq T_u = 842$（kN）　　∴ OK

（4）杭基礎の解析モデルおよび抵抗特性

　杭基礎の構造解析モデルは、剛体と見なせるフーチングに配置された既設杭と増し杭を一体としたモデルとする。
　また、荷重の分担については、以下のとおりとする。
① 既設構造物の死荷重時作用力は既設杭のみで負担する。
② 拡幅されたフーチングに関わる鉛直荷重は、全杭（既設杭＋増し杭）にて負担する。
③ 地震によって生じる水平力および曲げモーメントは、全杭（既設杭＋増し杭）にて負担する。

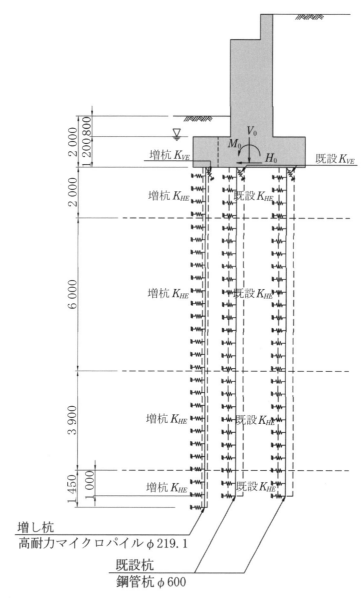

図 3.2.24　解析モデル

(a)　杭の軸方向抵抗特性

既設杭および HMP の軸方向抵抗特性は、H24 道路橋示方書・同解説 Ⅴ編 12.2 に準じて地震時保有水平耐力法に用いる杭の軸方向バネ定数 K_{VE} を初期勾配とし、支持力の上限値 PNU、PTU を有するバイリニア型としてモデル化する。

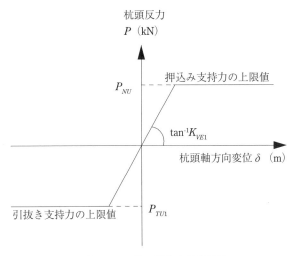

図 3.2.25　杭の軸方向抵抗特性

・杭軸方向バネ定数 K_{VE} の算出
［既設杭］

$$K_V = a \cdot A_p \cdot E_p / L$$

　　杭種：鋼管杭
　　工法：中掘り杭工法

$$a = 0.010 \times (L'/D) + 0.36 = 0.5750$$

ここに、A_p：杭の純断面積 = 0.01483（m²）
　　　　E_p：杭体のヤング係数 = 20.00×10⁷（kN/m²）
　　　　L ：杭長 = 12.900（m）
　　　　L'：杭長（補正係数 a 算出用）= 12.900（m）
　　　　D ：杭径 = 0.6000（m）

したがって、$K_V(K_{VE}) = 132\,191$（kN/m）

［増し杭］

$$K_V = a \cdot A_p \cdot E_p / L$$

　　杭種：マイクロパイル
　　工法：高耐力マイクロパイル

$$a = a_1 \times \ln(L'/D) + a_2 = 0.2233 \times \ln(13.350/0.2191) - 0.3347 = 0.5830$$

$$a_1 = 0.0036 \times S + 0.2161 = 0.2233$$

$$a_2 = -0.0286 \times S - 0.2775 = -0.3347$$

$$S = L_{NPB}/L_{PB} = 2.0000$$

ここで、L_{NPB}：非鋼管定着長 = 2.00（m）
　　　　L_{PB} ：鋼管定着長 = 1.00（m）
　　　　L ：杭長（鋼管の長さ）= 13.350（m）
　　　　L'：杭長（補正係数 a 算出用）= 13.350（m）
　　　　D ：鋼管径 = 0.2191（m）

E：鋼材のヤング係数 $=2.00\times 10^8$（kN/m²）
A：換算断面積 $=0.011621$（m²）
　　$A=A_s+A_r+E_c\cdot A_c/E$
A_s：鋼管の断面積 $=0.006772$（m²）
A_r：芯鉄筋の断面積 $=0.002027$（m²）
A_c：グラウトの断面積 $=0.028219$（m²）
E_c：グラウトのヤング係数 $=2.00\times 10^7$（kN/m²）

したがって、K_V（K_{VE}）$=101\,498$（kN/m）

表 3.2.24　杭の軸方向抵抗特性

	既設鋼管杭 $\phi 600$	増し杭 HMP $\phi 219.1$
杭軸方向バネ定数 K_{VE}（kN/m）	132 191	101 498
押込み支持力の上限値 P'_{NU}（kN）	3 448.00（タイプⅠ） 3 436.00（タイプⅡ）	1 262.00
引抜き支持力の上限値 P'_{TU}（kN）	734.00（タイプⅠ） 721.00（タイプⅡ）	1 262.00

(b)　杭の軸直角方向抵抗特性

既設杭および HMP の軸直角方向抵抗特性は、H24 道路橋示方書・同解説 Ⅳ 編 12.10.4 に準じて地震時保有水平耐力法に用いる水平方向地盤反力係数 k_{HE} を初期勾配とし、水平地盤反力度の上限値 p_{HU} を有するバイリニア型としてモデル化する。

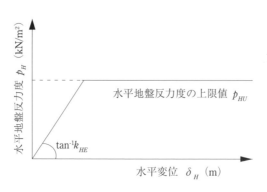

図 3.2.26　杭の軸直角方向抵抗特性

① 水平方向地盤反力係数 k_{HE}

地震時保有水平耐力法に用いる水平方向地盤反力係数は、次式により算出する。

$$k_{HE}=\eta_k\cdot\alpha_k\cdot k_H$$

ここに、k_{HE}：レベル2地震時照査に用いる水平方向地盤反力係数（kN/m^3）
η_k：群杭効果を考慮した水平方向地盤反力係数の補正係数
η_k の値は、H24道路橋示方書・同解説 Ⅳ編 12.10.4 に準じる。
（砂質地盤、粘性土地盤ともに $\eta_k = 2/3$）
本設計例のように材料および径が異なる杭が配置された杭基礎における群杭効果を考慮した水平地盤反力上限値の補正係数のとり方については不明なところがあるため、安全側の配慮から群杭の適用範囲に関わらず群杭効果を考慮した水平方向地盤反力係数の補正係数を適用する。
α_k：単杭における水平方向地盤反力係数の補正係数
α_k の値は、H24道路橋示方書・同解説 Ⅳ編 12.10.4 に準じる。
（砂質地盤、粘性土地盤ともに $\alpha_k = 1.5$）
k_H：地震時の水平方向地盤反力係数（kN/m^3）

[既設杭]

杭外径（第1断面）： $D = 0.6000$（m）
杭体ヤング係数（第1断面）： $E = 20.00 \times 10^7$（kN/m^2）
杭体断面二次モーメント（第1断面）： $I = 0.000645336$（m^4）
杭の特性値（換算載荷幅算出）： $\beta = 0.388752$（m^{-1}）
水平抵抗に関する地盤の深さ： $1/\beta = 2.5723$（m）

※換算載荷幅 B_H は、$1/\beta$ の平均的な、$\alpha \cdot E_0$、杭径、断面二次モーメントを用いて算定する。

$1/\beta$ の範囲の平均 $\alpha \cdot E_0 = \Sigma(\alpha \cdot E_{0i} \cdot L_i)/(1/\beta) = 17\,114.8$（$kN/m^2$）
杭の換算載荷幅 $B_H = (D/\beta)^{1/2} = 1.2423$（m）
$k_{H0} = 1/0.3 \times \alpha \times E_0 = 57\,049.2$（$kN/m^3$）
$k_H = k_{H0} \cdot (B_H/0.3)^{-3/4}$
$\beta = \{k_H \cdot D/(4 \cdot E \cdot I)\}^{1/4} = 0.388752$（$m^{-1}$）

※地震時 B_H 算出時の $\alpha \cdot E_0$ の取扱い：常時

表 3.2.25 水平方向地盤反力係数

層 No	層厚（m）		$\alpha \cdot E_0$（kN/m^2）		k_H（kN/m^3）	
	常時	レベル1 地震動時	常時	レベル1 地震動時	常時	レベル1 地震動時
1	2.000	2.000	14 000	28 000	16 076	32 151
2	6.000	6.000	28 000	56 000	32 151	64 303
3	3.900	3.900	56 000	112 000	64 303	128 606
4	1.000	1.000	140 000	280 000	160 757	321 515

[増し杭]

　　杭外径（鋼管径）：　$D = 0.2191$ （m）
　　杭体ヤング係数（鋼材ヤング係数）：　$E = 20.00 \times 10^8$ （kN/m²）
　　杭体断面二次モーメント：　$I = 0.000043880$ （m⁴）
　　$I = I_s + I_r + E_c \cdot I_c / E$
　　ここに、I_s：鋼管の断面二次モーメント $= 0.000036248$ （m⁴）
　　　　　　I_r：芯鉄筋の断面二次モーメント $= 0.000000332$ （m⁴）
　　　　　　I_c：グラウトの断面二次モーメント $= 0.000072466$ （m⁴）
　　　　　　E_c：グラウトのヤング係数 $= 2.00 \times 10^7$ （kN/m²）
　　杭の特性値（換算載荷幅算出）：　$\beta = 0.649004$ （m⁻¹）
　　水平抵抗に関する地盤の深さ：　$1/\beta = 1.5408$ （m）
　　$1/\beta$ の範囲の平均：　$\alpha \cdot E_0 = \Sigma(\alpha \cdot E_{0i} \cdot L_i)/(1/\beta) = 14\,000.0$ （kN/m²）
　　杭の換算載荷幅：　$B_H = (D/\beta)^{1/2} = 0.5810$ （m）
　　　　$k_{H0} = 1/0.3 \times \alpha \times E_0 = 46\,666.7$ （kN/m³）
　　　　$k_H = k_{H0} \cdot (B_H/0.3)^{-3/4}$
　　　　$\beta = \{k_H \cdot D/(4 \cdot E \cdot I)\}^{1/4} = 0.649004$ （m⁻¹）
※地震時 B_H 算出時の $\alpha \cdot E_0$ の取扱い：　常時

表 3.2.26　水平方向地盤反力係数

層No	層厚（m）		$\alpha \cdot E_0$ （kN/m²）		k_H （kN/m³）	
	常時	レベル1地震動時	常時	レベル1地震動時	常時	レベル1地震動時
1	2.000	2.000	14 000	28 000	28 425	56 850
2	6.000	6.000	28 000	56 000	56 850	113 701
3	3.900	3.900	56 000	112 000	113 701	227 401
4	1.450	1.450	140 000	280 000	284 251	568 503

表 3.2.27　地震時保有水平耐力法に用いる既設杭の水平方向地盤反力係数

既設杭（レベル2地震動タイプⅡ）

層No	層種	層厚（m）	低減係数 D_E	k_H （kN/m³）	補正係数 $\eta_k \cdot \alpha_k$	k_{HE} （kN/m³）
1	砂質土	2.000	0.333	32 151.488	2/3 × 1.5 = 1.0	10 706.446
2	砂質土	6.000	1.000	64 302.977	2/3 × 1.5 = 1.0	64 302.977
3	砂質土	3.900	1.000	128 605.953	2/3 × 1.5 = 1.0	128 605.953
4	砂礫土	1.000	1.000	321 514.906	2/3 × 1.5 = 1.0	321 514.906

※タイプⅠは紙面の都合上割愛する。

表 3.2.28　地震時保有水平耐力法に用いる増し杭の水平方向地盤反力係数

増し杭（レベル2地震動タイプⅡ）

層No	層種	層厚(m)	低減係数 D_E	k_H (kN/m³)	補正係数 $\eta_k \cdot \alpha_k$	k_{HE} (kN/m³)
1	砂質土	2.000	0.333	56 850.266	2/3×1.5＝1.0	18 931.139
2	砂質土	6.000	1.000	113 700.531	2/3×1.5＝1.0	113 700.531
3	砂質土	3.900	1.000	227 401.063	2/3×1.5＝1.0	227 401.063
4	砂礫土	1.000	1.000	568 502.625	2/3×1.5＝1.0	568 502.625
5	砂礫土	0.450	1.000	568 502.625	2/3×1.5＝1.0	568 502.625

※タイプⅠは紙面の都合上割愛する。

② 水平方向地盤反力度の上限値 p_{HU}

$p_{HU} = \eta_p \cdot \alpha_p \cdot P_u$

ここに、p_{HU}：水平地盤反力度の上限値（kN/m²）

　　　　α_p：単杭における水平地盤反力度の上限値の補正係数

　　　　　　α_p の値は、H24道路橋示方書・同解説Ⅳ編12.10.4に準じる。

　　　　　　（砂質地盤 α_p ＝3.0）

　　　　　　（粘性土地盤 α_p ＝1.5　ただし、$N \leq 2$ では α_p ＝1.0）

　　　　　　ただし、粘性土地盤で $N \leq 2$ の場合は、HMB工法設計・施工マニュアル7.4.3に準じて α_p ＝1.0 とする。

　　　　η_p：群杭効果を考慮した水平地盤反力度の上限値の補正係数

　　　　　　η_p の値は、H24道路橋示方書・同解説Ⅳ編12.10.4に準じる。

　　　　　　（粘性土地盤 η_p ＝1.0）

　　　　　　（砂質地盤 $\eta_p \cdot \alpha_p$ ＝荷重載荷直角方向の杭中心間隔／杭径（$\leq \alpha_p$））

　　　　　　ただし、砂質地盤における最前列以外の杭の水平地盤反力度の上限値は最前列の1/2を用いる。

　　　　P_u：地震時の受動土圧強度（kN/m²）

水平地盤反力度の上限値の比率は、H24道路橋示方書・同解説Ⅳ編12.10.4に基づいて設定するものとし、適用条件の判定は以下のとおり行う。

　・条件1：既設杭とHMPの鋼管径の比　$D_E/D_M \geq 3.4$
　　　　　　0.600 m/0.2191 m＝2.74 ＜ 3.4　∴条件を満たさない
　・条件2：既設杭とHMPの杭中心間隔と既設杭径の比　$L/D_E \geq 1.8$
　　　　　　本計算例では既設杭とHMPとが荷重載荷直角方向において隣接しないため適用しない。

条件1を満たさないため、水平地盤反力度の上限値の比率は、H24道路橋示方書・同解説Ⅳ編12.10.4に基づいて設定するものとした。H24道路橋示方書・同解説Ⅳ編

12.10.4 により、粘性土地盤の $\eta_p \cdot \alpha_p$ は、$1.0 \times 1.5 = 1.5$ となる。砂質地盤については、表 3.2.29 に示す。

表 3.2.29　砂質地盤の補正係数 $\eta_p \cdot \alpha_p$

橋軸方向	杭種	荷重載荷直角方向の杭中心間隔／杭径 ＝砂質地盤　$\eta_p \cdot \alpha_p$	
1列目	増し杭	$1.000 \,/\, 0.2191 = 3.000$	（上限値）
2、3列目	既設杭	$2.125 \,/\, 0.600 = 3.000$	（上限値）

$$P_u = K_{Ep} \cdot (\Sigma \gamma_i \cdot h_i + q) + 2 \cdot c_i \cdot (K_{Epi})^{1/2}$$

$$K_{Epi} \frac{\cos^2 \phi_i}{\cos \delta_{Ei} \cdot \left(1 - \sqrt{\dfrac{\sin(\phi_i - \delta_{Ei}) \cdot \sin \phi_i}{\cos \delta_{Ei}}}\right)^2}$$

ここに、p_{Ep}：受働土圧強度（kN/m^2）
　　　　K_{Ep}：受働土圧係数
　　　　γ：土の単位重量（kN/m^3）で水位下では水中の単位重量を用いる。
　　　　h：層厚（m）
　　　　δ：土の単位体積重量（kN/m^3）
　　　　q：上載荷重

表 3.2.30　$\gamma \cdot h$ の計算

層No	層厚 h(m)	γ(kN/m^3)	$q = \gamma \cdot h$(kN/m^2)
1	2.000	10.00	20.00
計	2.000		20.00

表 3.2.31　受働土圧強度

層 No	標高 (m)	層厚 h(m)	c (kN/m^2)	ϕ (°)	δ_E (°)	K_{Ep}	γ (kN/m^3)	$\gamma \cdot h + q$ (kN/m^2)	P_u (kN/m^2)
1	-2.000 -4.000	2.000	0.00	30.00	-5.00	3.505	8.00	20.00 36.00	70.10 126.19
2	-4.000 -10.000	6.000	0.00	30.00	-5.00	3.505	8.00	36.00 84.00	126.19 294.43
3	-10.000 -13.900	3.900	0.00	34.00	-5.67	4.293	9.00	84.00 119.10	360.64 511.34
4	-13.900 -14.900	1.000	0.00	40.00	-6.67	5.996	11.00	119.10 130.10	714.13 780.09
5	-14.900 -15.350	0.450	0.00	40.00	-6.67	5.996	11.00	130.10 135.05	780.09 809.77

表 3.2.32　水平地盤反力度の上限値

既設杭（レベル 2 地震動タイプⅡ）

層No		層種	P_u (kN/m²)	$\eta_p \cdot \alpha_p$	低減係数 D_E	p_{HU}(kN/m²)	
						1 列目	2 列目以降
1	上端 下端	砂質	70.10 126.19	3.000	0.333	70.03 126.06	35.01 63.03
2	上端 下端	砂質	126.19 294.43	3.000	1.000	378.57 883.29	189.28 441.64
3	上端 下端	砂質	360.64 511.34	3.000	1.000	1 081.92 1 534.02	540.96 767.01
4	上端 下端	砂質	714.13 780.09	3.000	1.000	2 142.39 2 340.27	1 071.19 1 170.13

※タイプⅠは紙面の都合上割愛する。

表 3.2.33　水平地盤反力度の上限値

増し杭（レベル 2 地震動タイプⅡ）

層No		層種	P_u (kN/m²)	$\eta_p \cdot \alpha_p$	低減係数 D_E	p_{HU}(kN/m²)	
						1 列目	2 列目以降
1	上端 下端	砂質	70.10 126.19	3.000	0.333	70.03 126.06	35.01 63.03
2	上端 下端	砂質	126.19 294.43	3.000	1.000	378.57 883.29	189.28 441.64
3	上端 下端	砂質	360.64 511.34	3.000	1.000	1 081.92 1 534.02	540.96 767.01
4	上端 下端	砂質	714.13 780.09	3.000	1.000	2 142.39 2 340.27	1 071.19 1 170.13
5	上端 下端	砂質	780.09 809.77	3.000	1.000	2 340.27 2 429.31	1 170.13 1 214.65

※タイプⅠは紙面の都合上割愛する。

（5） 杭体の曲げ特性

H24 道路橋示方書・同解説 Ⅳ編 12.10 では、鋼管杭の曲げモーメント－曲率の関係（M–ϕ 関係）は、図 3.2.27 に示すように全塑性モーメントを上限とするバイリニア型としてモデル化しており本計算例でも同様とする。

一方、HMP の M–ϕ 関係については、鋼管杭の考え方に準じ、同様のバイリニア型でモデル化する。

鋼管杭および HMP の M–ϕ 関係の計算に用いる軸力は、H24 道路橋示方書・同解説 Ⅳ編 12.10 の鋼管杭に準じ、死荷重が作用したときの杭頭反力を軸力とする。

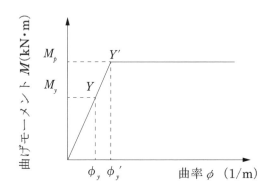

図 3.2.27　鋼管杭および HMP の曲げモーメント - 曲率関係

表 3.2.34　曲げモーメント M–曲率 ϕ の関係

既設杭：軸力 = 600.9（kN）（死荷重時軸力）

層 No	区間長 (m)	曲げモーメント (kN·m)		曲率 (1/m)	
		M_y	M_p	ϕ_y	ϕ_y'
1	12.900	419.7	630.6	0.0032521	0.0048859

表 3.2.35　曲げモーメント M–曲率 ϕ の関係

増し杭：軸力 = 22.2（kN）（死荷重時軸力）

層 No	区間長 (m)	曲げモーメント (kN·m)		曲率 (1/m)	
		M_y	M_p	ϕ_y	ϕ_y'
1	13.350	221.8	297.9	0.0252754	0.0339490

（6） 杭配置

HMP のフーチング縁端から杭中心までの距離は、HMP 工法設計・施工マニュアル 5.3 に準じて 500 mm 以上とするのが望ましい。

また、杭間隔についても HMP 工法設計・施工マニュアル 5.3 に準じて 1.0 m 以上を確保することを原則とする。

本設計例では、既設フーチング端から杭中心までの距離を 500 mm とし、フーチング縁端から杭中心までの距離を 500 mm として既設フーチングを 1.0m 拡幅することとする。

杭間隔も 1.0m 以上とし、図 3.2.28 に示す杭配置とする。

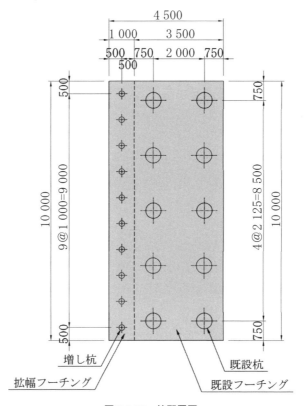

図 3.2.28　杭配置図

（7） 作用力
（a） 常時およびレベル1地震動時の作用力

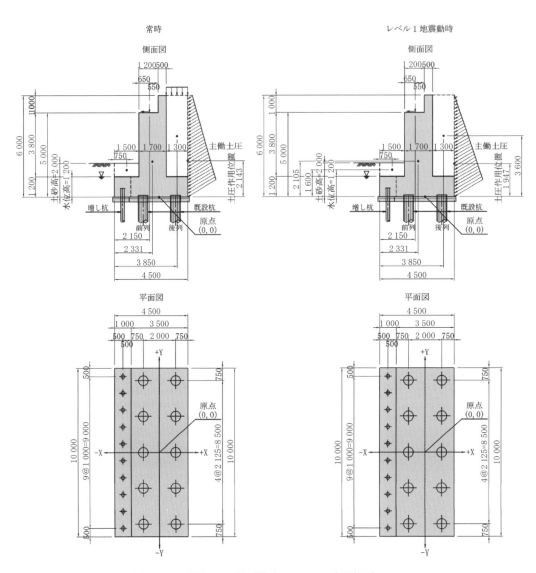

図 3.2.29　荷重モデル図（常時・レベル1地震動時）

表 3.2.36　フーチング前面での作用力集計：常時

項　目	鉛直力 V_0(kN)	水平力 H_0(kN)	アーム長		回転モーメント(kN·m)	
			X(m)	Y(m)	$M_x = V \cdot X$	$M_y = H \cdot Y$
躯体自重	3 028.200	0.000	2.331	0.000	7 057.470	0.000
前面土砂	216.000	0.000	0.750	0.000	162.000	0.000
背面土砂	1 248.000	0.000	3.850	0.000	4 804.800	0.000
上部工反力	2 250.000	0.000	2.150	5.000	4 837.500	0.000
載荷荷重	130.000	0.000	3.850	6.000	500.500	0.000
土　圧	601.578	859.142	4.500	2.143	2 707.099	1 841.018
合　計	7 473.778	859.142	───	───	20 069.369	1 841.018

※土圧はクーロン土圧とし、詳細な算出については紙面の都合上割愛する。

表 3.2.37　フーチング前面での作用力集計：レベル 1 地震動時（浮力あり）

項　目	鉛直力 V_0(kN)	水平力 H_0(kN)	アーム長		回転モーメント(kN·m)	
			X(m)	Y(m)	$M_x = V \cdot X$	$M_y = H \cdot Y$
躯体自重	3 028.200	757.050	2.331	2.105	7 057.470	1 593.480
前面土砂	216.000	43.200	0.750	1.600	162.000	69.120
背面土砂	1 248.000	249.600	3.850	3.600	4 804.800	898.560
上部工反力	1 500.000	750.000	2.150	5.000	3 225.000	3 750.000
土　圧	427.738	1 356.611	4.500	1.947	1 924.820	2 641.127
前面水圧	0.000	−72.000	0.000	0.400	0.000	−28.800
浮　力	−540.000	0.000	2.250	0.000	−1 215.000	0.000
合　計	5 879.938	3 084.461	───	───	15 959.090	8 923.487

※土圧はクーロン土圧とし、詳細な算出については紙面の都合上割愛する。

表 3.2.38　フーチング中心での作用力集計

方　向	荷重ケース名称	鉛直荷重 V(kN)	水平荷重 H(kN)	モーメント M(kN·m)
橋軸方向	既設死荷重時	6 069.84	−736.41	−814.23
	常時	7 473.78	−859.14	−2 324.54
	レベル 1 地震動時	5 879.94	−3 084.46	−9 134.23

フーチング中心での作用力の集計
　　　鉛直力：　$V = V_0$（kN）
　　　水平力：　$H = H_0$（kN）
　　　回転モーメント：　$M = V_0 \cdot B_j/2 + (M_y - M_x)$（kN·m）
ここに、フーチング橋軸方向幅 $Bj = 3.500$（m）

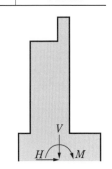

図 3.2.30　作用力の向き

(b) レベル2地震動時の作用力

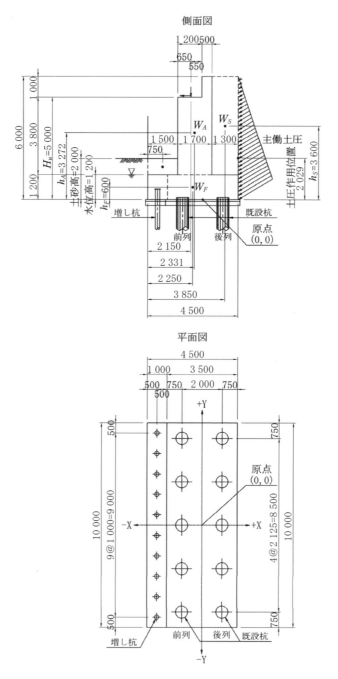

図 3.2.31 荷重モデル図（レベル2地震動時）

・許容塑性率： $\mu_a = 3.0$ （H24道路橋示方書・同解説 V編 13.4 より）
・橋台基礎の設計水平震度の補正係数：
　　$C_A = 1.0$ （H24道路橋示方書・同解説 V編 13.2 より）
・上部工死荷重　$R_D = 1\,500.00$ (kN)

3.2 高耐力マイクロパイル工法による杭基礎の耐震補強

・橋台躯体重量：
$$W_A = (0.500 \times 1.000 + 1.700 \times 3.800) \times 10.000 \times 24.5\,(\mathrm{kN/m^3}) = 1\,705.20\,(\mathrm{kN})$$

・フーチング下面から W_A 重心位置までの高さ： $h_A = 3.272\,(\mathrm{m})$

・フーチング重量： $W_F = 1.200 \times 4.500 \times 10.000 \times 24.5\,(\mathrm{kN/m^3}) = 1\,323.00\,(\mathrm{kN})$

・フーチング下面から W_F 重心位置までの高さ： $h_F = 0.600\,(\mathrm{m})$

・橋台背面土重量： $W_s = 1.300 \times 4.800 \times 10.000 \times 20.0\,(\mathrm{kN/m^3}) = 1\,248.00\,(\mathrm{kN})$

・フーチング下面から W_s 重心位置までの高さ： $h_s = 3.600\,(\mathrm{m})$

・前面土砂自重： $0.800 \times 1.500 \times 10.000 \times 18.0\,(\mathrm{kN/m^3}) = 216.00\,(\mathrm{kN})$

・フーチング下面から水位までの高さ： $1.200\,(\mathrm{m})$

・フーチング橋軸方向幅： $B_j = 3.500\,(\mathrm{m})$

・浮力： $1.200 \times 4.500 \times 10.000 \times 10.0\,(\mathrm{kN/m^3}) = -540.00\,(\mathrm{kN})$

表 3.2.39 初期荷重時（$k_h = 0.00$）作用力集計

項 目	鉛直力 V(kN)	水平力 H(kN)	アーム長 X(m)	アーム長 Y(m)	回転モーメント(kN·m) $M_x = V \cdot X$	回転モーメント(kN·m) $M_y = H \cdot Y$	回転モーメント(kN·m) $M_o = M_y - M_x$
上部構造	1 500.000	0.000	2.150	5.000	3 225.000	0.000	−3 225.000
躯体自重	3 028.200	0.000	2.331	0.000	7 057.470	0.000	−7 057.470
前面土砂	216.000	0.000	0.750	0.000	162.000	0.000	−162.000
背面土砂	1 248.000	0.000	3.850	0.000	4 804.800	0.000	−4 804.800
土 圧	233.872	741.748	4.500	2.029	1 052.425	1 505.249	452.825
浮 力	−540.000	0.000	2.250	0.000	−1 215.000	0.000	1 215.000
合計 1	5 686.072	741.748	——	——	15 086.695	1 505.249	−13 581.445
合計 2	5 452.200	0.000	——	——	14 034.270	0.000	−14 034.270

注）合計 1：土圧を含む時の合計
　　合計 2：土圧を除く時の合計（土圧強度は含む）
　　土圧は、修正物部・岡部法により算出するが、詳細な算出は紙面の都合上割愛する。

・死荷重時にフーチング下面中心に作用する鉛直力（土圧を除く）： $V_d = 5\,452.20\,(\mathrm{kN})$
・死荷重時にフーチング下面中心に作用する水平力（土圧を除く）： $H_d = 0.00\,(\mathrm{kN})$
・既設フーチング中心位置： $B_0 = 2.750\,(\mathrm{m})$
・死荷重時にフーチング下面中心に作用するモーメント（土圧を除く）：
$$M_d = V_d \cdot B_0 + M_0 = 5\,452.20 \times 2.750 - 14\,034.270 = 959.28\,(\mathrm{kN \cdot m})$$
・既設杭のみで負担する鉛直力（土圧を除く）： $V_d' = 5\,482.20\,(\mathrm{kN})$
・既設杭のみで負担する水平力（土圧を除く）： $H_d' = 0.00\,(\mathrm{kN})$
・既設杭のみで負担するモーメント（土圧を除く）： $M_d' = -135.78\,(\mathrm{kN \cdot m})$
・地盤面における設計水平震度： $K_{hg}\,(=C2_z \cdot k_{hg0}) = 1.2 \times 0.45 = 0.54$（タイプⅠ）
　　　　　　　　　　　　　　　　　　　　　　　　　 $= 1.0 \times 0.70 = 0.70$（タイプⅡ）

・橋台基礎の照査に用いる設計水平震度

$$k_{hA}(C_A \cdot C_{sz} \cdot k_{hg0}) = 1.0 \times 1.2 \times 0.45 = 0.54 \text{（タイプⅠ）}$$
$$= 1.0 \times 1.0 \times 0.70 = 0.70 \text{（タイプⅡ）}$$

・1橋台当りの上部構造水平力

$$H_R = k_{hA} \times 2 \times R_D = 0.54 \times 2 \times 1\,500.00 = 1\,620.00 \text{（タイプⅠ）}$$
$$= 0.70 \times 2 \times 1\,500.00 = 2\,100.00 \text{（タイプⅡ）}$$

・フーチング下面から上部構造慣性力作用位置までの高さ： $H_u = 5.000$（m）

（8）常時およびレベル1地震動時の照査結果

常時およびレベル1地震動時に対して、①水平変位、②押込み・引抜き支持力、③各部材に生じる応力度が許容値以下であることを照査する。

表 3.2.40 照査結果（常時・レベル1地震動時）

荷重ケース 略称 原点作用力		既設杭			増し杭	
		既設死荷重	常時	レベル1 地震動時	常時	レベル1 地震動時
V	kN	6 069.8	7 473.8	5 879.9	7 473.8	5 879.9
H	kN	−736.4	−859.1	−3 084.5	−859.1	−3 084.5
M	kN·m	−814.2	−2 324.5	−9 134.2	−2 324.5	−9 134.2
原点変位（水平変位の照査）						
δ_x	mm	−3.88	−4.26	−9.84	−4.26	−9.84
δ_z	mm	4.59	5.13	2.33	5.13	2.33
α	rad	−0.00101329	−0.00107374	−0.00324106	−0.00107374	−0.00324106
δ_f, δ_a	mm	3.88 ≦ 15.00	4.26 ≦ 15.00	9.84 ≦ 15.00	0.38 ≦ 15.00	5.96 ≦ 15.00
鉛直反力（押込み・引抜き支持力の照査）						
P_{Nmax}, R_a	kN	740.93 ≦ 1 154.00	820.53 ≦ 1 154.00	736.89 ≦ 1 730.00	68.79 ≦ 421.00	279.54 ≦ 631.00
P_{Nmin}, P_a	kN	473.04 ≧ 0.00	536.65 ≧ 0.00	−119.99 ≧ −249.00	68.79 ≧ 0.00	279.54 ≧ −421.00
水平反力						
P_H	kN	−73.64	−82.60	−235.00	−3.31	−73.45
杭作用モーメント						
杭頭 M_t	kN·m	52.52	62.01	111.37	−2.25	32.62
地中部 M_m	kN·m	−70.40	−79.07	−204.04	−1.60	−26.09
杭体応力度（部材応力度の照査）						
σ_c, σ_{ca}	N/mm²	−82.58 ≧ −140.00	−91.97 ≧ −140.00	−144.23 ≧ −210.00	−16.88 ≧ −310.00	−138.95 ≧ −465.00
σ_t, σ_{ta}	N/mm²	0.72 ≦ 140.00	0.45 ≦ 140.00	102.63 ≦ 210.00	−3.43 ≦ 310.00	56.40 ≦ 465.00
τ, τ_a	N/mm²	4.966 ≦ 80.000	5.578 ≦ 80.000	16.615 ≦ 120.000	0.489 ≦ 175.000	10.846 ≦ 262.5000
判定		OK	OK	OK	OK	OK

[既設杭]
・常時

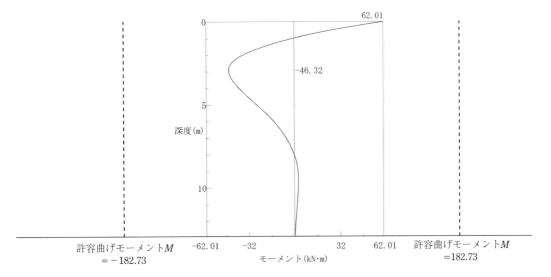

※許容曲げモーメントは、$N=820.53$（kN）の場合
（杭頭剛結）

図 3.2.32　曲げモーメント図

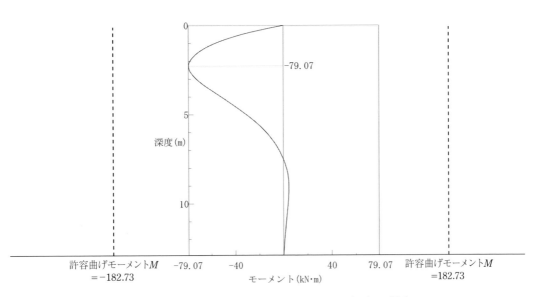

※許容曲げモーメントは、$N=820.53$（kN）の場合
（杭頭ヒンジ）

図 3.2.33　曲げモーメント図

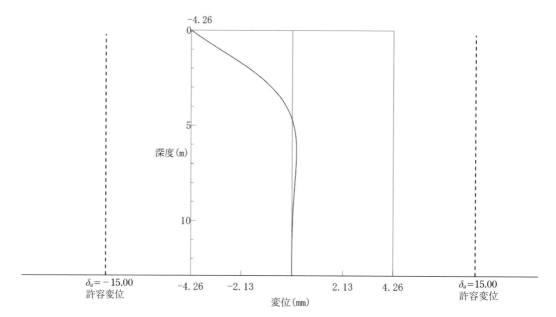

図 3.2.34　変位図

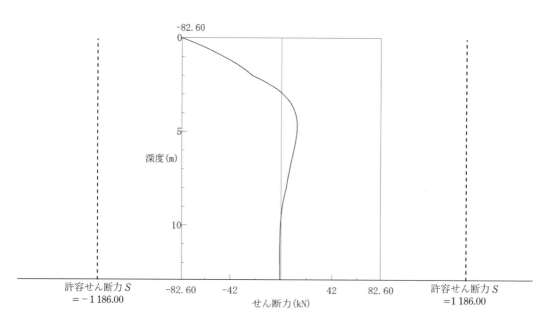

図 3.2.35　せん断力図

・レベル1地震動時

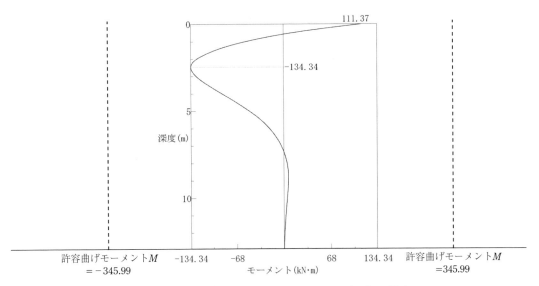

※許容曲げモーメントは、$N = 736.89$ (kN) の場合
(杭頭剛結)

図3.2.36　曲げモーメント図

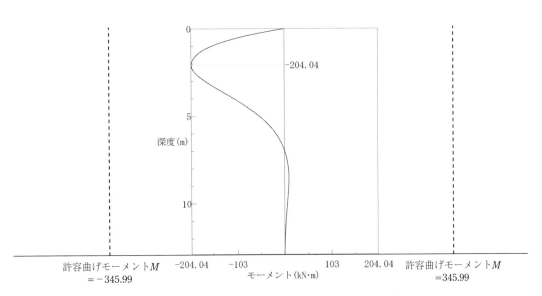

※許容曲げモーメントは、$N = 736.89$ (kN) の場合
(杭頭ヒンジ)

図3.2.37　曲げモーメント図

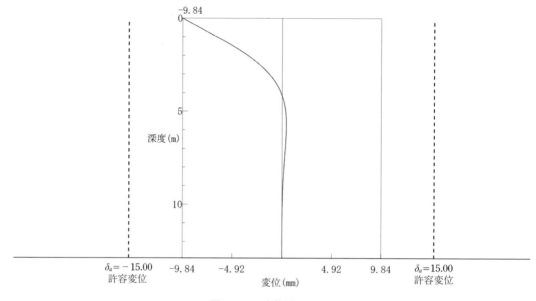

図 3.2.38　変位図

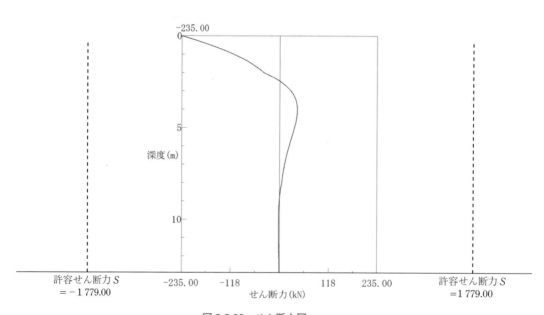

図 3.2.39　せん断力図

[増し杭]

・常時

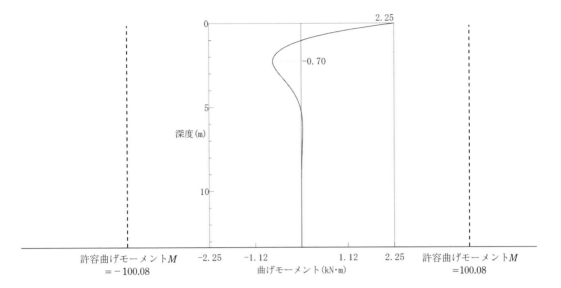

※許容曲げモーメントは、$N=68.79$（kN）の場合

（杭頭剛結）

図 3.2.40　曲げモーメント図

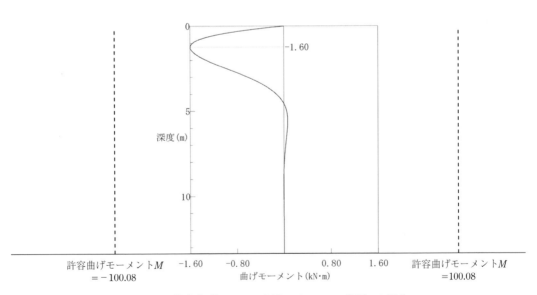

※許容曲げモーメントは、$N=68.79$（kN）の場合

（杭頭ヒンジ）

図 3.2.41　曲げモーメント図

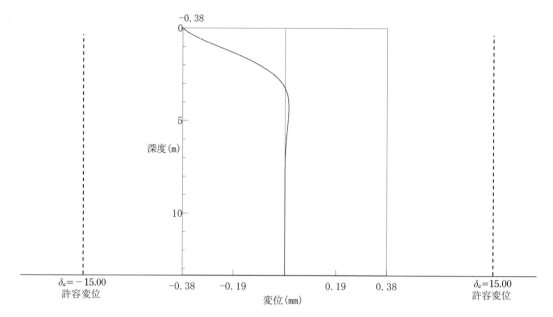

図 3.2.42　変位図

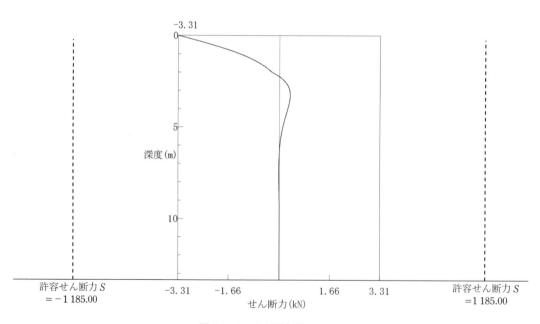

図 3.2.43　せん断力図

・レベル1地震動時

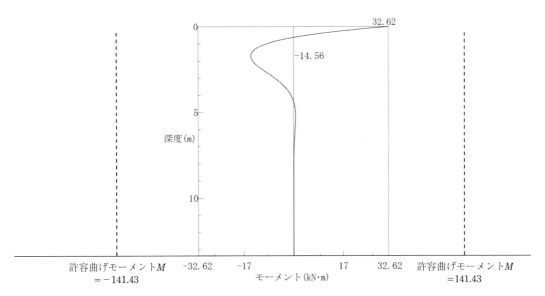

※許容曲げモーメントは、$N=279.54$（kN）の場合

（杭頭剛結）

図 3.2.44　曲げモーメント図

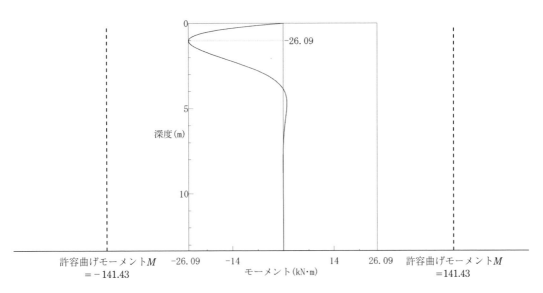

※許容曲げモーメントは、$N=279.54$（kN）の場合

（杭頭ヒンジ）

図 3.2.45　曲げモーメント図

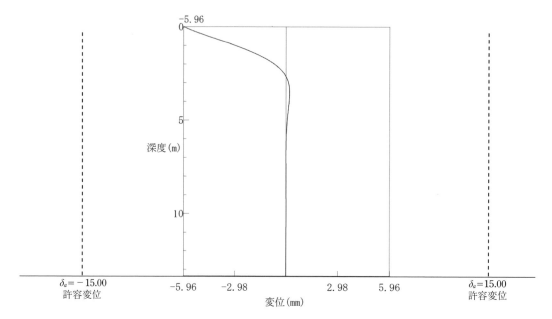

図 3.2.46　変位図

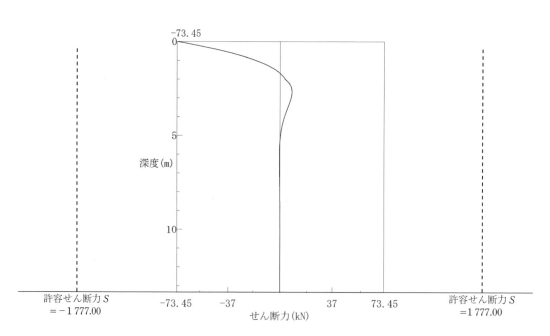

図 3.2.47　せん断力図

（9） レベル2地震動時の照査結果

レベル2地震動に対する照査における降伏は、HMP工法設計・施工マニュアルに準じて次のいずれかの状態に最初に達する時とする。

① 全ての既設杭において、杭体が塑性化する。（$M > M_y$ となる。）
② 全ての増し杭において、杭体が塑性化する。（$M > M_y$ となる。）
③ 一列の杭（既設杭または増し杭）の杭頭反力が押込み支持力の上限値に達する。

表3.2.41 照査結果（レベル2地震動時）

地震動タイプ			タイプⅡ			
区 分			既設杭		増し杭	
降伏時の震度 k_{hyA}			0.298（図3.2.47を参照）			
降伏照査	最大曲げモーメント	M	kN·m	計算値	M_y	計算値	M_y
				424.20	424.20	90.16	223.00
	最大押込み力	P	kN	計算値	上限値	計算値	上限値
				772.26	3 436.00	440.85	1 262.00
	判 定			k_{hA}に達する前に杭体（既設杭）が塑性化するので応答塑性率照査に移行			
塑性率照査				計算値		制限値	
	基礎の応答塑性率	μ	—	2.700		3.000	
	基礎の応答変位	Δ_{fr}	m	0.1353		—	
	判 定			基礎は塑性化するが、許容塑性率が塑性率の制限値以下となることからOK			

※タイプⅠの照査は紙面の都合上割愛する。

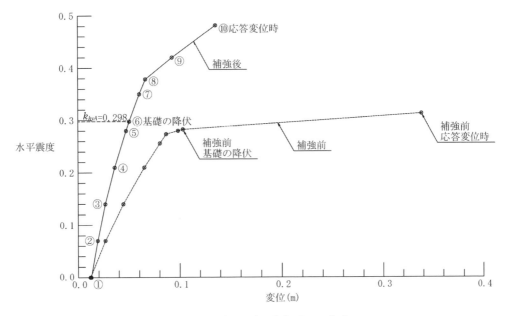

図3.2.48 水平震度-変位（タイプⅡ）

表 3.2.42　震度と杭の状態（タイプⅡ）：既設杭

図中番号	α_i	水平震度	水平力 (kN)	上部構造慣性力作用位置の変位 (m)	極限支持力		杭本体状態 既設杭		備考
					押込側杭列数	引抜側杭列数	前列	後列	
①	0.0000	0.000	741.7	0.0124	0/2	0/2	1	—	初期土圧変位
②	0.1000	0.070	1 442.3	0.0189	0/2	0/2	1	—	
③	0.2000	0.140	2 142.8	0.0265	0/2	0/2	1	—	
④	0.3000	0.210	2 843.3	0.0358	0/2	0/2	1	—	
⑤	0.4000	0.280	3 543.8	0.0470	0/2	0/2	1	—	
⑥	0.4256	0.298	3 723.3	0.0501	0/2	0/2	3	—	基礎の降伏
⑦	0.5000	0.350	4 244.3	0.0600	0/2	0/2	3	—	
⑧	0.5408	0.379	4 530.1	0.0660	0/2	1/2	3	—	
⑨	0.6000	0.420	4 944.8	0.0924	0/2	1/2	3	—	
⑩	0.6877	0.481	5 558.9	0.1353	0/2	1/2	4	—	応答変位時

注）　極限支持力：全杭列中、極限支持力に達している杭列数を示す。
杭本体状態：1（降伏前の状態）、3（降伏～終局）、4（塑性ヒンジ発生）

表 3.2.43　震度と杭の状態（タイプⅡ）：増し杭

図中番号	α_i	水平震度	水平力 (kN)	上部構造慣性力作用位置の変位 (m)	極限支持力		杭本体状態 既設杭		備考
					押込側杭列数	引抜側杭列数	前列	後列	
①	0.0000	0.000	741.7	0.0124	0/1	0/1	1	—	初期土圧変位
②	0.1000	0.070	1 442.3	0.0189	0/1	0/1	1	—	
③	0.2000	0.140	2 142.8	0.0265	0/1	0/1	1	—	
④	0.3000	0.210	2 843.3	0.0358	0/1	0/1	1	—	
⑤	0.4000	0.280	3 543.8	0.0470	0/1	0/1	1	—	
⑥	0.4256	0.298	3 723.3	0.0501	0/1	0/1	1	—	基礎の降伏
⑦	0.5000	0.350	4 244.3	0.0600	0/1	0/1	1	—	
⑧	0.5408	0.379	4 530.1	0.0660	0/1	0/1	1	—	
⑨	0.6000	0.420	4 944.8	0.0924	0/1	0/1	1	—	
⑩	0.6877	0.481	5 558.9	0.1353	0/1	0/1	1	—	応答変位時

注）　極限支持力：全杭列中、極限支持力に達している杭列数を示す。
杭本体状態：1（降伏前の状態）、3（降伏～終局）、4（塑性ヒンジ発生）

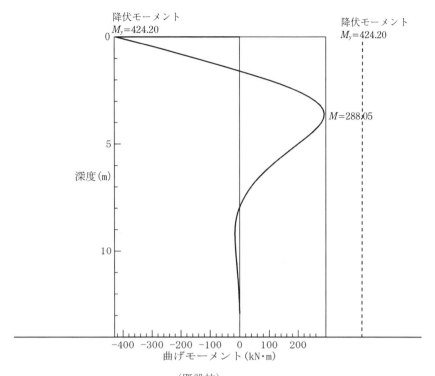

(既設杭)

図 3.2.49　曲げモーメント図（基礎の降伏時）

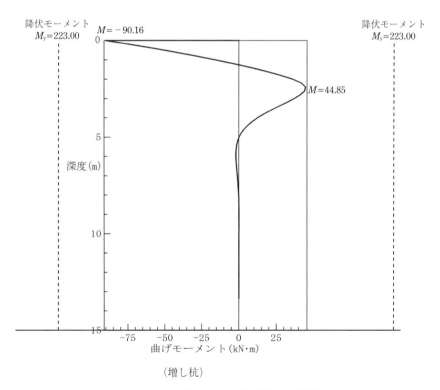

(増し杭)

図 3.2.50　曲げモーメント図（基礎の降伏時）

3.2.9 まとめ

以上の結果から、常時およびレベル1地震動時においては、①水平変位、②押込み・引抜き支持力、③各部材に生じる応力度が許容値以下であり、レベル2地震動時においては杭体（既設杭）が塑性化するが、応答塑性率の照査において許容塑性率以下となることから増し杭後の杭基礎は所定の耐震性能を有している。

3.2.10 杭頭結合部の照査

橋台基礎におけるHMPとフーチングの結合方法は原則として杭頭剛結合とする。

HMPの杭頭結合方法は、図3.2.51（a）に示すような支圧板方式を用いる例が多く、本計算例においても拡幅フーチングであるため、支圧板方式を想定している。一方、既設基礎の補強において、フーチングを拡大するスペースが確保できない場合には、図3.2.51（b）に示すように、既設フーチングのコアボーリングとせん断リング方式の組合せにより、HMPとフーチングを結合する方法がある。

杭頭結合部の照査も実施する必要があるが、本設計例では、HMPの杭頭結合部の照査は紙面の都合上割愛するため、照査方法についてはHMP工法設計・施工マニュアルを参照されたい。

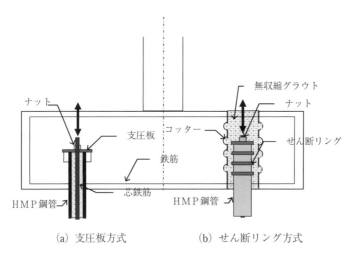

図3.2.51　杭頭結合部の構造

3.2.11 フーチングの補強設計

HMPによる既設基礎の補強に伴いフーチングを拡大する場合には、フーチングの既設部分と拡大した部分が確実に一体となるように配慮しなければならない。拡大後のフーチングにはHMPの杭頭反力が付加されるため、作用する曲げモーメントやせん断力が増加し、既設断面のみではフーチングの耐力が不足することが想定される。このような場合は、例えば、図3.2.52に示すような補強方法により、適宜、フーチングを補強する。

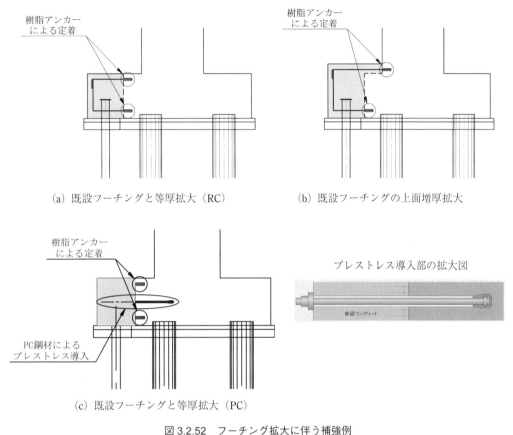

図 3.2.52　フーチング拡大に伴う補強例

参考文献
1) 独立行政法人土木研究所ほか：共同研究報告書第 282 号　既設基礎の耐震補強技術の開発に関する共同研究報告書（その 3）、高耐力マイクロパイル工法設計・施工マニュアル、2002 年 9 月

3.3 STマイクロパイル工法による杭基礎の耐震補強

3.3.1 構造諸元
(1) 橋梁形式
　　　上部工：プレテンション方式PCT桁橋
　　　下部工：逆T式橋台
　　　基礎工：鋼管杭
　　　支承条件：固定
(2) 支　間　長：21.0 m
(3) 幅　　　員：全幅員 12.0 m
(4) 斜　　　角：90°
(5) 橋　　　格：一等橋（活荷重 TL-20）
(6) 建設年：昭和 50 年代

3.3 STマイクロパイル工法による杭基礎の耐震補強

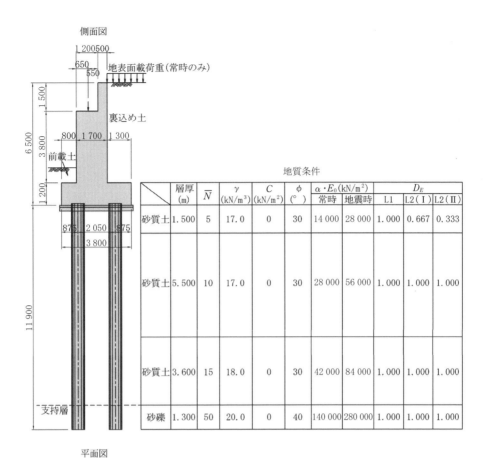

	層厚 (m)	$\overline{N}$	γ (kN/m³)	C (kN/m²)	ϕ (°)	$\alpha \cdot E_0$ (kN/m²)		D_E		
						常時	地震時	L1	L2(Ⅰ)	L2(Ⅱ)
砂質土	1.500	5	17.0	0	30	14 000	28 000	1.000	0.667	0.333
砂質土	5.500	10	17.0	0	30	28 000	56 000	1.000	1.000	1.000
砂質土	3.600	15	18.0	0	30	42 000	84 000	1.000	1.000	1.000
砂礫	1.300	50	20.0	0	40	140 000	280 000	1.000	1.000	1.000

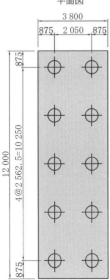

〈既設杭〉
杭種：鋼管杭
杭径：φ700
板厚：9mm
材質：SKK400
杭長：11.90m
腐食代：1mm(外側)
施工方法：中掘り杭工法
先端処理方法：セメントミルク噴出攪拌方式

図 3.3.1 概要図（補強前）

3.3.2 補強理由

既設橋台基礎の補強が必要な理由として、例えば以下に示すような条件の既設基礎では、耐震安全性を満足せず、補強が必要となる場合がある。

① 設計当時の技術基準類の規定は満足しているが、H24道路橋示方書・同解説の規定を満たしていないもの。特に、当初設計において液状化の影響を考慮していないものは、この可能性がある。

② 上部構造の拡幅などなんらかの変更により、基礎が支持する荷重が増加したもの。

本設計例では、H24道路橋示方書・同解説に準拠した照査において必要な耐震性能を満足しないと判定された既設橋台についての補強計算例を示す。

また、本例では既設橋梁基礎補強の適用事例が豊富で桁下空間での施工が可能なＳＴマイクロパイル（タイプⅠ）による増杭補強事例を示す。

3.3.3 設計手順

橋台基礎の標準的な設計計算フローを図3.3.2に示す。本計算例はＳＴマイクロパイル工法設計・施工マニュアル[1),2)]を参考に行うものとし、常時・暴風時およびレベル１地震動については、部材に生じる応力度や変位が許容応力度や許容変位量以下となっていることを照査する。レベル１地震動に対しては、従来から用いられている震度法により耐震性能を照査する。また、レベル２地震動については、部材の塑性域での変形性能や耐力を考慮して耐震性能を照査する。橋台基礎におけるレベル２地震動に対する照査は、通常、液状化が生じると判定される地盤にある橋台基礎において行うものとしている。

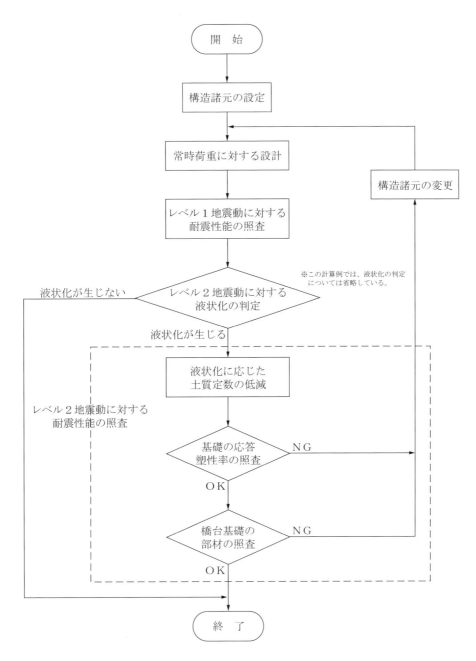

図 3.3.2 地震時保有水平耐力法による橋台基礎の照査フロー

3.3.4 既設橋脚基礎の耐震照査
(1) 設計条件
① 上部工反力： 死荷重 $R_d = 2\,000$ kN、活荷重 $R_L = 800$ kN
② 設計水平震度（レベル 1 地震動時）： 躯体 = 0.25、土砂 = 0.20
③ 地域区分： A1
④ 地盤種別： Ⅱ種
⑤ 裏込め土： 単位体積重量 = 20.0 kN/m³、内部摩擦角 = 35°

⑥ 前載土： 単位体積重量 = 18.0 kN/m³
⑦ 表面載荷重（常時のみ）：q = 10.0 kN/m²

（2） 常時およびレベル1地震動時の作用力

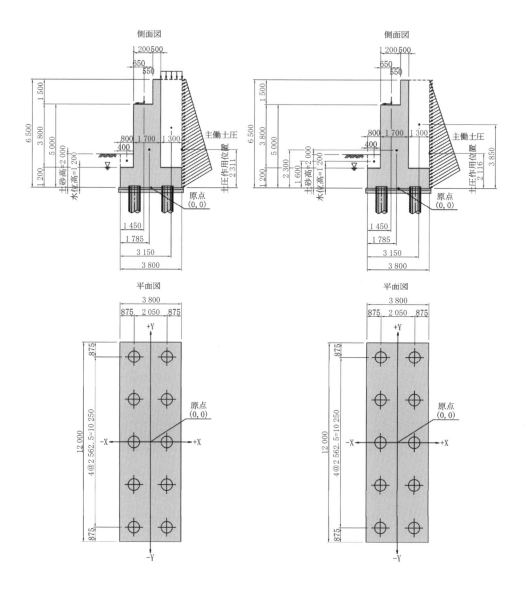

図 3.3.3　荷重モデル図（常時・レベル1地震動時）

3.3 STマイクロパイル工法による杭基礎の耐震補強

表3.3.2 フーチング前面での作用力集計:常時

項　目	鉛直力 V_O(kN)	水平力 H_O(kN)	アーム長 X(m)	アーム長 Y(m)	回転モーメント(kN·m) $M_x = V \cdot X$	回転モーメント(kN·m) $M_y = H \cdot Y$
躯体自重	3 460.380	0.000	1.785	0.000	6 177.087	0.000
前面土砂	138.240	0.000	0.400	0.000	55.296	0.000
背面土砂	1 653.600	0.000	3.150	0.000	5 208.840	0.000
上部工反力	2 800.000	0.000	1.450	5.000	4 060.000	0.000
載荷荷重	156.000	0.000	3.150	6.500	491.400	0.000
土圧	837.912	1 196.662	3.800	2.311	3 184.064	2 765.619
合計	9 046.132	1 196.662	──	──	19 176.687	2 765.619

土圧はクーロン土圧とし、詳細な算出については紙面の都合上割愛する。

表3.3.3 フーチング前面での作用力集計:レベル1地震時

項　目	鉛直力 V_O(kN)	水平力 H_O(kN)	アーム長 X(m)	アーム長 Y(m)	回転モーメント(kN·m) $M_x = V \cdot X$	回転モーメント(kN·m) $M_y = H \cdot Y$
躯体自重	3 460.380	865.095	1.785	2.300	6 177.087	1 989.976
前面土砂	138.240	27.648	0.400	1.600	55.296	44.237
背面土砂	1 653.600	330.720	3.150	3.850	5 208.840	1 273.272
上部工反力	2 000.000	1 000.000	1.450	5.000	2 900.000	5 000.000
土圧	599.438	1 901.173	3.800	2.116	2 277.863	4 023.682
前面水圧	0.000	−86.400	0.000	0.400	0.000	−34.560
浮力	−547.200	0.000	1.900	0.000	−1 039.680	0.000
合計	7 304.458	4 038.236	──	──	15 579.406	12 296.607

土圧はクーロン土圧とし、詳細な算出については紙面の都合上割愛する。

表3.3.4 フーチング中心での作用力集計

方　向	荷重状態	鉛直荷重 V(kN)	水平荷重 H(kN)	モーメント M(kN·m)
橋軸方向	常時	9 046.13	−1 196.66	−776.58
	レベル1地震動時	7 304.46	−4 038.24	−10 595.67

フーチング中心での作用力の集計
　　鉛直力:　　$V = V_o$(kN)
　　水平力:　　$H = H_o$(kN)
　　回転モーメント:　$M = V_o \cdot B_j/2 + (M_y - M_x)$　(kN·m)
ここに、
　　フーチング橋軸方向幅:$B_j = 3.800$(m)

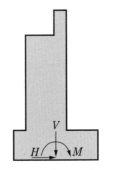

図3.3.4 作用力の向き

（3） レベル2地震動時の作用力

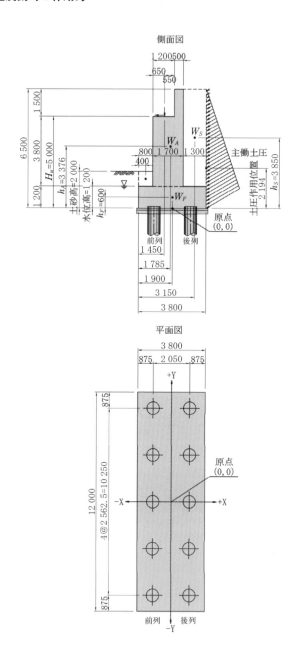

図3.3.5　荷重モデル図（レベル2地震動時）

許容塑性率

$\mu_a = 3.0$（H24道路橋示方書・同解説V編13.4より）

橋台基礎の設計水平震度の補正係数

$C_A = 1.0$（H24道路橋示方書・同解説V編13.2より）

上部工死荷重　$R_D = 2\,000.00$ (kN)

橋台躯体重量
$$W_A = (0.500 \times 1.500 + 1.700 \times 3.800) \times 12.000 \times 24.5 \ (\text{kN/m}^3) = 2\,119.74\,(\text{kN})$$
フーチング下面から W_A 重心位置までの高さ　$h_A = 3.376\,(\text{m})$
フーチング重量　$W_F = 1.200 \times 3.800 \times 12.000 \times 24.5\,(\text{kN/m}^3) = 1\,340.64\,(\text{kN})$
フーチング下面から W_F 重心位置までの高さ　$h_F = 0.600\,(\text{m})$
橋台背面土重量　$W_s = 1.300 \times 5.300 \times 12.000 \times 20.0\,(\text{kN/m}^3) = 1\,653.60\,(\text{kN})$
フーチング下面から W_s 重心位置までの高さ　$h_s = 3.850\,(\text{m})$
前面土砂自重　$= 0.800 \times 0.800 \times 12.000 \times 18.0\,(\text{kN/m}^3) = 138.24\,(\text{kN})$
フーチング下面から水位までの高さ　$= 1.200\,(\text{m})$
フーチング橋軸方向幅　$B_j = 3.800\,(\text{m})$
浮力　$= 1.200 \times 3.800 \times 12.000 \times 10.0\,(\text{kN/m}^3) = -547.20\,(\text{kN})$

表 3.3.5　死荷重時（$k_h = 0.00$）作用力集計

項目	鉛直力 V(kN)	水平力 H(kN)	アーム長 X(m)	アーム長 Y(m)	回転モーメント(kN·m) $M_x = V \cdot A$	回転モーメント(kN·m) $M_y = H \cdot Y$	回転モーメント(kN·m) $M_o = M_y - M_x$
上部構造	2 000.000	0.000	1.450	5.000	2 900.000	0.000	−2 900.000
躯体自重	3 460.380	0.000	1.785	0.000	6 177.087	0.000	−6 177.087
前面土砂	138.240	0.000	0.400	0.000	55.296	0.000	−55.296
背面土砂	1 653.600	0.000	3.150	0.000	5 208.840	0.000	−5 208.840
土圧	330.263	1 047.460	3.800	2.194	1 255.000	2 298.322	1 043.322
浮力	−547.200	0.000	1.900	0.000	−1 039.680	0.000	1 039.680
合計1	7 035.283	1 047.460	——	——	14 556.543	2 298.322	−12 258.221
合計2	6 705.020	0.000	——	——	13 301.543	0.000	−13 301.543

合計1：土圧を含む時の合計
合計2：土圧を除く時の合計（土圧強度は含む）
土圧は、修正物部・岡部法により算出するが、詳細な算出は紙面の都合上割愛する。

死荷重時にフーチング下面中心に作用する鉛直力（土圧を除く）$V_d = 6\,705.02\,(\text{kN})$
死荷重時にフーチング下面中心に作用する水平力（土圧を除く）$H_d = 0.00\,(\text{kN})$
死荷重時にフーチング下面中心に作用するモーメント（土圧を除く）
$$M_d = V_d \cdot B_j/2 + M_o = 6\,705.02 \times 3.800/2 - 13\,301.54 = -562.00\,(\text{kN·m})$$
地盤面における設計水平震度　$K_{hg}(= C2_z \cdot k_{hgo}) = 1.2 \times 0.45 = 0.54$（タイプⅠ）
$\phantom{地盤面における設計水平震度　K_{hg}(= C2_z \cdot k_{hgo})} = 1.0 \times 0.70 = 0.70$（タイプⅡ）

橋台基礎の照査に用いる設計水平震度
$$k_{hA}(C_A \cdot C_{sz} \cdot k_{hgo}) = 1.0 \times 1.2 \times 0.45 = 0.54\,(\text{タイプⅠ})$$

$$= 1.0 \times 1.0 \times 0.70 = 0.70 (タイプⅡ)$$

1橋台当りの上部構造水平力

$$H_R = k_{hA} \times 2 \times R_D = 0.54 \times 2 \times 2\,000.00 = 2\,160.00 (タイプⅠ)$$
$$= 0.70 \times 2 \times 2\,000.00 = 2\,800.00 (タイプⅡ)$$

フーチング下面から上部構造慣性力作用位置までの高さ　$H_u = 5.000 \,(\mathrm{m})$

(4) 許容支持力の計算

1) 軸方向許容押込み支持力の計算

$$R_a = \gamma / n \cdot R_u$$
$$R_u = qd \cdot Ap + U \cdot \Sigma (L_i \cdot f_i)$$

R_a：杭頭における杭の軸方向許容押込み支持力 (kN)

n：安全率（常時：3、レベル1地震動時：2）

γ：安全率の補正係数 = 1.0

　安全率および安全率の補正係数は、H24 道路橋示方書・同解説Ⅳ編 12.4.1 に準じる。

R_u：地盤から決まる杭の極限支持力 (kN)

qd：杭先端で支持する単位面積当りの極限支持力度 ($\mathrm{kN/m^2}$)

$$qd = 200 \cdot N (\leqq 10\,000)\ 砂れき層$$
$$= 200 \times 50.0 = 10\,000\ (\mathrm{kN/m^2})$$

Ap：杭先端面積 ($\mathrm{m^2}$)

$$Ap = \pi/4 \cdot D^2 = \pi/4 \times 0.700^2 = 0.38485\ (\mathrm{m^2})$$

U：杭の周長 (m)

$$U = \pi \cdot D = \pi \times 0.700 = 2.199\ (\mathrm{m})$$

L_i：周面摩擦力を考慮する層の層厚 (m)

f_i：周面摩擦力を考慮する層の最大周面摩擦力度 ($\mathrm{kN/m^2}$)

　杭先端から上方に $1.0 \cdot D$ の範囲では周面摩擦力を考慮しない。

表 3.3.6　最大周面摩擦力度の推定方法

	砂質土	粘性土
中掘り杭工法	$2N (\leqq 100)$	$8N (\leqq 100)$

※ N は各層の N 値を示す。
※ N 値が 5 未満となる軟弱層の最大周面摩擦力度は 0 とする。

表 3.3.7　周面摩擦力（常時）

層 No	土質	平均 N 値	粘着力 (kN/m²)	層厚 L_i (m)	f_i (kN/m²)	$L_i \cdot f_i$ (kN/m)
1	砂質	5.0	0.0	1.500	10.0	15.00
2	砂質	10.0	0.0	5.500	20.0	110.00
3	砂質	15.0	0.0	3.600	30.0	108.00
4	砂礫	50.0	0.0	0.600	100.0	60.00
計（押込み）				11.200		293.00
4	砂礫	50.0	0.0	0.700	100.0	70.00
計（引抜き）				11.900		363.00

表 3.3.8　周面摩擦力（地震時）

層 No	土質	平均 N 値	粘着力 (kN/m²)	層厚 L_i (m)	f_i (kN/m²)	$L_i \cdot f_i$ (kN/m)
1	砂質	5.0	0.0	1.500	10.0	15.00
2	砂質	10.0	0.0	5.500	20.0	110.00
3	砂質	15.0	0.0	3.600	30.0	108.00
4	砂礫	50.0	0.0	0.600	100.0	60.00
計（押込み）				11.200		293.00
4	砂礫	50.0	0.0	0.700	100.0	70.00
計（引抜き）				11.900		363.00

地盤から決まる極限支持力（常時、レベル1地震動時）

$$R_u = qd \cdot Ap + U \cdot \Sigma (L_i \cdot f_i)$$
$$= 10\,000 \times 0.38485 + 2.199 \times 293.0 = 4\,493 \text{ (kN)}$$

許容支持力
　　常時　　　　　　　$R_a = 1.0/3.0 \times 4\,493 = 1\,498$ (kN)
　　レベル1地震動時　$R_a = 1.0/2.0 \times 4\,493 = 2\,246$ (kN)

2）軸方向許容引抜き抵抗力の計算

　　$P_a = 1/n \cdot P_u$
　　$P_u = U \cdot \Sigma (L_i \cdot f_i)$
　　P_a：杭頭における杭の軸方向許容引抜き抵抗力 (kN)
　　n　：安全率（常時：6、レベル1地震動時：3）
　　　　　安全率は、H24 道路橋示方書・同解説Ⅳ編 12.4.2 に準じる。
　　P_u：地盤から決まる杭の極限引抜き抵抗力 (kN)（常時、レベル1地震動時）
　　　　　$P_u = 2.199 \times 363.0 = 798$ (kN)

許容引抜力
　　常時　　　　　　　$P_a = 1.0 / 6.0 \times 798 = 133$ (kN)
　　レベル1地震動時　$P_a = 1.0 / 3.0 \times 798 = 266$ (kN)

3）計算結果一覧

表 3.3.9　許容支持力

許容支持力 (kN/本)	常時	1 498
	レベル1地震動時	2 246
許容引抜力 (kN/本)	常時	133
	レベル1地震動時	266

※ただし、常時は引抜きが生じない設計とするため以後の計算は、常時の許容引抜力は0として計算する。

(5) 押込み支持力の上限値

1）地盤から決まる杭の極限支持力

$R_u = qd \cdot Ap + U \cdot \Sigma (L_i \cdot f_i \cdot DE_i)$

R_u：地盤から決まる杭の極限支持力 (kN)

qd：杭先端で支持する単位面積当りの極限支持力度 (kN/m^2)

　　$qd = 200 \cdot N (\leqq 10\,000)$　砂れき層
　　　　$= 200 \times 50.0 = 10\,000$ (kN/m^2)

Ap：杭先端面積 (m^2)

　　$Ap = \pi/4 \cdot D^2 = \pi/4 \times 0.700^2 = 0.38485$ (m^2)

U：杭の周長 (m)

　　$U = \pi \cdot D = \pi \times 0.700 = 2.199$ (m)

L_i：層厚 (m)

f_i：層の最大周面摩擦力度 (kN/m^2)

　　杭先端から上方に $1.0 \cdot D$ の範囲では周面摩擦力を考慮しない。

DE_i：土質定数の低減係数

表 3.3.10　周面摩擦力（液状化考慮［タイプⅠ］）

層 No	土質	平均 N 値	粘着力 (kN/m^2)	層厚 L_i(m)	f_i (kN/m^2)	DE_i	$L_i \cdot f_i \cdot DE_i$ (kN)
1	砂質	5.0	0.0	1.500	10.0	0.667	10.00
2	砂質	10.0	0.0	5.500	20.0	1.000	110.00
3	砂質	15.0	0.0	3.600	30.0	1.000	108.00
4	砂礫	50.0	0.0	0.600	100.0	1.000	60.00
計（押込み）				11.200			288.00
4	砂礫	50.0	0.0	0.700	100.0	1.000	70.00
計（引抜き）				11.900			358.00

地盤から決まる極限支持力

$$R_u = qd \cdot Ap + U \cdot \Sigma (L_i \cdot f_i \cdot DE_i)$$
$$= 10\,000 \times 0.38485 + 2.199 \times 288.00 = 4\,482 \text{ (kN)}$$

表 3.3.11　周面摩擦力 (液状化考慮 [タイプⅡ])

層 No	土質	平均N値	粘着力 (kN/m^2)	層厚 $L_i(m)$	f_i (kN/m^2)	DE_i	$L_i \cdot f_i \cdot DE_i$ (kN)
1	砂質	5.0	0.0	1.500	10.0	0.333	5.00
2	砂質	10.0	0.0	5.500	20.0	1.000	110.00
3	砂質	15.0	0.0	3.600	30.0	1.000	108.00
4	砂礫	50.0	0.0	0.600	100.0	1.000	60.00
計(押込み)							283.00
4	砂礫	50.0	0.0	0.700	100.0	1.000	70.00
計(引抜き)				11.900			353.00

地盤から決まる極限支持力

$$R_u = qd \cdot Ap + U \cdot \Sigma (L_i \cdot f_i \cdot DE_i)$$
$$= 10\,000 \times 0.38485 + 2.199 \times 283.00 = 4\,471 \text{ (kN)}$$

2）杭体から決まる押込み支持力の上限値

$$R_{pu} = \sigma_y \cdot A_s = 235.00 \times 10^3 \times 0.017342 = 4\,075 \text{ (kN)}$$

　　R_{pu}：杭体から決まる押込み支持力の上限値 (kN)

　σ_y：鋼管の降伏点 = 235.00×10^3 (kN/m²)

　A_s：鋼管断面積 = 0.017342 (m²)

3）押込み支持力の上限値

$$P_{Nu} = \min(R_u, R_{pu}) = 4\,075 \text{ (kN)} \quad （液状化考慮:地震動タイプⅠ）$$
$$= \min(R_u, R_{pu}) = 4\,075 \text{ (kN)} \quad （液状化考慮:地震動タイプⅡ）$$

（6）引抜き抵抗力の上限値

1）地盤から決まる杭の極限引抜き力

$$P_u + W = U \cdot \Sigma (L_i \cdot f_i \cdot DE_i) + W$$

　　P_u：地盤から決まる杭の極限引抜き力 (kN)

　　W：杭の有効重量 (kN)

　　　　$W = 0.0$ (kN)（有効重量考慮しない）

　　U：杭の周長 = 2.199 (m)

　　L_i：層厚 (m)

　　f_i：層の最大周面摩擦力度 (kN/m²)

　　DE_i：土質定数の低減係数

・液状化考慮［タイプⅠ］

$$P_{Tu} + W = U \cdot \Sigma (L_i \cdot f_i \cdot DE_i) + W$$
$$= 2.199 \times 358.00 + 0.0 = 787 \text{ (kN)} \text{（水位無）}$$
$$= 2.199 \times 358.00 + 0.0 = 787 \text{ (kN)} \text{（水位有）}$$

・液状化考慮［タイプⅡ］

$$P_u + W = U \cdot \Sigma (L_i \cdot f_i \cdot DE_i) + W$$
$$= 2.199 \cdot 353.00 + 0.0 = 776 \text{ (kN)} \text{（水位無）}$$
$$= 2.199 \cdot 353.00 + 0.0 = 776 \text{ (kN)} \text{（水位有）}$$

2）杭体から決まる引抜き抵抗力の上限値

$$P_{pu} = \sigma_y \cdot A_s = 235.00 \times 10^3 \times 0.017342 = 4\,075 \text{ (kN)}$$

P_{pu}：杭体から決まる引抜き抵抗力の上限値 (kN)

σ_y：鋼管の降伏点 $= 235.00 \times 10^3$ (kN/m^2)

A_s：鋼管断面積 $= 0.017342$ (m^2)

3）引抜き抵抗力の上限値

$$P_{Tu} = \min(P_u + W, P_{pu}) = 787 \text{ (kN)} \text{（タイプⅠ：水位無）}$$
$$= \min(P_u + W, P_{pu}) = 787 \text{ (kN)} \text{（タイプⅠ：水位有）}$$
$$P_{Tu} = \min(P_u + W, P_{pu}) = 776 \text{ (kN)} \text{（タイプⅡ：水位無）}$$
$$= \min(P_u + W, P_{pu}) = 776 \text{ (kN)} \text{（タイプⅡ：水位有）}$$

（7）　許容変位

　許容変位は、H24 道路橋示方書・同解説Ⅳ編 9.2 に準拠して、15mm とする。

（8）　杭頭反力の計算

　計算は、変位法により行うものとし、底版中心の変位は次の三元連立方程式を解いて求める。

$$A_{xx} \cdot \delta_x + A_{xy} \cdot \delta_y + A_{xa} \cdot \alpha = H_o$$
$$A_{yx} \cdot \delta_x + A_{yy} \cdot \delta_y + A_{ya} \cdot \alpha = V_o$$
$$A_{ax} \cdot \delta_x + A_{ay} \cdot \delta_y + A_{aa} \cdot \alpha = M_o$$

フーチング底面を水平とすれば各係数は次式で求められる。

$$A_{xx} = \Sigma (K_1 \cdot \cos^2\theta_i + K_v \cdot \sin^2\theta_i)$$
$$A_{xy} = A_{yx} = \Sigma (K_v - K_1) \cdot \sin\theta_i \cdot \cos\theta_i$$
$$A_{xa} = A_{ax} = \Sigma \{(K_v - K_1) \cdot x_i \cdot \sin\theta_i \cdot \cos\theta_i - K_2 \cdot \cos\theta_i\}$$
$$A_{yy} = \Sigma (K_v \cdot \cos^2\theta_i + K_1 \cdot \sin^2\theta_i)$$
$$A_{ya} = A_{ay} = \Sigma \{(K_v \cdot \cos^2\theta_i + K_1 \cdot \sin^2\theta_i) \cdot x_i + K_2 \cdot \sin\theta_i\}$$
$$A_{aa} = \Sigma \{(K_v \cdot \cos^2\theta_i + K_1 \cdot \sin^2\theta_i) \cdot x_i^2 + (K_2 + K_3) \cdot x_i \cdot \sin\theta_i + K_4\}$$

ここに、A_{xx} ：水平方向ばね (kN/m)

$A_{xy} = A_{yx}$：鉛直と水平の連成ばね (kN/m)

$A_{xa} = A_{ax}$：水平と回転の連成ばね (kN/rad, kN·m/m)

A_{yy} ：鉛直方向ばね (kN/m)

$A_{ya} = A_{ay}$：鉛直と回転の連成ばね (kN/rad, kN·m/m)

A_{aa} ：回転ばね (kN·m/rad)

V_o ：フーチング底面より上に作用する鉛直荷重 (kN)

H_o ：フーチング底面より上に作用する水平荷重 (kN)

M_o ：原点 0 まわりの外力のモーメント (kN·m)

K_v ：杭の軸方向ばね定数 (kN/m)

$K_1 \sim K_4$：杭の軸直角方向ばね定数 (kN/m, kN/rad, kN·m/m, kN·m/rad)

x_i ：i 番目の杭の杭頭の x 座標 (m)

θ_i ：i 番目の杭の杭軸が鉛直軸となす角度 (°)

δ_x ：原点 0 の水平変位 (m)

δ_y ：原点 0 の鉛直変位 (m)

α ：フーチングの回転角 (rad)

注）式中の i は i 番目の杭を示す。

以上の計算の結果求められたフーチング原点における変位 $(\delta_x, \delta_z, \alpha)$ より、各杭頭に作用する杭軸方向力 P_N、杭軸直角方向力 P_H、およびモーメント M_t は次の式により求められる。

$$P_{Ni} = K_v \cdot \delta_{yi}'$$
$$P_{Hi} = K_1 \cdot \delta_{xi}' - K_2 \cdot \alpha$$
$$M_{ti} = -K_3 \cdot \delta_{xi}' + K_4 \cdot \alpha$$

$$\delta_{xi}' = \delta_x \cdot \cos\theta_i + (\delta_y + \alpha x_i) \cdot \sin\theta_i$$
$$\delta_{yi}' = \delta_x \cdot \sin\theta_i + (\delta_y + \alpha x_i) \cdot \cos\theta_i$$

ここに、P_{Ni} ：i 番目の杭の杭軸方向力 (kN)

P_{Hi} ：i 番目の杭の杭軸直角方向力 (kN)

M_{ti} ：i 番目の杭の杭頭に作用する外力としてのモーメント (kN·m)

K_v ：杭の軸方向ばね定数 (kN/m)

$K_1 \sim K_4$：杭軸直角方向ばね定数 (kN/m, kN/rad, kN·m/m, kN·m/rad)

x_i ：i 番目の杭の杭頭の x 座標 (m)

θ_i ：i 番目の杭の杭軸が鉛直軸となす角度 (°)

δ_{xi}' ：i 番目の杭の杭頭の軸直角方向変位 (m)

δ_{yi}' ：i 番目の杭の杭頭の軸方向変位 (m)

α ：フーチングの回転角 (rad)

杭頭での鉛直反力 V_i、及び水平反力 H_i は、次式による。

$V_i = P_{Ni} \cdot \cos\theta_i - P_{Hi} \cdot \sin\theta_i$

$H_i = P_{Ni} \cdot \sin\theta_i + P_{Hi} \cdot \cos\theta_i$

注）式中の i は i 番目の杭を示す。

※杭頭に作用する水平力およびモーメントは、全ての杭が直杭であるため杭の位置（列）に関わらず一定となる。増し杭の場合は、既設杭と増し杭それぞれで一定となる。

（9）常時およびレベル1地震動時の照査結果

常時およびレベル1地震動時に対して、①水平変位、②押込み・引抜き支持力、③各部材に生じる応力度が許容値以下であることを照査する。

表3.3.12 照査結果（常時・レベル1地震動時）

照査方向		橋軸方向	
荷重ケース 略称		常時	レベル1 地震動時
原点作用力			
V	kN	9 046.1	7 304.5
H	kN	$-1 196.7$	$-4 038.2$
M	kN·m	-776.6	$-10 595.7$
原点変位（水平変位の照査）			
δ_x	mm	-4.71	-14.55
δ_z	mm	5.86	4.73
α	rad	-0.00109852	-0.00637142
δ_f, δ_a	mm	$4.71 \leq 15.00$	$14.55 \leq 15.00$
鉛直反力（押込み・引抜き支持力の照査）			
P_{Nmax}, R_a	kN	$1 078.55 \leq 1 498.00$	$1 739.26 \leq 2 246.00$
P_{Nmin}, P_a	kN	$730.68 \geq 0.00$	$-278.36 < -266.00$
水平反力			
P_H	kN	-119.67	-403.82
杭作用モーメント			
杭頭 M_t	kN·m	100.62	-25.54
地中部 M_m	kN·m	-128.68	-381.14
杭体応力度（部材応力度の照査）			
σ_c, σ_{ca}	N/mm²	$-105.70 \geq -140.00$	$-229.16 < -210.00$
σ_t, σ_{ta}	N/mm²	$-1.37 \leq 140.00$	$144.92 \leq 210.00$
τ, τ_a	N/mm²	$6.901 \leq 80.000$	$23.286 \leq 120.000$
判定		OK	NG

・常時

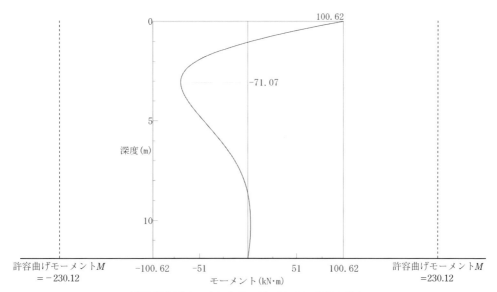

※許容曲げモーメントは、$N=1\,078.55(kN)$の場合

（杭頭剛結）

図 3.3.6　曲げモーメント図

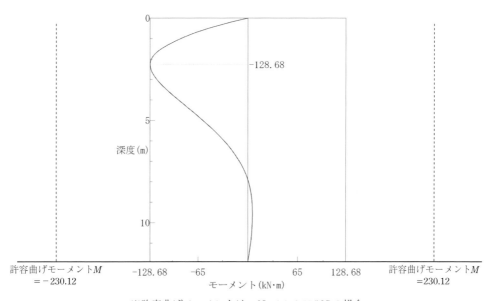

※許容曲げモーメントは、$N=1\,078.55(kN)$の場合

（杭頭ヒンジ）

図 3.3.7　曲げモーメント図

許容曲げモーメント M は、$(\sigma_{ca,ta}-P_{N\max}/A)/Y_s \times I$ にて算出しています。
$\sigma_{ca,ta}$：許容応力度 (N/mm^2)
$P_{N\max}$：押込み力 (kN)
　A　：断面積 (mm^2)
　Y_s　：部材断面の図心より部材引張縁までの距離 (mm)
　I　：断面2次モーメント (mm^4)

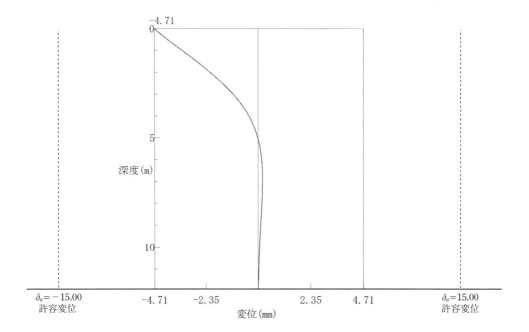

図 3.3.8　変位図

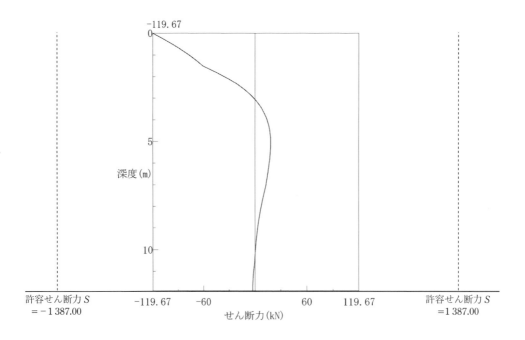

図 3.3.9　せん断力図

許容せん断力 S は、$\tau_a \times A$ にて算出しています。
τ_a：許容応力度 (N/mm^2)
A：断面積 (mm^2)

・レベル1地震動時

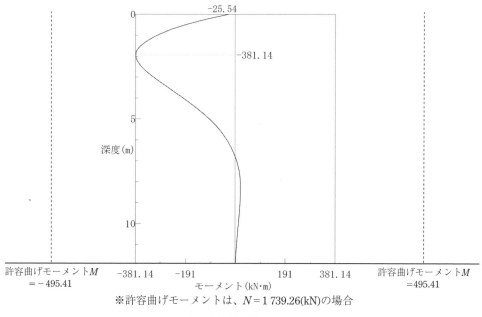

（杭頭剛結）

図 3.3.10　曲げモーメント図

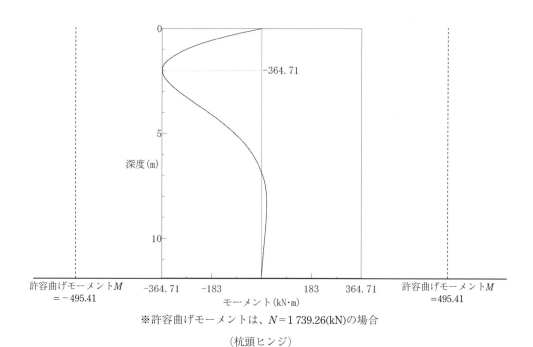

（杭頭ヒンジ）

図 3.3.11　曲げモーメント図

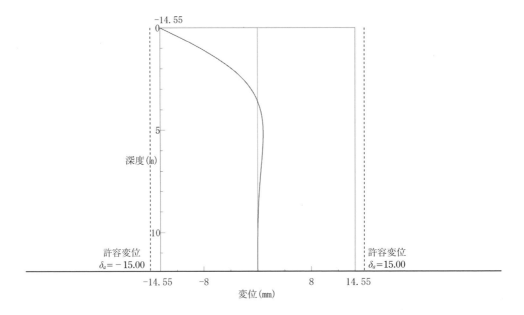

図 3.3.12　変位図

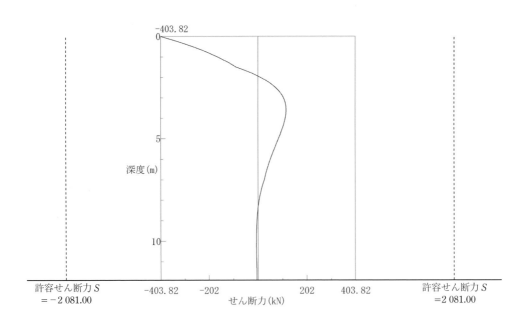

図 3.3.13　せん断力図

(10) レベル2地震動時の照査結果

レベル2地震動に対する照査における降伏は、H24道路橋示方書・同解説Ⅳ編 12.10.2に準じて次のいずれかの状態に最初に達する時とする。

① 全ての杭において、杭体が塑性化する。（$M > M_y$ となる。）
② 一列の杭頭反力が押込み支持力の上限値に達する。

表 3.3.13 照査結果（レベル2地震動時）

照査方向				橋軸方向			
地震動タイプ				タイプⅠ		タイプⅡ	
降伏時の震度 k_{hyA}				0.293（図3.3.14参照）		0.269（図3.3.17参照）	
降伏照査	最大曲げモーメント			計算値	M_y	計算値	M_y
		M 前列	kN·m	692.23	575.00	683.70	575.00
		M 後列	kN·m	586.55	575.00	577.35	575.00
	最大押込み力			計算値	上限値	計算値	上限値
		P	kN	2 265.37	4 075.00	2 248.48	4 075.00
	判定			k_{hA} に達する前に杭体が塑性化するので応答塑性率照査に移行		k_{hA} に達する前に杭体が塑性化するので応答塑性率照査に移行	
塑性率照査	基礎の応答塑性率	μ	—	2.085	3.000	3.574	3.000
	基礎の応答変位	δ_{fr}	m	0.1980	—	0.3336	—
	判定			OK		NG	

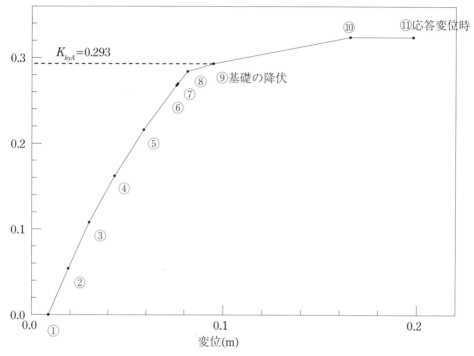

図 3.3.14 水平震度－変位（タイプⅠ）

表 3.3.14 震度と杭の状態（タイプⅠ）

図中番号	α_i	水平震度	水平力（kN）	上部構造慣性力作用位置の変位（m）	極限支持力 押込側杭列数	極限支持力 引抜側杭列数	杭本体状態 前列	杭本体状態 後列	備考
①	0.0000	0.000	1 047.5	0.0088	0/2	0/2	1	1	初期土圧変位
②	0.1000	0.054	1 747.9	0.0189	0/2	0/2	1	1	
③	0.2000	0.108	2 448.3	0.0302	0/2	0/2	1	1	
④	0.3000	0.162	3 148.7	0.0433	0/2	0/2	1	1	
⑤	0.4000	0.216	3 849.1	0.0587	0/2	0/2	1	1	
⑥	0.4963	0.268	4 523.8	0.0759	0/2	0/2	3	1	
⑦	0.5000	0.270	4 549.5	0.0766	0/2	0/2	3	1	
⑧	0.5262	0.284	4 732.8	0.0816	0/2	1/2	3	1	
⑨	0.5430	0.293	4 850.9	0.0949	0/2	1/2	3	3	基礎の降伏
⑩	0.6000	0.324	5 249.9	0.1654	0/2	1/2	4	4	
⑪	0.6000	0.324	5 250.2	0.1980	0/2	1/2	4	4	応答変位時

極限支持力：全杭列中、極限支持力に達している杭列数を示す。
杭本体状態：1：降伏前の状態、3：降伏〜終局、4：塑性ヒンジ発生

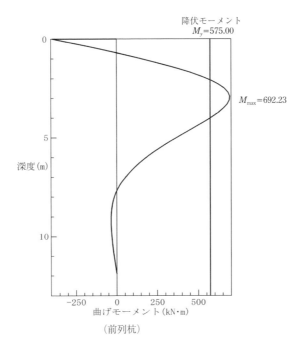

図 3.3.15　曲げモーメント図（基礎の降伏時）

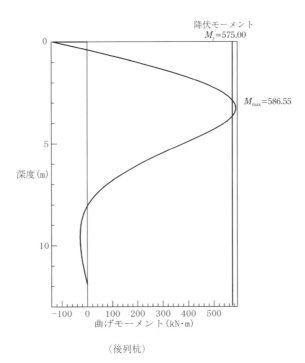

図 3.3.16　曲げモーメント図（基礎の降伏時）

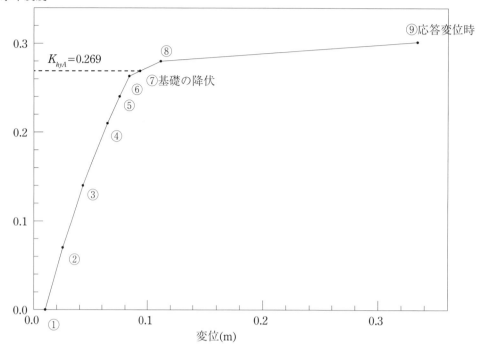

図 3.3.17 水平震度−変位（タイプⅡ）

表 3.3.15 震度と杭の状態（タイプⅡ）

図中番号	α_i	水平震度	水平力(kN)	上部構造慣性力作用位置の変位(m)	極限支持力 押込側杭列数	極限支持力 引抜側杭列数	杭本体状態 前列	杭本体状態 後列	備 考
①	0.0000	0.000	1 047.5	0.0101	0/2	0/2	1	1	初期土圧変位
②	0.1000	0.070	1 955.4	0.0251	0/2	0/2	1	1	
③	0.2000	0.140	2 863.3	0.0430	0/2	0/2	1	1	
④	0.3000	0.210	3 771.3	0.0645	0/2	0/2	1	1	
⑤	0.3430	0.240	4 161.8	0.0752	0/2	0/2	3	1	
⑥	0.3760	0.263	4 460.9	0.0837	0/2	1/2	3	1	
⑦	0.3843	0.269	4 536.8	0.0933	0/2	1/2	3	3	基礎の降伏
⑧	0.4000	0.280	4 679.2	0.1114	0/2	1/2	3	3	
⑨	0.4309	0.302	4 959.5	0.3336	0/2	1/2	4	4	応答変位時

極限支持力：全杭列中、極限支持力に達している杭列数を示す。
杭本体状態：1：降伏前の状態、3：降伏〜終局、4：塑性ヒンジ発生

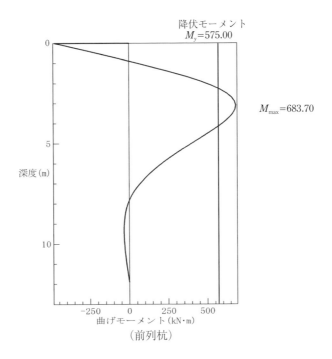

図 3.3.18　曲げモーメント図（基礎の降伏時）

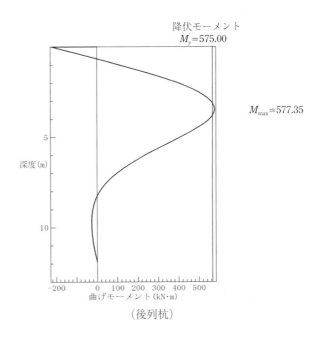

図 3.3.19　曲げモーメント図（基礎の降伏時）

　既設橋台基礎照査の結果、レベル1地震動においては鉛直反力（引抜き力）および杭体の曲げ応力度が許容値を超過し（**表 3.3.12**）、レベル2地震動時においては基礎の設計水平震度以前に基礎が降伏し応答塑性率が許容値を超過する（**表 3.3.13**）ことから、増し杭補強を行う。

3.3.5 補強設計における設計概要

既設橋台前面に増し杭を行うが、桁下（上空制限下）作業で施工可能な工法としてＳＴマイクロパイル工法（タイプⅠ）による増し杭の計算例を示す。

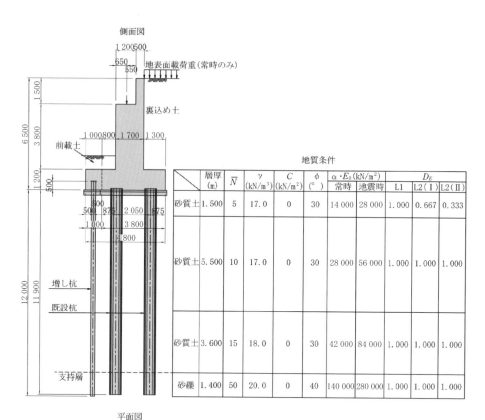

	層厚 (m)	$\overline{N}$	γ (kN/m³)	C (kN/m²)	ϕ (°)	$\alpha \cdot E_0$ (kN/m²) 常時	$\alpha \cdot E_0$ (kN/m²) 地震時	D_E L1	D_E L2(Ⅰ)	D_E L2(Ⅱ)
砂質土	1.500	5	17.0	0	30	14 000	28 000	1.000	0.667	0.333
砂質土	5.500	10	17.0	0	30	28 000	56 000	1.000	1.000	1.000
砂質土	3.600	15	18.0	0	30	42 000	84 000	1.000	1.000	1.000
砂礫	1.400	50	20.0	0	40	140 000	280 000	1.000	1.000	1.000

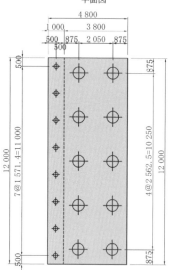

〈既設杭〉
  杭種：鋼管杭
  杭径：φ700
  板厚：9mm
  材質：SKK400
  杭長：11.90m
  腐食代：1mm(外側)
  施工方法：中掘り杭工法
  先端処理方法：セメントミルク噴出攪拌方式

〈増し杭〉
  杭種：ＳＴマイクロパイル工法(タイプⅠ)
  杭径：φ267.4
  板厚：12mm
  材質：STK540
  杭長：12.50m(杭のフーチングへの根入れ含む)
  腐食代：1mm(外側)

図 3.3.20　概要図（補強後）

3.3.6 補強方法

ＳＴマイクロパイル工法（タイプⅠ）（Strong Tubfix Micro Piles：以下 STMP という）は、高強度の鋼管を使用することとパッカーを用いた段階加圧注入方式により地盤中に全面定着させることで小口径でも高耐力・高支持力を可能にした工法である。

ちなみにＳＴマイクロパイル工法には、タイプⅠの他にタイプⅡがある。

タイプⅡは、タイプⅠと同材質・同鋼管径の鋼管を使用するが、その鋼管と高圧噴射改良体との合成構造の工法であり、タイプⅠと比較して杭１本当りの支持力、鉛直バネ・水平バネを大きく確保できる工法である。

タイプⅡの計算については、道路橋の補修・補強計算例Ｉに橋脚基礎の補強計算例が掲載されているのでそちらをご参照下さい。

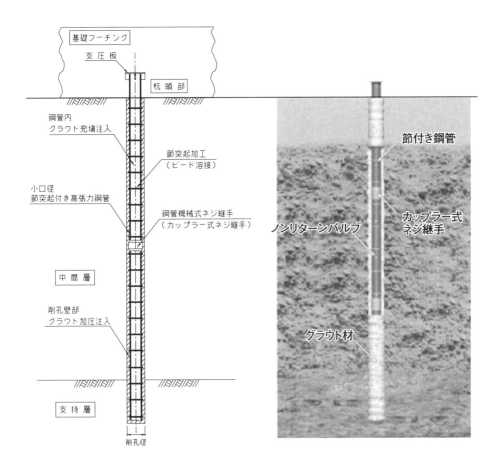

図 3.3.21　ST マイクロパイル工法（タイプⅠ）の構造

（1） STMP（タイプⅠ）の構造

① STMP（タイプⅠ）は、鋼管とグラウトで構成されている。

② グラウトは、パッカーを用いた段階加圧注入により鋼管に取付けられたノンリターンバルブを介して鋼管外周の地盤との空隙部にもグラウトを充填し、杭と周辺

地盤とを密着させる。(ノンリターンバルブとは、鋼管の内側から圧力をかけて外側へグラウトを送りだすが、圧力をかけなければ外側から内側へは流れ込まない逆流防止弁のことであり、鋼管に50 cm程度間隔で配置されている。)

(2) STMP（タイプⅠ）の特徴
(a) 設計面
① 高張力鋼管を用いるため大きな曲げ耐力を確保できる。
② 小口径であるため、フーチングの拡幅を小さくできる。
③ 斜杭を用いることが可能である。

(b) 施工面
① 小型のボーリングマシンにより削孔するため、騒音や振動が少ない。
② 施工機械が小さいため、狭隘な場所（幅3 m程度）や上空制限（3.8 m程度）のある場所での施工が可能である。
③ 軟弱地盤から砂礫地盤、玉石地盤、岩盤まであらゆる地盤での施工が可能である。
④ 杭径が300 mm以下と小さいため、地中障害物や既設構造物に対して影響が小さい。
⑤ 材料および施工機械が小さく運搬が容易であるため、運搬経路の狭い場所での施工が可能である。

・STMP（タイプⅠ）およびHMPの工法選定について（参考）

　STMP、HMP（HMPとは高耐力マイクロパイルの略称である。概要については前節3.2を参照。）とも大きな曲げ耐力を確保できる、施工機械が小さい、軟弱地盤から硬質地盤まであらゆる地盤まで対応可能などどちらも似た特徴を有しているが、支持力に注目するとその算出方法の特徴から中間層の周面摩擦がある程度期待できる場合は、STMP（タイプⅠ）のほうが杭長を短くでき優位となる可能性がある。

　本計算例ではSTMPによる増し杭の例を示すが、支持力の考え方、杭径および板厚など工法により異なるため、経済性も含めた総合的判断により工法選定は行うのが望ましい。

3.3.7　増し杭の諸元
　増し杭の諸元を下表に示す。
　ここに示す数値は、STMP工法（タイプⅠ）設計・施工マニュアル[1), 2)]に準じる。
　また、着色部は本設計計算例にて使用するものを示す。

表 3.3.16　STMP（タイプⅠ）の諸元

鋼　管		削孔径 D_g（グラウト外径）(mm)
鋼管外径 D_s (mm)	鋼管肉厚 t (mm)	
165.2	7.1	185
216.3	12.0	239
267.4	12.0	292

表 3.3.17　鋼管の材質および物理定数

応力度の種類	単位	一般構造用炭素鋼管 STK540	高張力鋼管 STKT590
ヤング係数 E_s	N/mm²	2.0×10^5	2.0×10^5
許容曲げ引張応力度 σ_{ta}	N/mm²	230	255
許容曲げ圧縮応力度 σ_{ca}	N/mm²	230	255
許容せん断応力度 τ_a	N/mm²	130	145
降伏点 σ_y	N/mm²	390	440
引張強さ σ_t	N/mm²	540	590

・杭の許容支持力

表 3.3.18　最大周面摩擦力度

地盤の種類	最大周面摩擦力度 τ_{gi}(kN/m²)
砂質土	$\tau_{gi}=5N(\leq 200)$
粘性土	$\tau_{gi}=C$ または $10N(\leq 150)$

ただし、杭頭から $1/\beta$ 範囲は周面摩擦抵抗を無視することとする。

表 3.3.19　杭先端における極限支持力度

地盤の種類	杭先端の極限支持力度 p_d(kN/m²)
砂礫層および砂層（$N\geq 30$）	3 000
良質な砂礫層（$N\geq 50$）	5 000
硬質粘性土層	$3\cdot qu$

ただし、qu：一軸圧縮強度（kN/m²）、N：標準貫入試験の N 値

3.3.8　橋脚基礎補強計算
（1）杭長の設定

　STMP（タイプⅠ）は、図 3.3.22 に示すように良好な支持地盤に 1 m 程度以上鋼管

を根入れさせることとし、杭のフーチングへの根入れ長は 0.500 m（標準値）とする。

また、使用する鋼管は 0.500 m 刻みの鋼管を使用する。

よって、本設計計算例では支持層への根入れを 1.40 m として杭長 12.50 m として設定した。

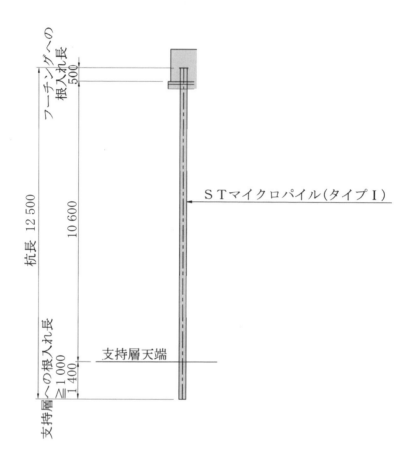

図 3.3.22　杭長の設定

(2) 許容支持力の算出

STMP（タイプⅠ）の許容支持力は、押込み支持力については周面摩擦＋杭先端支持力とし、引抜き支持力については周面摩擦のみで算出する。(STMP工法（タイプⅠ）設計・施工マニュアル 3.3 より)

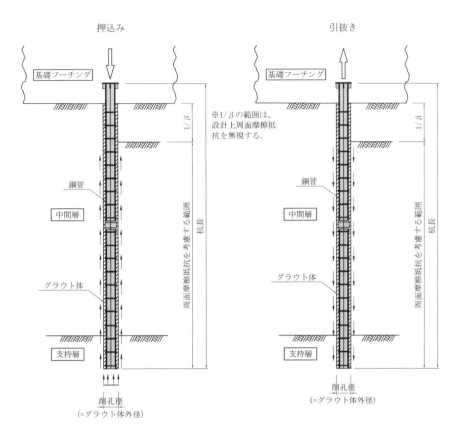

図 3.3.23 支持機構の概念図

1）軸方向許容押込み支持力

$R_a = \gamma/n \cdot R_u$

$R_u = qd \cdot A + U \cdot \Sigma(L_i \cdot f_i)$

R_a：STMP の杭頭における軸方向許容押込み支持力(kN)

n ：安全率　3（常時）
　　　　　　2（レベル1地震動時）

γ ：安全率の補正係数 = 1.0

（安全率および安全率の補正係数は、H24 道路橋示方書・同解説 IV 編 12.4.1 に準じる）

R_u：地盤から決まる STMP（タイプ I）の極限支持力(kN)

qd：杭先端で支持する単位面積当りの極限支持力度(kN/m^2)

　　$qd = 5\,000\,(\text{kN/m}^2)$

A ：グラウト体先端面積(m^2)

　　$A = \pi/4 \cdot D_g^2 = \pi/4 \cdot 0.292^2 = 0.06697\,(\text{m}^2)$

U ：グラウト体の周長(m)

　　$U = \pi \cdot D_g = \pi \cdot 0.292 = 0.917\,(\text{m})$

D_g：グラウト体外径 = 0.292 (m)

L_i：周面摩擦力を考慮する層の層厚(m)
f_i：周面摩擦力を考慮する層の最大周面摩擦力度(kN/m²)
　　設計地盤面から $1/\beta$（= 1.659 m）の深さまでの周面摩擦力は無視する。
　　周面摩擦力を無視する範囲：底版下面から 1.659(m)

表 3.3.20　周面摩擦力

層No	土質	平均 N値	粘着力 (kN/m²)	層厚 L_i(m)	f_i (kN/m²)	$L_i \cdot f_i$ (kN/m)
1	砂質	5.0	0.0	1.500	0.0	0.00
2	砂質	10.0	0.0	0.159	0.0	0.00
2	砂質	10.0	0.0	5.341	50.0	267.05
3	砂質	15.0	0.0	3.600	75.0	270.00
4	砂礫	50.0	0.0	1.400	200.0	280.00
計				12.000		817.05

地盤から決まる極限支持力
　　常時　　　　　　　　　$R_u = qd \cdot A + U \cdot \Sigma(L_i \cdot f_i)$
　　　　　　　　　　　　　　 $= 5\,000 \cdot 0.06697 + 0.917 \cdot 817.0 = 1\,084 \,(\mathrm{kN})$
　　レベル1地震動時　　　$R_u = qd \cdot A + U \cdot \Sigma(L_i \cdot f_i)$
　　　　　　　　　　　　　　 $= 5\,000 \cdot 0.06697 + 0.917 \cdot 817.0 = 1\,084 \,(\mathrm{kN})$

軸方向許容押込み支持力
　　常時　　　　　　　　　$R_a = \gamma/n \cdot R_u = 1.0/3 \cdot 1\,084 = 361 \,(\mathrm{kN})$
　　レベル1地震動時　　　$R_a = \gamma/n \cdot R_u = 1.0/2 \cdot 1\,084 = 542 \,(\mathrm{kN})$

2）軸方向許容引抜き抵抗力
　$P_a = 1/n \cdot P_u$
　　$P_u = U \cdot \Sigma(L_i \cdot f_i)$
　P_a：STMPの杭頭における軸方向許容引抜き抵抗力(kN)
　n ：安全率　6（常時）
　　　　　　　　3（レベル1地震動時）
　　（安全率は、H24 道路橋示方書・同解説Ⅳ編 12.4.2 に準じる）
　P_u：地盤から決まる杭の極限引抜き抵抗力(kN)
　　常時　　　　　　　　　$P_u = U \cdot \Sigma \,(L_i \cdot f_i) = 0.917 \cdot 817.0 = 749 \,(\mathrm{kN})$
　　レベル1地震動時　　　$P_u = U \cdot \Sigma \,(L_i \cdot f_i) = 0.917 \cdot 817.0 = 749 \,(\mathrm{kN})$
軸方向許容引抜き抵抗力
　　常時　　　　　　　　　$P_a = \gamma/n \cdot P_u = 1.0/6 \cdot 749 = 125 \,(\mathrm{kN})$
　　レベル1地震動時　　　$P_a = \gamma/n \cdot P_u = 1.0/3 \cdot 749 = 250 \,(\mathrm{kN})$

(3) 杭基礎の解析モデルおよび抵抗特性

杭基礎の構造解析モデルは、剛体と見なせるフーチングに配置された既設杭と増し杭を一体としたモデルとする。

また、荷重の分担については、以下のとおりとする。

① 既設構造物の死荷重時作用力は既設杭のみで負担する。
② 拡幅されたフーチングに関わる鉛直荷重は、全杭（既設杭＋増し杭）にて負担する。
③ 地震によって生じる水平力および曲げモーメントは、全杭（既設杭＋増し杭）にて負担する。

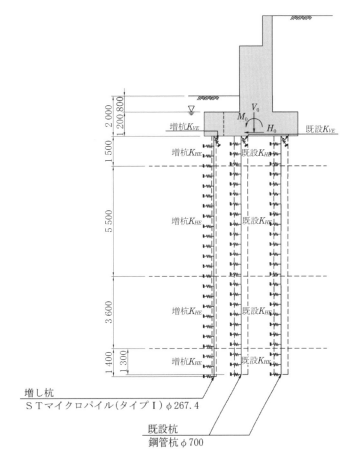

図 3.3.24　解析モデル

1）杭の軸方向抵抗特性

既設杭およびSTMP（タイプⅠ）の軸方向抵抗特性は、H24 道路橋示方書・同解説Ⅴ編 12.2 に準じて地震時保有水平耐力法に用いる杭の軸方向バネ定数 K_{VE} を初期勾配とし、支持力の上限値 P_{NU}、P_{TU} を有するバイリニア型としてモデル化する。

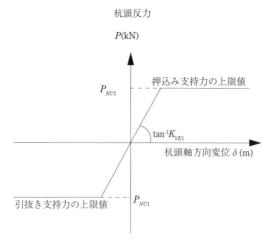

図 3.3.25　杭の軸方向抵抗特性

・杭軸方向バネ定数 K_{VE} の算出
　＜既設杭＞
$K_V = a \cdot A_p \cdot E_p / L$
　　杭　種：鋼管杭
　　工　法：中掘り杭工法
　　$a = 0.010 \cdot (L'/D) + 0.36 = 0.5300$
　　A_p：杭の純断面積　　　　　　 $= 0.01734 \, (\mathrm{m}^2)$
　　E_p：杭体のヤング係数　　　　 $= 20.00 \times 10^7 \, (\mathrm{kN/m}^2)$
　　L：杭長　　　　　　　　　　 $= 11.900 \, (\mathrm{m})$
　　L'：杭長（補正係数 a 算出用）$= 11.900 \, (\mathrm{m})$
　　D：杭径　　　　　　　　　　 $= 0.7000 \, (\mathrm{m})$

$K_V(K_{VE}) = 154\,472 \, (\mathrm{kN/m})$

　＜増し杭＞
$K_V = a \cdot A_p \cdot E_p / L$
　　杭　種：マイクロパイル
　　工　法：ＳＴマイクロパイル（タイプ I）
　　$a = 0.0249 \cdot (L'/D) - 0.4404 = 0.6770$
　　L：杭長（鋼管の根入れ長）　 $= 12.000 \, (\mathrm{m})$
　　L'：杭長（補正係数 a 算出用）$= 12.000 \, (\mathrm{m})$
　　D：鋼管径　　　　　　　　　 $= 0.2674 \, (\mathrm{m})$
　　E：鋼管のヤング係数　　　　 $= 2.00 \times 10^8 \, (\mathrm{kN/m}^2)$
　　A：鋼管の有効断面積　　　　 $= 0.008791 \, (\mathrm{m}^2)$

$K_V(K_{VE}) = 99\,201 \, (\mathrm{kN/m})$

表 3.3.21 杭の軸方向抵抗特性

	既設鋼管杭 φ700	増し杭STMP φ267.4
杭軸方向バネ定数 K_{VE} (kN/m)	154 472	99 201
押込み支持力の上限値 P'_{NU} (kN)	4 075.00（タイプⅠ） 4 075.00（タイプⅡ）	1 084.00
引抜き支持力の上限値 P'_{TU} (kN)	787.00（タイプⅠ） 776.00（タイプⅡ）	750.00

2）杭の軸直角方向抵抗特性

既設杭およびSTMP（タイプⅠ）の軸直角方向抵抗特性は、H24道路橋示方書・同解説Ⅳ編 12.10.4 に準じて地震時保有水平耐力法に用いる水平方向地盤反力係数 k_{HE} を初期勾配とし、水平地盤反力度の上限値 P_{HU} を有するバイリニア型としてモデル化する。

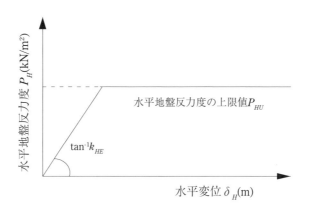

図 3.3.26 杭の軸直角方向抵抗特性

ⅰ）水平方向地盤反力係数 k_{HE}

地震時保有水平耐力法に用いる水平方向地盤反力係数は、次式により算出する。

$k_{HE} = \eta_k \cdot \alpha_k \cdot k_H$

ここに、k_{HE}：レベル2地震時照査に用いる水平方向地盤反力係数 (kN/m³)

η_k：群杭効果を考慮した水平方向地盤反力係数の補正係数

砂質地盤　$\eta_k = 2/3$

粘性土地盤　$\eta_k = 2/3$

（η_k の値は、H24道路橋示方書・同解説Ⅳ編 12.10.4 に準じる）

本設計例のように材料および径が異なる杭が配置された杭基礎における群杭効果を考慮した水平地盤反力上限値の補正係数のとり方については不明なところがあるため、安全側の配慮から群杭の適用範囲に関わらず群杭効果を考慮した水平方向地盤反力係数の補正係数を適用する。

α_k：単杭における水平方向地盤反力係数の補正係数

砂質地盤 $\alpha_k = 1.5$

粘性土地盤　$\alpha_k = 1.5$

（α_k の値は、H24 道路橋示方書・同解説Ⅳ編 12.10.4 に準じる）

k_H：地震時の水平方向地盤反力係数(kN/m^3)

・既設杭

　　杭外径（第1断面）　　　　　　　　　$D = 0.7000 (m)$

　　杭体ヤング係数（第1断面）　　　　　$E = 20.00 \times 10^7 (kN/m^2)$

　　杭体断面二次モーメント（第1断面）　$I = 0.001032180 (m^4)$

　　杭の特性値（換算載荷幅算出）　　　　$\beta = 0.367526 (m^{-1})$

　　水平抵抗に関する地盤の深さ　　　　　$1/\beta = 2.7209 (m)$

　　※換算載荷幅 BH は、$1/\beta$ の平均的な、$\alpha \cdot E_o$、杭径、断面二次モーメントを用いて算定する。

$1/\beta$ の範囲の平均 $\alpha \cdot E_o = \Sigma (\alpha \cdot E_{oi} \cdot L_i)/(1/\beta) = 20\,281.8 (kN/m^2)$

杭の換算載荷幅　$B_H = (D/\beta)^{1/2} = 1.3801 (m)$

$$k_{Ho} = 1/0.3 \times \alpha \times E_o = 67\,606.1 (kN/m^3)$$

$$k_H = k_{Ho} \cdot (B_H/0.3)^{-3/4}$$

$$\beta = \{k_H \cdot D/(4 \cdot E \cdot I)\}^{1/4} = 0.367526 (m^{-1})$$

※地震時 B_H 算出時の $\alpha \cdot E_o$ の取扱い：常時

表 3.3.22　水平方向地盤反力係数

層No	層厚(m)		$\alpha \cdot E_o (kN/m^2)$		$k_H (kN/m^3)$	
	常時	レベル1地震動時	常時	レベル1地震動時	常時	レベル1地震動時
1	1.500	1.500	14 000	28 000	14 857	29 713
2	5.500	5.500	28 000	56 000	29 713	59 427
3	3.600	3.600	42 000	84 000	44 570	89 140
4	1.300	1.300	140 000	280 000	148 567	297 134

・増し杭

　　杭外径（鋼管径）　　　　　　　　　　$D = 0.2674 (m)$

　　杭体ヤング係数（鋼材ヤング係数）　　$E = 20.00 \times 10^8 (kN/m^2)$

　　杭体断面二次モーメント　　　　　　　$I = 0.000071255 (m^4)$

　　杭の特性値（換算載荷幅算出）　　　　$\beta = 0.602649 (m^{-1})$

　　水平抵抗に関する地盤の深さ　　　　　$1/\beta = 1.6593 (m)$

$1/\beta$ の範囲の平均 $\alpha \cdot E_o = \Sigma (\alpha \cdot E_{oi} \cdot L_i)/(1/\beta) = 15\,344.0 (kN/m^2)$

杭の換算載荷幅　$B_H = (D/\beta)^{1/2} = 0.661 (m)$

$$k_{Ho} = 1/0.3 \times \alpha \times E_o = 51\,146.7 (kN/m^3)$$

$$k_H = k_{Ho} \cdot (B_H/0.3)^{-3/4}$$

$$\beta = \{k_H \cdot D/(4 \cdot E \cdot I)\}^{1/4} = 0.602649 (m^{-1})$$

※地震時 B_H 算出時の $\alpha \cdot E_o$ の取扱い：常時

表 3.3.23 水平方向地盤反力係数

層 No	層厚(m) 常時	層厚(m) レベル1地震動時	$\alpha \cdot E_o$(kN/m²) 常時	$\alpha \cdot E_o$(kN/m²) レベル1地震動時	k_H(kN/m³) 常時	k_H(kN/m³) レベル1地震動時
1	1.500	1.500	14 000	28 000	25 656	51 312
2	5.500	5.500	28 000	56 000	51 312	102 624
3	3.600	3.600	42 000	84 000	76 968	153 937
4	1.400	1.400	140 000	280 000	256 561	513 122

表 3.3.24 地震時保有水平耐力法に用いる既設杭の水平方向地盤反力係数既設杭［レベル2地震動タイプⅡ］

No	層種	層厚(m)	低減係数 D_E	k_H(kN/m³)	補正係数 $\eta_k \cdot \alpha_k$	k_{HE}(kN/m³)
1	砂質土	1.500	0.333	29 713.361	2/3×1.5=1.0	9 894.549
2	砂質土	5.500	1.000	59 426.723	2/3×1.5=1.0	59 426.723
3	砂質土	3.600	1.000	89 140.086	2/3×1.5=1.0	89 140.086
4	砂礫土	1.300	1.000	297 133.625	2/3×1.5=1.0	297 133.625

タイプⅠは紙面の都合上割愛する。

表 3.3.25 地震時保有水平耐力法に用いる増し杭の水平方向地盤反力係数増し杭［レベル2地震動タイプⅡ］

No	層種	層厚(m)	低減係数 D_E	k_H(kN/m³)	補正係数 $\eta_k \cdot \alpha_k$	k_{HE}(kN/m³)
1	砂質土	1.500	0.333	51 312.230	2/3×1.5=1.0	17 086.973
2	砂質土	5.500	1.000	102 624.461	2/3×1.5=1.0	102 624.461
3	砂質土	3.600	1.000	153 936.672	2/3×1.5=1.0	153 936.672
4	砂礫土	1.300	1.000	513 122.250	2/3×1.5=1.0	513 122.250
5	砂礫土	0.100	1.000	513 122.250	2/3×1.5=1.0	513 122.250

タイプⅠは紙面の都合上割愛する。

ⅱ）水平方向地盤反力度の上限値 p_{HU}

$p_{HU} = \eta_p \cdot \alpha_p \cdot P_u$

ここに、p_{HU}：水平地盤反力度の上限値(kN/m²)

α_p：単杭における水平地盤反力度の上限値の補正係数

砂質地盤　$\alpha_p = 3.0$

粘性土地盤　$\alpha_p = 1.5$　ただし、$N \leq 2$ では $\alpha_p = 1.0$ とする。

（α_p の値は、H24 道路橋示方書・同解説Ⅳ編 12.10.4 に準じる。ただし、粘性土地盤で $N \leq 2$ の場合は、STMP 工法設計・施工マニュアル 4.2.3 に準じて $\alpha_p = 1.0$ とする。）

η_p：群杭効果を考慮した水平地盤反力度の上限値の補正係数

粘性土地盤　$\eta_p = 1.0$

砂質地盤　$\eta_p \cdot \alpha_p$
　　　＝ 荷重載荷直角方向の杭中心間隔／杭径（$\leq \alpha_p$）
ただし、砂質地盤における最前列以外の杭の水平地盤反力度の上限値は最前列の1/2を用いる。
（η_p の値は、H24道路橋示方書・同解説Ⅳ編 12.10.4 に準じる）
P_u：地震時の受働土圧強度（kN/m^2）

水平地盤反力度の上限値の比率は、H24道路橋示方書・同解説Ⅳ編 12.10.4 に基づいて設定するものとし、適用条件の判定は以下の通り行う。

・条件1：既設杭と STMP の鋼管径の比 $D_E / D_M \geq 3.4$
　　　　0.700 m ／ 0.2674 m ＝ 2.62 ＜ 3.4　∴条件を満たさない
・条件2：既設杭と STMP（タイプⅠ）の杭中心間隔と既設杭径の比
　　　　$L / D_E \geq 1.8$
　　　　本計算例では既設杭と STMP とが荷重載荷直角方向において隣接しないため適用しない。

条件1を満たさないため、水平地盤反力度の上限値の比率は、H24道路橋示方書Ⅳ編 12.10.4 に基づいて設定するものとした。H24道路橋示方書Ⅳ編 12.10.4 により、粘性土地盤の $\eta_p \cdot \alpha_p = 1.0 \times 1.5 = 1.5$ となる。砂質地盤については、表 3.3.26 に示す。

表 3.3.26　砂質地盤の補正係数 $\eta_p \cdot \alpha_p$

橋軸方向	杭種	荷重載荷直角方向の杭中心間隔／杭径 ＝ 砂質地盤　$\eta_p \cdot \alpha_p$	
1列目	増し杭	1.000 ／ 0.2674 ＝ 3.000	（上限値）
2, 3列目	既設杭	2.562 ／ 0.700 ＝ 3.000	（上限値）

$$P_u = K_{Ep} \cdot (\Sigma \gamma_i \cdot h_i + q) + 2 \cdot c_i \cdot (K_{Epi})^{1/2}$$

$$K_{Epi} = \frac{\cos^2 \phi_i}{\cos \delta_{Ei} \times \left(1 - \sqrt{\frac{\sin(\phi_i - \delta_{Ei}) \times \sin \phi_i}{\cos \delta_{Ei}}}\right)^2}$$

ここに、p_{Ep}：受働土圧強度(kN/m^2)
　　　　K_{Ep}：受働土圧係数
　　　　γ　：土の単位重量(kN/m^3) で水位下では水中の単位重量を用いる
　　　　h　：層厚(m)
　　　　γ　：土の単位体積重量(kN/m^3)
　　　　q　：上載荷重

3.3 STマイクロパイル工法による杭基礎の耐震補強

表 3.3.27 $\gamma \cdot h$ の計算

	層厚 h(m)	γ (kN/m³)	$q = \gamma \cdot h$ (kN/m²)
1	2.000	10.00	20.00
計	2.000		20.00

表 3.3.28 受動土圧強度

	標高 (m)	層厚 h(m)	c (kN/m²)	ϕ (°)	δ_E (°)	K_{Ep}	γ (kN/m³)	$\gamma \cdot h + q$ (kN/m²)	Pu (kN/m²)
1	-2.000 -3.500	1.500	0.00	30.00	-5.00	3.505	8.00	20.00 32.00	70.10 112.17
2	-3.500 -9.000	5.500	0.00	30.00	-5.00	3.505	8.00	32.00 76.00	112.17 266.39
3	-9.000 -12.600	3.600	0.00	30.00	-5.00	3.505	9.00	76.00 108.40	266.39 379.96
4	-12.600 -13.900	1.300	0.00	40.00	-6.67	5.996	11.00	108.40 122.70	649.97 735.71
5	-13.900 -14.000	0.100	0.00	40.00	-6.67	5.996	11.00	122.70 123.80	735.71 742.31

表 3.3.29 水平地盤反力度の上限値
既設杭(レベル2地震動タイプⅡ)

		層種	Pu (kN/m²)	$\eta_p \cdot \alpha_p$	低減係数 D_E	p_{HU} (kN/m²) 1列目	2列目以降
1	上端 下端	砂質	70.10 112.17	3.000	0.333	70.03 112.06	35.01 56.03
2	上端 下端	砂質	112.17 266.39	3.000	1.000	336.51 799.17	168.26 399.59
3	上端 下端	砂質	266.39 379.96	3.000	1.000	799.17 1 139.88	399.59 569.94
4	上端 下端	砂質	649.97 735.71	3.000	1.000	1 949.91 2 207.13	974.96 1 103.57

タイプⅠは紙面の都合上割愛する。

表 3.3.30 水平地盤反力度の上限値
増し杭(レベル2地震動タイプⅡ)

		層種	Pu (kN/m²)	$\eta_p \cdot \alpha_p$	低減係数 D_E	p_{HU} (kN/m²) 1列目	2列目以降
1	上端 下端	砂質	70.10 112.17	3.000	0.333	70.03 112.06	35.01 56.03
2	上端 下端	砂質	112.17 266.39	3.000	1.000	336.51 799.17	168.26 399.59
3	上端 下端	砂質	266.39 379.96	3.000	1.000	799.17 1 139.88	399.59 569.94
4	上端 下端	砂質	649.97 735.71	3.000	1.000	1 949.91 2 207.13	974.96 1 103.57
5	上端 下端	砂質	735.71 742.31	3.000	1.000	2 207.13 2 226.93	1 103.57 1 113.46

タイプⅠは紙面の都合上割愛する。

（4）杭体の曲げ特性

H24道路橋示方書・同解説Ⅳ編12.10では、鋼管杭の曲げモーメント－曲率の関係（$M-\phi$関係）は、図3.3.27に示すように全塑性モーメントを上限とするバイリニア型としてモデル化しており本計算例でも同様とする。

一方、STMP（タイプⅠ）の$M-\phi$関係については、鋼管杭の考え方に準じ、同様のバイリニア型でモデル化する。

鋼管杭およびSTMP（タイプⅠ）の$M-\phi$関係の計算に用いる軸力は、H24道路橋示方書・同解説Ⅳ編12.10の鋼管杭に準じ、死荷重が作用したときの杭頭反力を軸力とする。

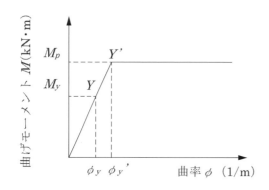

Y：降伏点
Y'：勾配変化点
M_y：降伏モーメント
M_p：全塑性モーメント
ϕ_y：降伏点時曲率
ϕ_y'：勾配変化点の曲率

図3.3.27　鋼管杭およびSTMPの曲げモーメント－曲率関係

表3.3.31　曲げモーメントM－曲率ϕの関係

既設杭：軸力＝788.8（kN）（死荷重時軸力）

No	区間長 (m)	曲げモーメント(kN·m)		曲率(1/m)	
		M_y	M_p	ϕ_y	ϕ_y'
1	11.900	560.5	854.1	0.0027151	0.0041371

表3.3.32　曲げモーメントM－曲率ϕの関係

増し杭：軸力＝28.2（kN）（死荷重時軸力）

No	区間長 (m)	曲げモーメント(kN·m)		曲率(1/m)	
		M_y	M_p	ϕ_y	ϕ_y'
1	12.000	207.7	277.8	0.0145741	0.0194931

（5）杭配置

STMP（タイプ I）のフーチング縁端から杭中心までの距離は、STMP 工法（タイプ I）設計・施工マニュアル 3.2 に準じて 500 mm 以上とするのが望ましい。

また、杭間隔についても STMP 工法（タイプ I）設計・施工マニュアル 3.2 に準じて削孔径 D_g の 2.5 倍以上、かつ 500 mm 以上を確保することを原則とする。

本設計例では、既設フーチング端から杭中心までの距離を 500 mm とし、フーチング縁端から杭中心までの距離を 500 mm として既設フーチングを 1.0 m 拡幅することとする。

杭間隔も 1.0 m 以上とし、図 3.3.28 に示す杭配置とする。

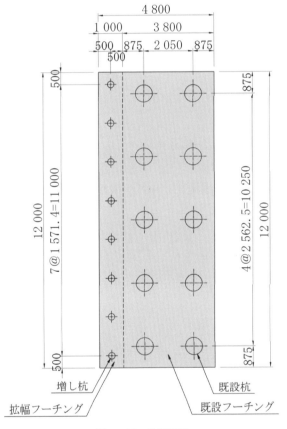

図 3.3.28　杭配置図

（6）作用力

1）常時およびレベル1震動時の作用力

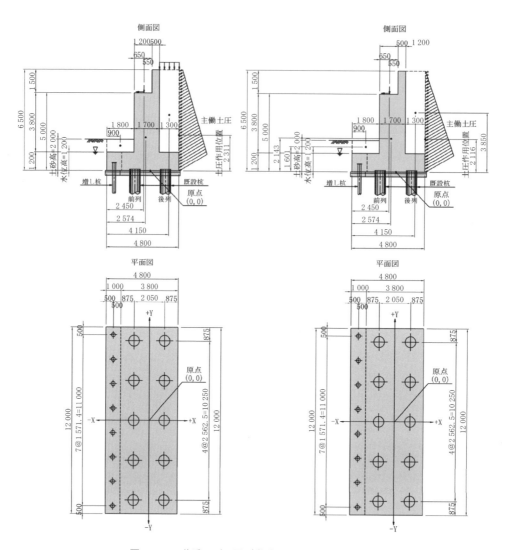

図3.3.29　荷重モデル図（常時・レベル1地震動時）

3.3 STマイクロパイル工法による杭基礎の耐震補強

表 3.3.33 フーチング前面での作用力集計:常時

項　目	鉛直力 V_o(kN)	水平力 H_o(kN)	アーム長 X(m)	アーム長 Y(m)	回転モーメント(kN·m) $M_x=V·X$	回転モーメント(kN·m) $M_y=H·Y$
躯体自重	3 813.180	0.000	2.574	0.000	9 813.867	0.000
前面土砂	311.040	0.000	0.900	0.000	279.936	0.000
背面土砂	1 653.600	0.000	4.150	0.000	6 862.441	0.000
上部工反力	2 800.000	0.000	2.450	5.000	6 860.000	0.000
載荷荷重	156.000	0.000	4.150	6.500	647.400	0.000
土圧	837.912	1 196.662	4.800	2.311	4 021.976	2 765.619
合計	9 571.732	1 196.662	——	——	28 485.621	2 765.619

土圧はクーロン土圧とし、詳細な算出については紙面の都合上割愛する。

表 3.3.34 フーチング前面での作用力集計:レベル1地震動時

項　目	鉛直力 V_o(kN)	水平力 H_o(kN)	アーム長 X(m)	アーム長 Y(m)	回転モーメント(kN·m) $M_x=V·X$	回転モーメント(kN·m) $M_y=H·Y$
躯体自重	3 813.180	953.295	2.574	2.143	9 813.867	2 042.896
前面土砂	311.040	62.208	0.900	1.600	279.936	99.533
背面土砂	1 653.600	330.720	4.150	3.850	6 862.441	1 273.272
上部工反力	2 000.000	1 000.000	2.450	5.000	4 900.000	5 000.000
土圧	599.438	1 901.173	4.800	2.116	2 877.301	4 023.682
前面水圧	0.000	−86.400	0.000	0.400	0.000	−34.560
浮力	−691.201	0.000	2.400	0.000	−1 658.882	0.000
合計	7 686.057	4 160.996	——	——	23 074.663	12 404.823

土圧はクーロン土圧とし、詳細な算出については紙面の都合上割愛する。

表 3.3.35 フーチング中心での作用力集計

方　向	荷重状態	鉛直荷重 V(kN)	水平荷重 H(kN)	モーメント M(kN·m)
橋軸方向	既設死荷重	7 840.17	−1 037.11	−97.94
	常時	9 571.73	−1 196.66	−2 038.02
	レベル1地震動時	7 686.06	−4 161.00	−11 619.72

フーチング中心での作用力の集計
  鉛直力　　　：$V = V_o$(kN)
  水平力　　　：$H = H_o$(kN)
  回転モーメント：$M = V_o · B_j/2 + (M_y - M_x)$(kN·m)
 ここに、
  フーチング橋軸方向幅　：$B_j = 3.800$(m)

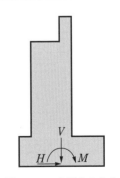

図 3.3.30 作用力の向き

2)レベル2地震動時の作用力

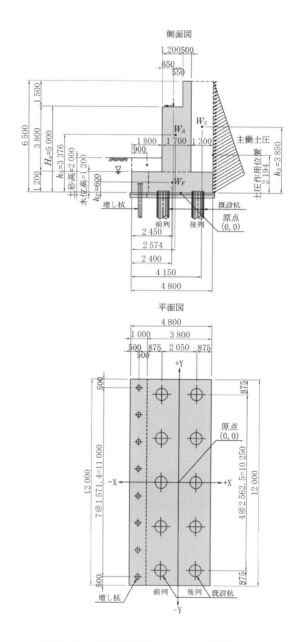

図 3.3.31 荷重モデル図(レベル2地震動時)

許容塑性率
$\mu_a = 3.0$(H24 道路橋示方書・同解説 V 編 13.4 より)
橋台基礎の設計水平震度の補正係数
$C_A = 1.0$(H24 道路橋示方書・同解説 V 編 13.2 より)
上部工死荷重 $R_D = 2\,000.00$(kN)

橋台躯体重量
$$W_A = (0.500 \times 1.500 + 1.700 \times 3.800) \times 12.000 \times 24.5 (\text{kN/m}^3) = 2\,119.74 (\text{kN})$$
フーチング下面から W_A 重心位置までの高さ　$h_A = 3.376 (\text{m})$
フーチング重量　$W_F = 1.200 \times 4.800 \times 12.000 \times 24.5 (\text{kN/m}^3) = 1\,693.44 (\text{kN})$
フーチング下面から W_F 重心位置までの高さ　$h_F = 0.600 (\text{m})$
橋台背面土重量　$W_s = 1.300 \times 5.300 \times 12.000 \times 20.0 (\text{kN/m}^3) = 1\,653.60 (\text{kN})$
フーチング下面から W_s 重心位置までの高さ　$h_s = 3.850 (\text{m})$
前面土砂自重　$= 0.800 \times 1.800 \times 12.000 \times 18.0 (\text{kN/m}^3) = 311.04 (\text{kN})$
フーチング下面から水位までの高さ　$= 1.200 (\text{m})$
フーチング橋軸方向幅　$B_j = 3.800 (\text{m})$
浮力　$= 1.200 \times 4.800 \times 12.000 \times 10.0 (\text{kN/m}^3) = -691.20 (\text{kN})$

表 3.3.36　初期荷重時（$k_h = 0.00$）作用力集計

項　目	鉛直力 $V(\text{kN})$	水平力 $H(\text{kN})$	アーム長 $X(\text{m})$	アーム長 $Y(\text{m})$	回転モーメント (kN·m) $M_x = V \cdot X$	回転モーメント (kN·m) $M_y = H \cdot Y$	回転モーメント (kN·m) $M_o = M_y - M_x$
上部構造	2 000.000	0.000	2.450	5.000	4 900.000	0.000	−4 900.000
躯体自重	3 813.180	0.000	2.574	0.000	9 813.867	0.000	−9 813.867
前面土砂	311.040	0.000	0.900	0.000	279.936	0.000	−279.936
背面土砂	1 653.600	0.000	4.150	0.000	6 862.441	0.000	−6 862.441
土圧	330.263	1 047.460	4.800	2.194	1 585.263	2 298.322	713.059
浮力	−691.200	0.000	2.400	0.000	−1 658.880	0.000	1 658.880
合計1	7 416.884	1 047.460	——	——	21 782.627	2 298.322	−19 484.305
合計2	7 086.621	0.000	——	——	20 197.365	0.000	−20 197.365

合計1：土圧を含む時の合計
合計2：土圧を除く時の合計（土圧強度は含む）
土圧は、修正物部・岡部法により算出するが、詳細な算出は紙面の都合上割愛する。

死荷重時にフーチング下面中心に作用する鉛直力（土圧を除く）　$V_d = 7\,086.62 (\text{kN})$
死荷重時にフーチング下面中心に作用する水平力（土圧を除く）　$H_d = 0.00 (\text{kN})$
既設フーチング中心位置　$B_o = 2.900 (\text{m})$
死荷重時にフーチング下面中心に作用するモーメント（土圧を除く）
$$M_d = V_d \cdot B_o + M_o = 7\,086.62 \times 2.900 - 20\,197.37 = 353.83 (\text{kN.m})$$
既設杭のみで負担する鉛直力（土圧を除く）　$V_d' = 7\,113.98 (\text{kN})$
既設杭のみで負担する水平力（土圧を除く）　$H_d' = 0.00 (\text{kN})$
既設杭のみで負担するモーメント（土圧を除く）　$M_d' = 769.36 (\text{kN·m})$
地盤面における設計水平震度　$K_{hg} (= C2_z \cdot k_{hgo}) = 1.2 \times 0.45 = 0.54$（タイプⅠ）
　　　　　　　　　　　　　　　　　　　　　　 $= 1.0 \times 0.70 = 0.70$（タイプⅡ）
橋台基礎の照査に用いる設計水平震度
$$k_{hA}(C_A \cdot C_{sz} \cdot k_{hgo}) = 1.0 \times 1.2 \times 0.45 = 0.54 \text{（タイプⅠ）}$$
$$= 1.0 \times 1.0 \times 0.70 = 0.70 \text{（タイプⅡ）}$$

1 橋台当りの上部構造水平力

$$H_R = k_{hA} \times 2 \times R_D = 0.54 \times 2 \times 2\,000.00 = 2\,160.00 \text{（タイプⅠ）}$$
$$= 0.70 \times 2 \times 2\,000.00 = 2\,800.00 \text{（タイプⅡ）}$$

フーチング下面から上部構造慣性力作用位置までの高さ　$H_u = 5.000$（m）

（7）　常時およびレベル1地震動時の照査結果

常時およびレベル1地震動時に対して、①水平変位、②押込み・引抜き支持力、③各部材に生じる応力度が許容値以下であることを照査する。

表 3.3.37　照査結果（常時・レベル1地震動時）

荷重ケース 略称 原点作用力		既設杭			増し杭	
		既設死荷重	常時	レベル1 地震動時	常時	レベル1 地震動時
V	kN	7 840.2	9 571.7	7 686.1	9 571.7	7 686.1
H	kN	−1 037.1	−1 196.7	−4 161.0	−1 196.7	−4 161.0
M	kN·m	−97.9	−2 038.0	−11 619.7	−2 038.0	−11 619.7
原点変位（水平変位の照査）						
δ_x	mm	−3.71	−4.22	−10.81	−4.22	−10.81
δ_z	mm	5.08	5.70	2.79	5.70	2.79
α	rad	−0.00070643	−0.00084345	−0.00342914	−0.00084345	−0.00342914
δ_f, δ_a	mm	3.71≦15.00	4.22≦15.00	10.81≦15.00	0.51≦15.00	7.10≦15.00
鉛直反力（押込み・引抜き支持力の照査）						
P_{Nmax}, R_a	kN	895.87≦1 498.00	1 014.71≦1 498.00	974.20≦2 246.00	95.01≦361.00	421.69≦542.00
P_{Nmin}, P_a	kN	672.16≧0.00	747.62≧0.00	−111.69≧−266.00	95.01≧0.00	421.69≧−250.00
水平反力						
P_H	kN	−103.71	−115.67	−331.56	−5.00	−105.68
杭作用モーメント						
杭頭 M_t	kN·m	104.85	112.95	164.58	3.19	49.52
地中部 M_m	kN·m	−111.52	−125.00	−330.97	−2.48	−40.33
杭体応力度（部材応力度の照査）						
σ_c, σ_{ca}	N/mm²	−89.37≧−140.00	−100.78≧−140.00	−168.09≧−210.00	−16.74≧−230.00	−140.18≧−345.00
σ_t, σ_{ta}	N/mm²	−1.05≦140.00	−0.85≦140.00	118.35≦210.00	−4.87≦230.00	−44.25≦345.00
τ, τ_a	N/mm²	5.980≦80.00	6.703≦80.00	20.064≦120.00	0.568≦130.00	12.020≦195.00
判定		OK	OK	OK	OK	OK

<既設杭>

・常時

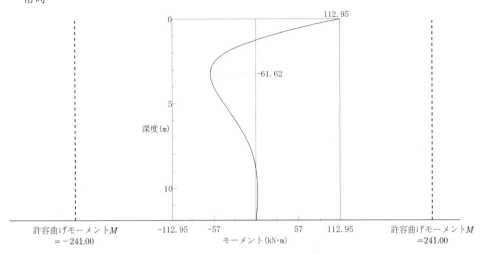

※許容曲げモーメントは、$N=1\,014.71\,(\mathrm{kN})$の場合

(杭頭剛結)

図 3.3.32　曲げモーメント図

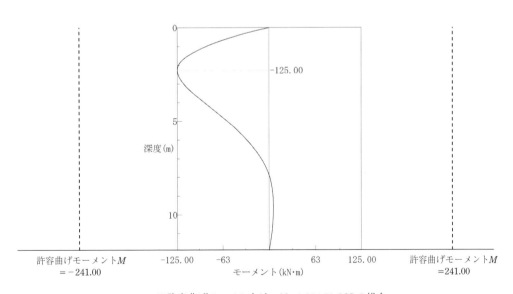

※許容曲げモーメントは、$N=1\,014.71\,(\mathrm{kN})$の場合

(杭頭ヒンジ)

図 3.3.33　曲げモーメント図

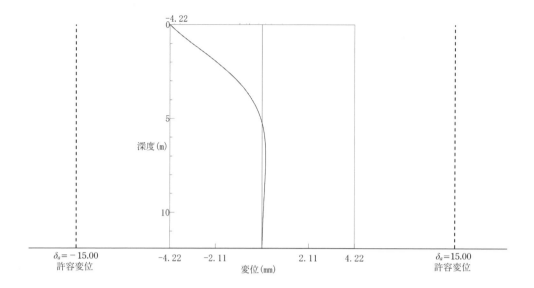

図 3.3.34　変位図

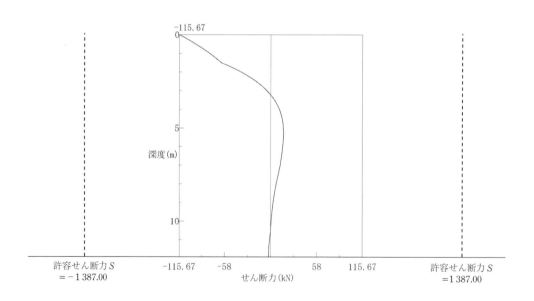

図 3.3.35　せん断力図

・レベル1地震動時

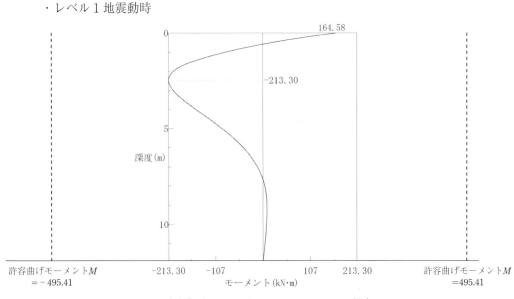

※許容曲げモーメントは、$N=974.20$(kN)の場合

(杭頭剛結)

図 3.3.36　曲げモーメント図

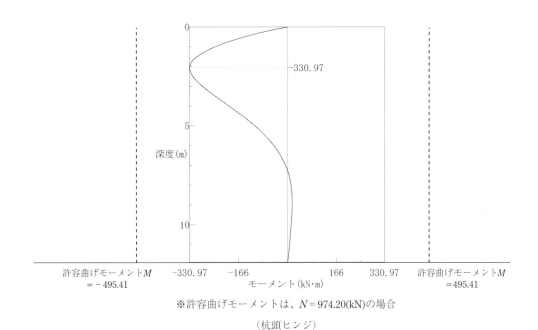

※許容曲げモーメントは、$N=974.20$(kN)の場合

(杭頭ヒンジ)

図 3.3.37　曲げモーメント図

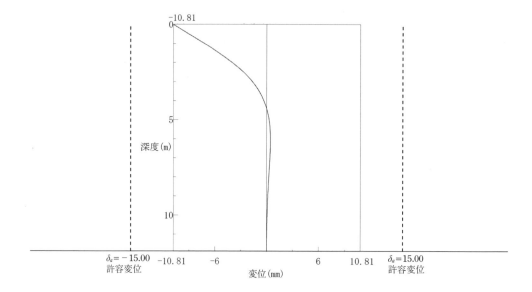

図 3.3.38　変位図

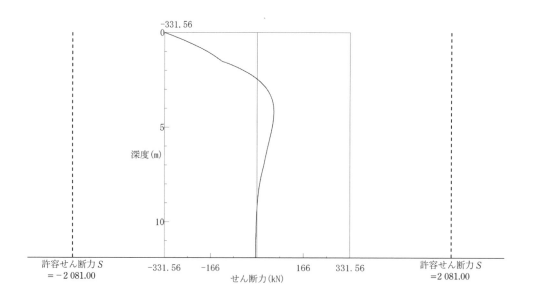

図 3.3.39　せん断力図

<増し杭>

・常時

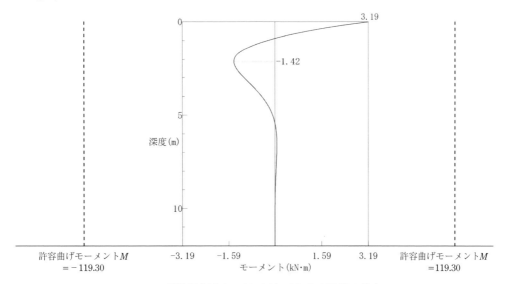

※許容曲げモーメントは、$N=95.01$(kN)の場合

(杭頭剛結)

図 3.3.40　曲げモーメント図

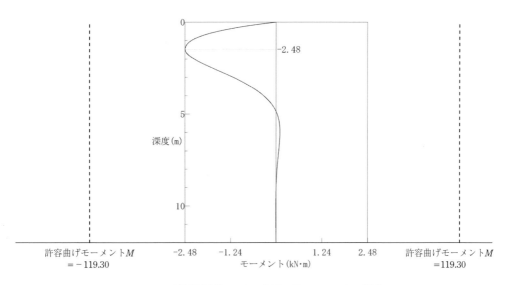

※許容曲げモーメントは、$N=95.01$(kN)の場合

(杭頭ヒンジ)

図 3.3.41　曲げモーメント図

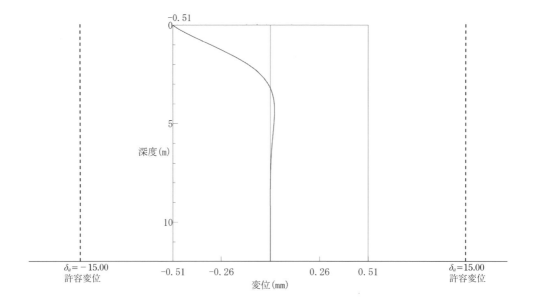

図 3.3.42　変位図

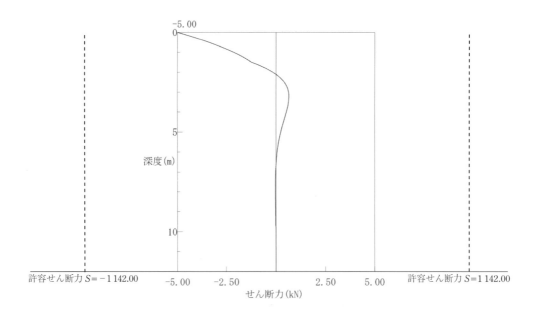

図 3.3.43　せん断力図

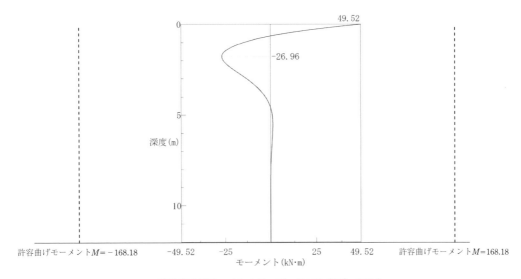

※許容曲げモーメントは、$N=421.69$（kN）の場合
（杭頭剛結）

図 3.3.44　曲げモーメント図

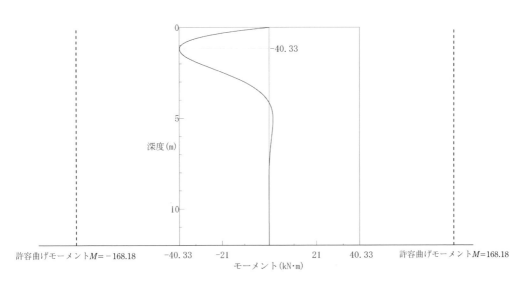

※許容曲げモーメントは、$N=421.69$（kN）の場合
（杭頭ヒンジ）

図 3.3.45　曲げモーメント図

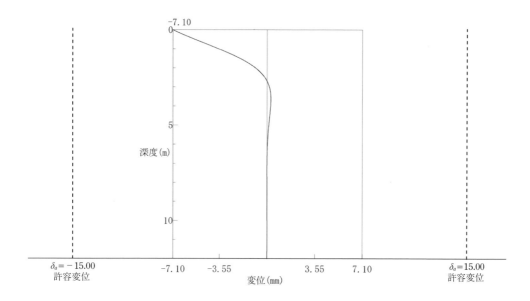

図 3.3.46　変位図

・レベル 1 地震動時

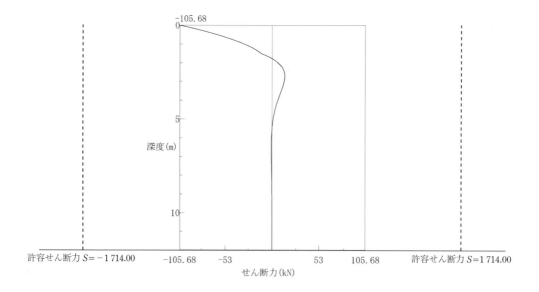

図 3.3.47　せん断力図

(8) レベル2地震動時の照査結果

レベル2地震動に対する照査における降伏は、STMP工法設計・施工マニュアル[1]に準じて次のいずれかの状態に最初に達する時とする。

① 全ての既設杭において、杭体が塑性化する。($M > M_y$ となる。)
② 全ての増し杭において、杭体が塑性化する。($M > M_y$ となる。)
③ 一列の杭（既設杭または増し杭）の杭頭反力が押込み支持力の上限値に達する。

表 3.3.38 照査結果（レベル2地震動時）

地震動タイプ			タイプⅡ			
区分			既設杭		増し杭	
降伏時の震度 k_{hyA}			0.300（図 3.3.48 を参照）			
降伏照査	最大曲げモーメント	M kN·m	計算値	M_y	計算値	M_y
			568.30	568.30	148.81	209.30
	最大押込み力	P kN	計算値	上限値	計算値	上限値
			1 075.76	4 075.00	659.65	1 084.00
	判定		k_{hA} に達する前に杭体（既設杭）が塑性化するので応答塑性率照査に移行			
塑性率照査			計算値		制限値	
	基礎の応答塑性率	μ –	2.770		3.000	
	基礎の応答変位	Δ_{fr} m	0.1509		–	
	判定		基礎は塑性化するが、許容塑性率が塑性率の制限値以下となることからOK			

タイプⅠの照査は紙面の都合上割愛する。

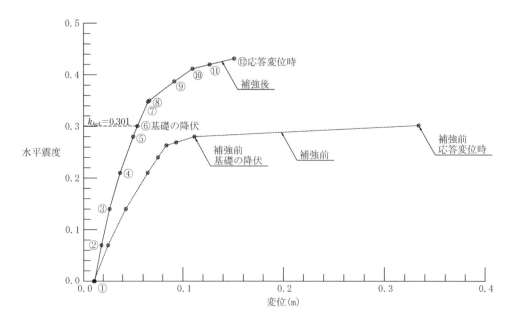

図 3.3.48 水平震度 - 変位（タイプⅡ）

表 3.3.39 震度と杭の状態（タイプⅡ）：既設杭

図中番号	α_i	水平震度	水平力 (kN)	上部構造慣性力作用位置の変位 (m)	極限支持力		杭本体状態 既設杭		備考
					押込側杭列数	引抜側杭列数	前列	後列	
①	0.0000	0.000	1 047.5	0.0109	0/2	0/2	1	—	初期土圧変位
②	0.1000	0.070	1 980.1	0.0181	0/2	0/2	1	—	
③	0.2000	0.140	2 912.7	0.0267	0/2	0/2	1	—	
④	0.3000	0.210	3 845.4	0.0374	0/2	0/2	1	—	
⑤	0.4000	0.280	4 778.0	0.0503	0/2	0/2	1	—	
⑥	0.4292	0.301	5 050.6	0.0545	0/2	0/2	3	—	基礎の降伏
⑦	0.4971	0.348	5 683.4	0.0649	0/2	1/2	3	—	
⑧	0.5000	0.350	5 710.6	0.0663	0/2	1/2	3	—	
⑨	0.5531	0.387	6 206.0	0.0916	0/2	1/2	3	—	
⑩	0.5878	0.411	6 529.2	0.1095	0/2	1/2	3	—	
⑪	0.6000	0.420	6 643.3	0.1270	0/2	1/2	3	—	
⑫	0.6160	0.431	6 792.2	0.1509	0/2	1/2	3	—	応答変位時

極限支持力：全杭列中、極限支持力に達している杭列数を示す。
杭本体状態：1：降伏前の状態、3：降伏〜終局、4：塑性ヒンジ発生

表 3.3.40 震度と杭の状態（タイプⅡ）：増し杭

図中番号	α_i	水平震度	水平力 (kN)	上部構造慣性力作用位置の変位 (m)	極限支持力		杭本体状態 増し杭		備考
					押込側杭列数	引抜側杭列数	前列	後列	
①	0.0000	0.000	1 047.5	0.0109	0/1	0/1	1	—	初期土圧変位
②	0.1000	0.070	1 980.1	0.0181	0/1	0/1	1	—	
③	0.2000	0.140	2 912.7	0.0267	0/1	0/1	1	—	
④	0.3000	0.210	3 845.4	0.0374	0/1	0/1	1	—	
⑤	0.4000	0.280	4 778.0	0.0503	0/1	0/1	1	—	
⑥	0.4292	0.301	5 050.6	0.0545	0/1	0/1	1	—	基礎の降伏
⑦	0.4971	0.348	5 683.4	0.0649	0/1	0/1	1	—	
⑧	0.5000	0.350	5 710.6	0.0663	0/1	0/1	1	—	
⑨	0.5531	0.387	6 206.0	0.0916	0/1	0/1	3	—	
⑩	0.5878	0.411	6 529.2	0.1095	1/1	0/1	3	—	
⑪	0.6000	0.420	6 643.3	0.1270	1/1	0/1	3	—	
⑫	0.6160	0.431	6 792.2	0.1509	1/1	0/1	3	—	応答変位時

極限支持力：全杭列中、極限支持力に達している杭列数を示す。
杭本体状態：1：降伏前の状態、3：降伏～終局、4：塑性ヒンジ発生

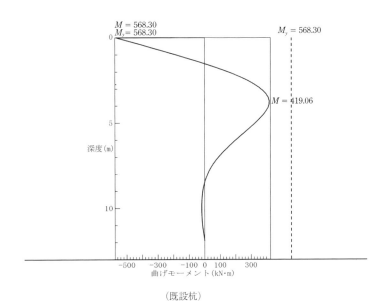

（既設杭）

図 3.3.49 曲げモーメント図（基礎の降伏時）

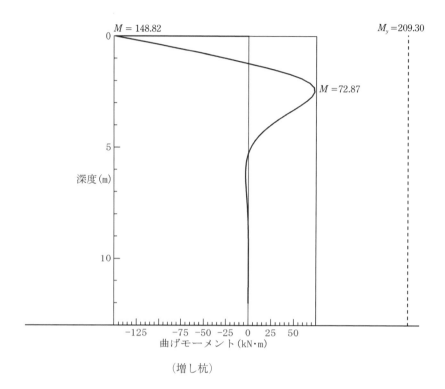

（増し杭）

図 3.3.50　曲げモーメント図（基礎の降伏時）

3.3.9　まとめ

以上の結果から、常時およびレベル1地震動時においては、①水平変位、②押込み・引抜き支持力、③各部材に生じる応力度が許容値以下であり、レベル2地震動時においては杭体（既設杭）が塑性化するが、応答塑性率の照査において許容塑性率以下となることから増し杭後の杭基礎は所定の耐震性能を有している。

3.3.10　杭頭結合部の照査

橋台基礎におけるSTMPとフーチングの結合方法は原則として杭頭剛結合とする。

STMP工法（タイプⅠ）の杭頭結合方法は、HMP工法と同じように図3.2.51（a）に示すような支圧板方式を用いる例が多く、本計算例においても拡幅フーチングであるため、支圧板方式を想定している。一方、既設基礎の補強において、フーチングを拡大するスペースが確保できない場合には、図3.2.51（b）に示すように、既設フーチングのコアボーリングとせん断リング方式の組合せにより、STMP工法（タイプⅠ）とフーチングを結合する方法がある。

杭頭結合部の照査も実施する必要があるが、本設計例では、STMP工法（タイプⅠ）の杭頭結合部の照査は紙面の都合上割愛するため、照査方法についてはSTMP工法（タイプⅠ）設計・施工マニュアルを参照されたい。

3.3.11 フーチングの補強設計

　フーチングの補強設計は、前節 3.2 の高耐力マイクロパイル工法と同様となるため本節では省略する。

参考文献
1) 独立行政法人土木研究所ほか：共同研究報告書第 282 号　既設基礎の耐震補強技術の開発に関する共同研究報告書（その 3）、ST マイクロパイル工法設計・施工マニュアル、2002 年 9 月
2) NIJ 研究会：ST マイクロパイル工法 タイプ I 設計施工マニュアル、2016 年 9 月

3.4 ルートパイルによる橋台前面の切土補強

3.4.1 構造諸元
(1) 橋梁形式
　　　　上部工：RC 3 径間単純桁橋
　　　　下部工：逆 T 式橋台
　　　　　　　：逆 T 式橋脚
　　　　基礎工：直接基礎
(2) 支　間　長：7.0 m + 17.0 m + 11.0 m
(3) 有効幅員：8.0 m（車道部）、2.5 m（歩道部）
(4) 斜　　角：90°
(5) 橋　　格：一等橋（活荷重 TL-20）
(6) 建　設　年：昭和 40 年代

3.4.2 補強理由
　中央径間部橋脚の耐震補強にコンクリート巻立て工法を採用する（図 3.4.1）工事に際して、橋脚前面の地盤掘削が必要になるため、A1 橋台のフーチング前面より 1.4 m 位置から 1:0.3 の勾配で掘削し掘削面にモルタル吹付工を施工する（図 3.4.3）。しかし、掘削に伴い橋台の安定性が損なわれることから、橋台前面に斜面安定の補強工を計画する。ここでは、斜面安定の補強工として用いるルートパイル工の設計について示す。

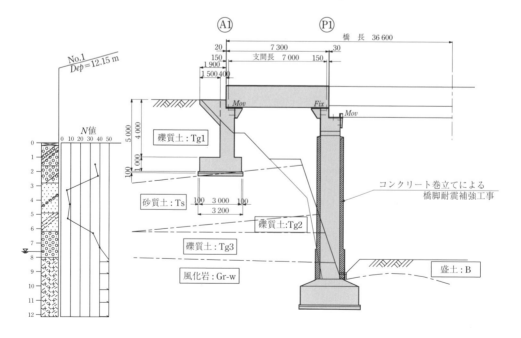

図 3.4.1　補強工計画前の A1 橋台断面形状

3.4.3 補強方法

P1橋脚のコンクリート巻立てによる橋脚耐震補強工事に先だち、補強工事の施工空間を確保するためにA1橋台前面斜面の掘削を行う必要がある。掘削により橋台前面の土の押さえ抵抗がなくなり橋台荷重による斜面の崩壊を生じる可能性が生じる。そこで、掘削に伴う土留め工法の検討を行う。比較案の概念図を図3.4.2に示す、(a) 鋼矢板自立式土留め工による掘削のり面の安定化、(b) 薬液注入工による地山の安定化、(c) 圧縮型ルートパイル工による掘削斜面の安定化、(d) 引張型ルートパイル工による斜面の安定化の4工法を検討する。鋼矢板は土留め工法として最も一般的に用いられるが、基盤が風化岩であり桁下の作業空間が確保できないため、小型のボーリングマシンにより施工できる薬液注入工やルートパイル工が対象になる。薬液注入工は地盤中に薬液を注入して地盤の強化を図る地盤改良工法であるが、地層の性状が互層になっており地盤改良効果の確認が困難である。そのため、小口径モルタル杭を地盤内に構築し、地山土塊を拘束一体化することで斜面の安定化を図るルートパイル工法を用いることとする。ルートパイル工法には圧縮型と引張型があり、圧縮型ルートパイル工は小口径モルタル杭に圧縮力が作用するように、鉛直方向に杭を配するタイプである。一方、引張型ルートパイル工は、小口径モルタル杭には引張力作用するように斜面に対して直角な方向に杭を配するタイプである。

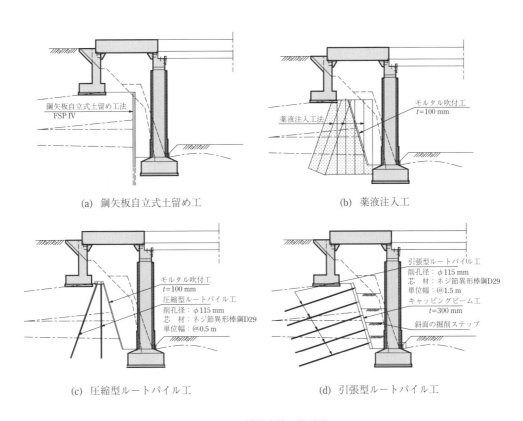

図 3.4.2 補強方法の比較案

引張型ルートパイル工は、斜面の掘削と小口径モルタル杭の施工を交互に行う必要がある。また、本事例では、掘削のり面と橋脚の距離が狭いため施工が困難であることが考えられる。そこで、道路を供用しながら、橋脚および橋台に影響を与えないように工事を行うことが可能で、杭の施工後に斜面の掘削を行うことができる小口径モルタル杭を斜面の上部より下方に打設する圧縮型ルートパイル工を施工することとする。

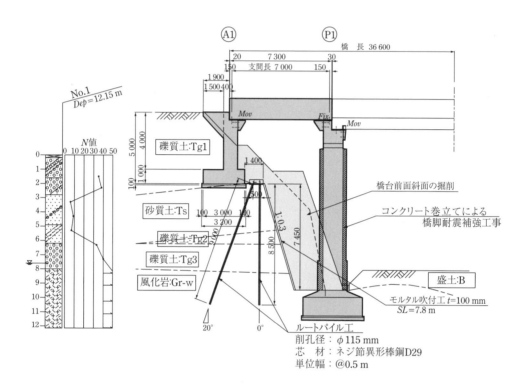

図 3.4.3 ルートパイルによる補強計画

3.4.4 ルートパイル工の設計
（1） 設計方針

ここでは、圧縮型ルートパイルによる設計について示す。圧縮型ルートパイル工の設計概念は、小口径モルタル杭により地山土塊を拘束して補強体を形成し、地山のすべり等によって補強体断面に生じる曲げ応力をルートパイル（補強材）に分散させることで地盤への作用力を低減し、補強土体内部で土の圧縮破壊が生じないようにすることにある。ルートパイルにより拘束された土塊は補強土体と呼ばれ、すべりや土圧に抵抗できる土構造物として機能する。

本事例は、掘削により斜面崩壊が生ずることを防止するためのルートパイル工の計画であるので、橋台を含む掘削後の斜面安全率 F_s を円弧すべり面法により計算し、この安全率 F_s とすべり破壊の設計安全率 $F_{sp}=1.10$ の差分より求められる斜面安定に不足する抵抗力 P_r を設計荷重として補強体に作用させ、ルートパイル工の設計を行う。

工事に伴なう補強工としての仮設構造物に対する設計安全率の設定に関しては、明確に規定された文献はないが、日本道路協会「道路土工 切土工・斜面安定工指針（平成21年度版）」（11-3 地すべりの安定解析、p.403）の計画安全率は、1.05〜1.2 の範囲で設置するとの記述を参考に、本事例では設計安全率 $F_{sp} = 1.10$ とする。

（2） 設計の流れ

圧縮型ルートパイル工による補強工の設計の流れを図 3.4.4 に示す。

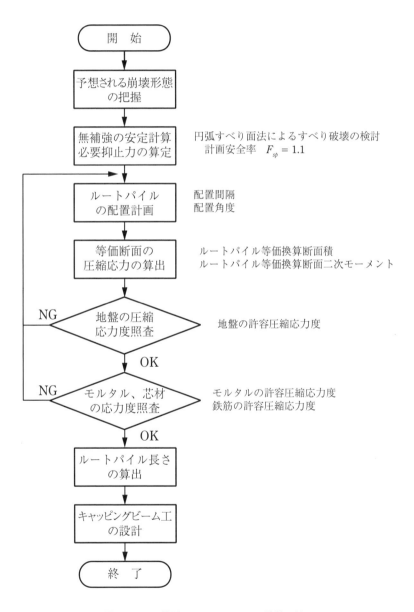

図 3.4.4　圧縮型ルートパイル工の設計の流れ

（3） 設計荷重の算出

設計荷重は、すべり破壊検討断面に対して円弧すべり面法を用いて算出するすべり破壊の安全率 F_s と、設計安全率 F_{sp} から不足抵抗力 P_r として算出する。円弧すべり面法の概念図を図 3.4.5 に、すべり破壊検討断面を図 3.4.6 に示す。円弧すべり面法は、すべり土塊を短冊状に分割し、各分割片に対して想定すべり面上の滑動モーメント M_o と抵抗モーメント M_r を計算し、各モーメントの総和の比をすべり破壊に対する安全率と考え、すべり円弧の中心点の位置と半径を変化させ、もっとも安全率の小さなすべり円弧を求める計算法である。したがって、計算は繰返し計算が必要になるため、安全率 F_s は、計算プログラム[1]（修正フェレニウス法）を用い計算する。

$$F_s = \frac{\Sigma M_r}{\Sigma M_o} = \frac{R \times \Sigma(c \cdot L + W \cdot \cos\alpha \cdot \tan\phi)}{R \times \Sigma W \cdot \sin\alpha}$$

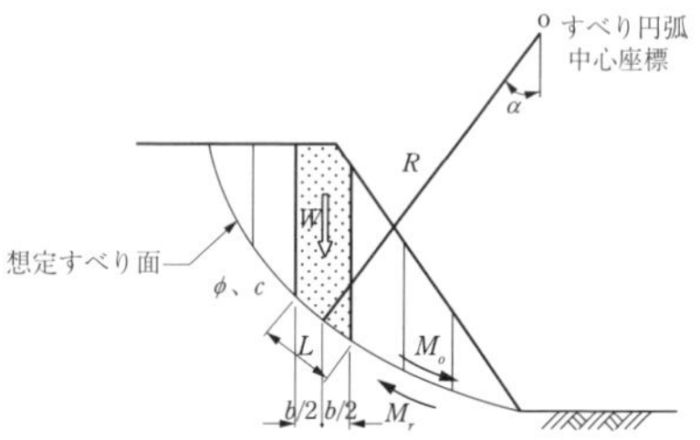

ここに、F_s：すべり破壊の安全率
　　　　c：粘着力（kN/m^2）
　　　　ϕ：せん断抵抗角（°）
　　　　L：分割片で切られたすべり面の長さ（m）
　　　　W：分割片の全重量（載荷重含む）（kN/m）
　　　　α：分割片で切られたすべり面の中点とすべり面の中心座標 o を結ぶ直線と鉛直線とのなす角度（°）

図 3.4.5　円弧すべり面法

円弧すべり計算に用いる地盤の土質定数を表 3.4.1 に、計算結果を表 3.4.2 にそれぞれ示す。橋台底面の地盤反力の大きさは、逆 T 式橋台の安定計算書における常時の地盤反力度の計算結果を用いて、円弧すべり計算に載荷重として考慮する。本事例では、橋台に作用する土圧、橋台自重、桁支点反力、活荷重を考慮して計算される荷重の合力がフーチング底板の核内（フーチング底板幅 b の中央 $b/3$ の範囲）に作用しているため、地盤反力の分布形状は台形として扱うこととする。したがって、円弧すべり計算における載荷重は、橋台底板に作用する地盤反力の形状を台形分布とし、フーチングの後端部に生じる最小地盤反力度を $q1 = 90 \text{ kN/m}^2$、フーチングの前端部に生じる最大地盤反力度を $q2 = 201 \text{ kN/m}^2$ として計算する（図 3.4.6）。

不足抵抗力 P_r は、次式により算出する。なお滑動力 P_o は、滑動モーメントの総和 ΣM_o を半径 R で除した値と同値である。

$$P_r = (F_{sp} - F_s) \times P_o = (1.10 - 0.488) \times 451.93 = 276.6 \text{ kN/m}$$

ここに、P_r：不足抵抗力（kN/m）
　　　　F_{sp}：設計安全率 = 1.10
　　　　F_s：すべり破壊の安全率 = 0.488
　　　　P_o：滑動力（kN/m） = 451.93 kN/m

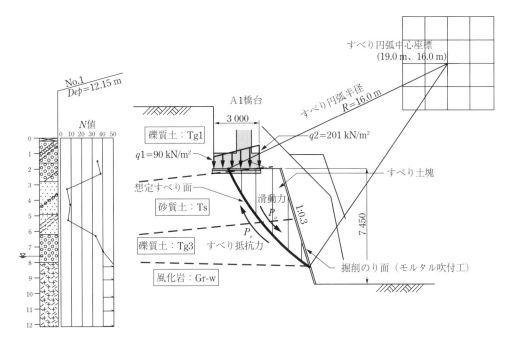

図 3.4.6　すべり破壊検討断面

表 3.4.1　地盤の土質定数

地質名		単位重量 $\gamma(kN/m^3)$	せん断抵抗角 $\phi(°)$	粘着力 $c(kN/m^2)$	N値
Tg1	礫質土	20.0	38.0	0.0	36
Ts	砂質土	17.0	25.0	0.0	7
Tg3	礫質土	20.0	40.0	0.0	42
Gr-w	風化岩	20.0	40.0	82.0	50以上

表 3.4.2　円弧すべりの計算結果

中心座標		半径	すべり抵抗力	滑動力	安全率
x(m)	y(m)	R(m)	P_r(kN/m)	P_O(kN/m)	$F_s=P_r/P_O$
19.0	16.0	16.0	220.43	451.93	0.488

（4）　設計条件

（a）　ルートパイルの選定

　ルートパイルとは地盤中で抵抗力を発揮する部材をいい、本ルートパイル工では、硬化膨張性モルタルを主材料とした小口径杭をルートパイルとしている。

　ルートパイルはボーリング削孔機を用いて地中に造成する場所打ち杭であるため、ルートパイルの形状寸法は削孔機のケーシング外径により決定される。使用する機種により若干の差異があるため、設計計算上のルートパイル形状を以下のように設定する。

- グラウト材：硬化膨張性モルタル

  本事例で使用した配合（1m³ 当たり）

  $\begin{cases} セメント　普通ポルトランドセメント　800\,kg \\ 砂　　　　細砂　　　　　　　　　　753\,kg \\ 混和材　　膨張材（デンカ CSA\#20）　103\,kg \\ 混和剤　　AE 減水材（ポゾリス No.70）2.4\,L \\ 水　　　　　　　　　　　　　　　400\,kg \end{cases}$

- ルートパイル径：$\phi 115\,mm$（削孔径 d）
- 断面積：$A_c = 10\,390\,mm^2$
- 周　長：$l_c = 361\,mm$

また、ルートパイルの中心部には芯材として異形棒鋼を配置して断面力の強化を図るが、長期耐力や合成構造としての挙動を得るためにルートパイル径 $\phi 115\,mm$ に対しては標準的に以下の形状寸法を用いる。

- 材　質：SD345
- 呼び径：D29
- 直　径：$d_s = 28.6\,mm$
- 断面積：$A_s = 642.4\,mm^2$
- 周　長：$l_s = 90\,mm$

(b) 使用材料の許容応力度

① モルタル[2]

- 設計基準強度：$f_{ck} = 24\,N/mm^2$
- 許容曲げ圧縮応力度：$\sigma_{ca} = 9\,N/mm^2$
- 許容付着応力度：$\tau_a = 1.6\,N/mm^2$

② 異形棒鋼（SD345）[2]

- 許容引張応力度：$\sigma_{sa} = 176\,N/mm^2$
- 割増基本値：$\sigma_{sa} = 196\,N/mm^2$

    a) 一般の場合の許容引張応力度：$\sigma_{sa} = 196\,N/mm^2$
    b) 疲労強度より定まる許容引張応力度：$\sigma_{sa} = 176\,N/mm^2$
    c) 降伏強度より定まる許容引張応力度：$\sigma_{sa} = 196\,N/mm^2$

    注）許容応力度の設定は、コンクリート標準示方書[2]を参考にして定めるが、現行の標準示方書は性能照査型となっているため、許容応力度法による設計が示されている「2002 年制定コンクリート標準示方書［構造性能照査編］」土木学会、pp.242-247 を参考とする。

③ 割増し率

- 永久構造物（地震時）：1.5 倍
- 仮設構造物（短期）：1.5 倍

    注）コンクリート標準示方書[2]には、仮設構造物（短期）に対する割増し率基準がないため、「道路土工仮設構造物指針」日本道路協会、平成 11 年 3 月、p.47 に示される割増し率と同程度の値を採用する。

(c) ルートパイル周面摩擦力

ルートパイル周面摩擦力は、表 3.4.3 に示すアンカーの極限周面摩擦応力[3]表を用いて、地盤の種類と摩擦抵抗応力 τ の関係より求める。

表 3.4.3 アンカーの極限周面摩擦応力 [3]

地盤の種類			摩擦抵抗応力 τ (N/mm^2)
岩 盤	硬 岩		1.50〜2.50
	軟 岩		1.00〜1.50
	風化岩		0.60〜1.00
	土 丹		0.60〜1.20
砂 礫	N値	10	0.10〜0.20
		20	0.17〜0.25
		30	0.25〜0.35
		40	0.35〜0.45
		50	0.45〜0.70
砂	N値	10	0.10〜0.14
		20	0.18〜0.22
		30	0.23〜0.27
		40	0.29〜0.35
		50	0.30〜0.40
粘性土			$1.0 \times c$ (cは粘着力)

根入れ地盤は、風化岩（G_r-w）層とし、設計 N 値 = 50 以上より、安全側の値として $\tau = 0.60$ N/mm^2 とする。

周面摩擦応力 τ に対する安全率は、表 3.4.4 の値を用いる [4]。本事例においては、仮設構造物として、安全率 $f_s = 1.5$ を採用する。

表 3.4.4 周面摩擦応力に対する安全率

	永久構造物（常時）	永久構造物（地震時）	仮設構造物（短期）
安全率	$f_s = 2.5$	$f_s = 2.0$	$f_s = 1.5$

(d) 弾性係数

① 異形棒鋼： $E_s = 200\,000$ N/mm^2

異形棒鋼の弾性係数は、「平成24年度版 道路橋示方書・同解説 Ⅰ 共通編」日本道路協会、p.86 に示される鋼のヤング率を用いる。

② ルートパイル： $E_{pile} = 25\,000$ N/mm^2

ルートパイルは、モルタルの弾性係数とし、「2002年制定 コンクリート標準示方書［構造性能照査編］」土木学会、p.28 に示される設計基準強度 $f_{ck} = 24$ N/mm^2 普通コンクリートのヤング率を用いる。

③ 補強される土： $E_{soil} = 20$ N/mm^2

補強される土の弾性係数は、補強土体が砂質土（Ts）層に造成されるとし、ボーリング柱状図（図 3.4.3）の深度 3〜6 m の N 値の平均値より設計 N 値 = 7 として、【参考資料1】に示す N 値から弾性係数を推定する方法により算出する。

$E_{soil} = 2.8 N = 2.8 \times 7 ≒ 20$ N/mm^2

④ モルタルと芯材（異形棒鋼）の弾性係数比：　$n = 15$

モルタルと芯材の弾性係数比は、「平成24年度版 道路橋示方書・同解説 Ⅳ 下部構造編」日本道路協会、p.285 に示される鉄筋コンクリート部材の応力度の計算に用いるヤング率比と同じ値を用いる。

⑤ ルートパイルと補強された土の弾性係数比：　$m = 1\,250$

ルートパイルと補強された土の弾性係数比 m は、次式により算出する。

$$m = \frac{E_{pile}}{E_{soil}} = \frac{25\,000}{20} = 1\,250$$

【参考資料1】

1）土の種類からの推定

参表-1　変形係数の目安値

土の種類	変形係数の目安（N/mm²）
礫（密な）	100 ～ 200
砂（密な）	50 ～ 80
砂（緩んだ）	10 ～ 20
粘土（固い）	8 ～ 15
粘土（中ぐらいの）	4 ～ 8
粘土（軟らかい）	1.5 ～ 4
粘土（非常に軟らかい）	0.5 ～ 3

※「基礎の設計資料集」土質工学会、p.24、1992年

2）N 値からの推定

軟弱な粘性土、玉石層、岩盤を除く地盤では次式により推定できる。

$E_o = 2\,800\,N\,(kN/m^2) = 2.8\,N\,(N/mm^2)$

※「道路橋示方書・同解説、Ⅳ下部構造編 平成24年版」日本道路協会、p.285

(e)　地盤の許容圧縮応力

補強される土の許容圧縮応力は地盤の許容支持力度を用いる。補強地盤とは、地表面より検討基準面までの地盤に相当するが、本事例の地層は、図3.4.3 に示すように砂質土と礫質土の互層になっているため、ボーリング柱状図より N 値7程度の砂質土地盤（Ts層）を代表地盤として補強地盤と想定している。地盤の許容支持力度は、【参考資料2】に示す経験式用いて算出する。

地盤の許容圧縮応力 q_a

$q_a = 8.0 \cdot N = 8.0 \times 7 = 56.0\,kN/m^2$

【参考資料2】
1) 基礎地盤の種類による推定

参表-2 支持地盤の種類と許容支持力度（常時値）

基礎地盤の種類		許容支持力度 (kN/m^2)	備考	
			$q_u (kN/m^2)$	N値
岩盤	亀裂の少ない均一な岩盤	1 000	10 000 以上	―
	亀裂の多い硬岩	600	10 000 以上	―
	軟岩・土丹	300	1 000 以上	―
礫層	密なもの	600	―	―
	密でないもの	300	―	―
砂質地盤	密なもの	300	―	30～50
	中位なもの	200	―	20～30
粘性土地盤	非常に堅いもの	200	200～400	15～30
	堅いもの	100	100～200	10～15

※「道路土工－擁壁工指針 平成21年度版」日本道路協会、p.69

2) N値からの推定[4]
　　砂質土　　$q_a = (0.8 \sim 1) \times 10 \times N (kN/m^2)$
　　沖積粘土　$q_a = (1 \sim 1.2) \times 10 \times N (kN/m^2)$
　　洪積粘土　$q_a = (2 \sim 5) \times 10 \times N (kN/m^2)$
　　関東ローム　$q_a = 3 \times 10 \times N (kN/m^2)$
※「N値および $c \cdot \phi$ －考え方と利用方法－」土質工学会、p.21、1992年

(5) ルートパイル配置設計

(a) ルートパイル配置角度

ルートパイルの配置方向はルートパイルに最も有効に圧縮力が作用するように配置するのが望ましいが、実際の地盤中ではルートパイルで構成される補強土体に水平力や曲げ応力が作用すると考えられ、最も有効な配置計画を行うことは困難であるので、通常は鉛直方向より±20°以内で配置角の設定を行っている。

これは、ルートパイルで構成される補強土体に水平力や曲げ応力が作用する場合には、補強体内部で土の引張破壊が発生したり、杭頭部の水平変位量が大きくなったりするなどの問題点があり、挙動観測に基づいた手法として、検討基準面上で地盤反力ができるだけ圧縮状態になるよう、配置角度を±20°の範囲で選定することを原則としている。

その他、現地の地形や施工性等を十分考慮した上で、ルートパイル配置角度を決定している。なお、角度は鉛直線よりの傾きを表す。

　　　　谷側（前面側）：0°
　　　　山側（背面側）：－20°

(b) ルートパイル配置間隔

ルートパイル配置間隔を決定する際には、ルートパイルの間から土のすり抜けを生じさせないように計画しなければならない。しかし、現時点ではルートパイル間隔とすり抜け発生の関係を理論的に示す方法がないため、以下に示す経験的な手法により決定する。

ルートパイル間隔は補強対象地盤の強度に影響されるが、ルートパイル径の2～7倍の範囲で補強効果が高まるとされている。

ルートパイル径：$d = 0.115$ m（$\phi 115$ mm）
　　　　ボーリングマシンのケーシング標準外径より選択する

配置間隔の範囲：$p = (2 \sim 7) \times d = 0.2 \sim 0.8$ m

本事例でのルートパイル配置間隔は、ルートパイル頭部おいて橋軸方向及び橋軸直角方向ともに下記の値とする。

配置間隔：$p = 0.50$ m

また、ルートパイルが補強土体を構成するためには、補強土体全体の土の拘束が必要である。土塊の拘束がルートパイルの周面摩擦力によるとすれば、ルートパイル1本当たりの周面摩擦抵抗力の影響範囲を参考に配置間隔を定めることもできる。

ルートパイル1本当りの影響範囲は、杭の周面摩擦力より求まる摩擦円の半径が準用できる。摩擦円の半径 r_e の求め方は次式[5]を用いる。

$$r_e = \sqrt{\left(\frac{d \times \tau}{\gamma} + \frac{d^2}{4}\right)} = \sqrt{\left(\frac{0.115 \times 44}{17.0} + \frac{0.115^2}{4}\right)} = 0.55 \text{ m}$$

ここに、r_e：周面摩擦力等価重量負担半径（m）
　　　d：ルートパイル径（m）　$d = 0.115$ m
　　　τ：補強される地山の周面摩擦応力（kN/m²）
　　　　　砂質土 N 値 = 7 として
$$\tau = 30 + \frac{10 \times N}{5} = 30 + \frac{10 \times 7}{5} = 44 \text{ kN/m}^2$$
　　　γ：土の単位重量（kN/m³）　$\gamma = 17.0$ kN/m³

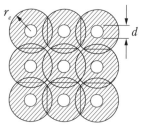

図 3.4.7　周面摩擦力等価重量負担半径

【参考資料3】

周面摩擦応力(kN/m^2)は、以下の式から求める。

砂質土：$\tau = \left(3 + \dfrac{N}{5}\right) \times 10$

粘性土：$\tau = \dfrac{q_u}{2}$

※「新・土と基礎の設計計算演習」土質工学会、p.150、1992年

　本事例における、ルートパイル配置角度およびルートパイル配置間隔を図3.4.8に示す。

　補強土体の検討断面は、想定すべり面とのり面側に配置されたルートパイルが交差する点を通る水平面としている。補強土体の検討断面におけるルートパイルの位置（前面ルートパイルからの水平距離）と補強土体の等価換算断面の形状を図3.4.8に併せて示す。

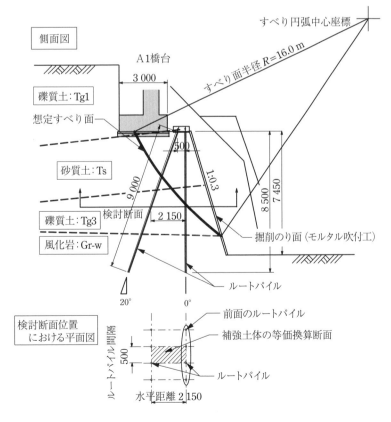

図3.4.8　すべり破壊検討断面

（6） 設計に用いる断面諸定数[7]

（a） ルートパイル1本の等価換算断面積

ルートパイル1本の等価換算断面積は、鉄筋の断面積にモルタルと鉄筋の弾性係数比 n を乗じて、モルタルの換算断面積として算出する。

$$A_{pile} = (n-1) \times A_s + A_c$$
$$= (15-1) \times 642.4 + 10\,390 = 19\,383.6 \text{ mm}^2 = 0.0194 \text{ m}^2$$

ここに、A_{pile}：ルートパイル1本の等価換算断面積（m^2）
　　　　　n ：モルタルと芯材（異形棒鋼）の弾性係数比　$n = 15$
　　　　　A_s：芯材（異形棒鋼）の断面積（mm^2）$A_s = 642.4$ mm^2
　　　　　A_c：ルートパイルの断面積（mm^2）$A_c = 10\,390$ mm^2
　　　　　　　　$A_c = (\phi/2)^2 \times \pi = (115/2)^2 \times \pi = 10\,387$ mm^2
　　　　　d ：ルートパイル径（mm）$d = 115$ mm

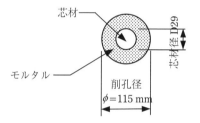

図 3.4.9　ルートパイル1本の断面形状

（b） 補強土体の等価換算断面積

補強土体の等価換算断面積は、ルートパイルの換算断面積に土とルートパイルの弾性係数比 m を乗じて、補強された土の換算断面積として算出する。

$$A_{ERP} = m \times A_{pile} \times S + b \times h$$
$$= 1\,250 \times 0.0194 \times 2 + 0.5 \times 2.150 = 49.575 \text{ m}^2$$

ここに、A_{ERP}：補強土体の等価換算断面積（m^2）
　　　　　m ：ルートパイルと補強された土の弾性係数比　$m = 1\,250$
　　　　　S ：ルートパイル本数（本）［ルートパイル間隔当り］　$S = 2$ 本
　　　　　b ：ルートパイル間隔（m）$b = 0.5$ m
　　　　　h ：ルートパイル水平距離（m）$h = 2.150$ m

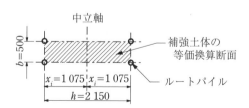

図 3.4.10　補強土体の等価換算断面積

（c） 補強土体の等価換算断面二次モーメント

補強土体の等価換算断面二次モーメントは、土とルートパイルの弾性係数比 m を考慮して中立軸に対して算出する。

$$I_{ERP} = m \times A_{pile} \times \Sigma x_i^2 + I_o$$
$$= 1\,250 \times 0.0194 \times (1.075^2 + 1.075^2) + 0.414 = 56.462 \text{ m}^4$$

ここに、I_{ERP}：補強土体の中立軸に対する等価換算断面二次モーメント（m^4）

m：ルートパイルと補強された土の弾性係数比　$m = 1\,250$

x_i：検討断面の中立軸より各ルートパイル中心までの距離（m）

I_o：補強土体断面の純断面二次モーメント（m^4）

$$I_o = \frac{b \times h^3}{12} = \frac{0.5 \times 2.150^3}{12} = 0.414 \text{ m}^4$$

b：ルートパイル間隔（m） $b = 0.5$ m

h：ルートパイル水平距離（m）　$h = 2.150$ m

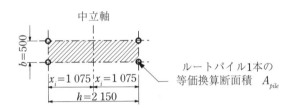

図 3.4.11　補強土体の等価換算断面二次モーメント

（7） 作用力の算定

（a） 検討基準面の上で考慮する作用力

補強土体は、補強土体の等価換算断面において、鉛直力（軸力）と水平分力による曲げモーメントが作用するものと考える。

① 鉛直力（軸力）の算出

ルートパイル間隔当たりの鉛直力は次式により算出する。

$$N = (P_v + W_c + W_e) \times b$$
$$= (208.828 + 7.35 + 111.115) \times 0.500 = 163.647 \text{ kN/m}$$

ここに、P_v：不足抵抗力の鉛直成分（kN/m）

$P_v = P_r \times \sin\alpha = 276.0 \times \sin 49° = 208.300$ kN/m

P_r：不足抵抗力（kN/m）　$P_r = 276.0$ kN/m

α：作用力と水平面のなす角度　$\alpha = 49°$

W_c：キャッピングビーム自重（鉄筋コンクリート）（kN/m）

（キャッピングビーム工の形状は図 3.4.12 参照）

$W_c = B \times H \times \gamma_c = 0.3 \times 1.0 \times 24.5 = 7.35$ kN/m

B：キャッピングビームの幅　$B = 1.0$ m

H：キャッピングビームの厚さ　$H=0.3$ m

γ_c：鉄筋コンクリートの単位体積重量　$\gamma_c=24.5$ kN/m³

W_e：補強土体自重（kN）

$W_e=(a+h)\div 2\times Z\times \gamma_e=(0.500+2.150)\div 2\times 4.533\times 18.5=111.115$ kN/m

a：打設位置でのルートパイル間隔（m）　$a=0.5$ m

h：ルートパイル水平距離（m）　$h=2.150$ m

Z：ルートパイル杭頭から検討断面までの高さ（m）　$Z=4.533$ m

γ_e：補強土体の単位体積重量

　　ここでは、砂質土（Ts）層と礫質土（Tg3）層の単位体積重量の単純平均として求める。

b：ルートパイル間隔（m）　$b=0.5$ m

② 曲げモーメントの算出

ルートパイル間隔当たりの曲げモーメントは、不足抵抗力の水平成分 P_h により生じるものと考える。水平力の作用位置は、土圧分布形状を三角形分布と仮定して、図3.4.12におけるルートパイル杭頭から検討断面までの高さの杭頭から2/3の位置とする。

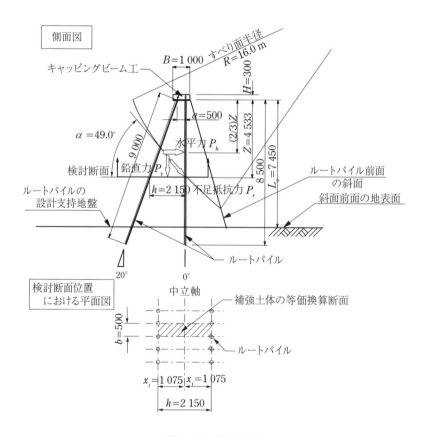

図 3.4.12　検討断面

曲げモーメントは次式で表される。

$$M = P_h \times Z \times 1/3 \times b \text{ (kN·m)}$$
$$= 181.532 \times 4.533 \times 1/3 \times 0.500 = 137.147 \text{ kN·m}$$

ここに、P_h：不足抵抗力の水平成分 $P_h = P_r \cdot \cos\alpha$ (kN)
$$P_h = P_r \times \cos\alpha = 276.70 \times \cos 49° = 181.532 \text{ kN}$$
P_r：不足抵抗力（kN/m）　$P_r = 276.0$ kN/m
α：作用力と水平面のなす角度　$\alpha = 49°$
Z：ルートパイル杭頭から検討断面までの高さ（m）　$Z = 4.533$ m
b：ルートパイル間隔（m）　$b = 0.5$ m

(b) 圧縮応力度の算定

補強土体の等価換算断面に発生する圧縮応力の最大値は、前面側ルートパイル位置と背面側ルートパイル位置で生じるとし、次式で表される。

$$\sigma_{ERP} = \frac{N}{A_{ERP}} \pm \frac{M}{I_{ERP}} \times y = \frac{163.647}{49.534} \pm \frac{137.148}{56.416} \times 1.075 = \begin{cases} 5.917 \\ 0.690 \end{cases} \text{kN/m}^2$$

ここに、σ_{ERP}：補強土体の等価換算断面に発生する最大圧縮応力度（kN/m²）
　　　　N：鉛直力（軸力）（ルートパイル間隔当り）（kN）　$N = 163.647$ kN
　　　　M：曲げモーメント（ルートパイル間隔当り）（kN·m）　$M = 137.148$ kN·m
　　　　b：ルートパイル間隔（m）　$b = 0.5$ (m)
　　　A_{ERP}：補強土体の等価換算断面積（m²）　$A_{ERP} = 49.534$ m²
　　　I_{ERP}：補強土体の等価換算断面二次モーメント（m⁴）　$I_{ERP} = 56.416$ m⁴
　　　　y：補強土体等価換算断面の中立軸からルートパイルまでの距離（m）
　　　　　　前面側 $y_{max} = 1.075$ m、背面側 $y_{min} = 1.075$ m

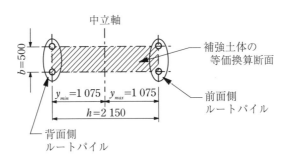

図 3.4.13　補強土体の等価換算断面の圧縮応力

(c) 補強土体の地盤の圧縮破壊に対する検討

補強土体の地盤の圧縮破壊に対する検討は、補強土体の等価換算断面に発生する最大圧縮応力度が、「3.4.4 ルートパイル工の設計　(4) 設計条件　(e) 地盤の許容圧縮応力」に示される許容圧縮応力度以下であることを照査する。

$$\sigma_{ERP} = 5.917 \text{ kN/m}^2 \leqq \sigma_{soil} = 56.0 \text{ kN/m}^2 \quad \text{OK}$$

ここに、σ_{ERP}：補強土体の等価換算断面に発生する最大圧縮応力度（kN/m²）

$$\sigma_{ERP} = 5.917 \text{ kN/m}^2$$

σ_{soil}：地盤の許容圧縮応力度（kN/m²）　$\sigma_{soil} = q_a = 56.0 \text{ kN/m}^2$

(d)　ルートパイルのモルタルの圧縮破壊に対する検討

ルートパイルのモルタルの圧縮破壊に対する検討は、補強土体の等価換算断面に発生する最大圧縮応力度にルートパイルと補強された土の弾性係数比 m を乗じて求めたモルタルの負担する応力がモルタルの許容圧縮応力度以下であることを照査する。

$$\sigma_c = m \times \sigma_{ERP} = 1\,250 \times 5.917 \text{ kN/m}^2$$
$$= 7\,396 \text{ kN/m}^2 = 7.396 \text{ N/mm}^2 \leqq \sigma_{ca} = 13.5 \text{ N/mm}^2 \quad \text{OK}$$

ここに、σ_c：ルートパイルのモルタルに作用する軸方向圧縮応力度（N/mm²）

m：ルートパイルと補強された土の弾性係数比　$m = 1\,250$

「3.4.4 ルートパイル工の設計　(4) 設計条件　(d) 弾性係数」より

σ_{ERP}：補強体内部で発生する最大圧縮応力度（N/mm²）　$\sigma_{ERP} = 5.917 \text{ kN/m}^2$

σ_{ca}：モルタルの許容圧縮応力度（N/mm²）　$\sigma_{ca} = 13.5 \text{ N/mm}^2$

(e)　ルートパイル芯材の圧縮破壊に対する検討

ルートパイル芯材の圧縮破壊に対する検討は、ルートパイルのモルタルに作用する軸方向圧縮応力度にモルタルと芯材との弾性係数比 n を乗じて求めた芯材の負担する応力が芯材の許容圧縮応力度以下であることを照査する。

$$\sigma_s = n \times \sigma_c = 15 \times 7.396 = 110.94 \text{ N/mm}^2 \leqq \sigma_{sa} = 180 \text{ N/mm}^2 \quad \text{OK}$$

ここに、σ_s：ルートパイル芯材（異形棒鋼）に作用する圧縮応力度（N/mm²）

n：モルタルと芯材との弾性係数比　$n = 15$

ここでは、鉄筋コンクリート部材の応力度の計算に用いるヤング率比と同じ値を採用する。

σ_c：モルタルに作用する圧縮応力度（N/mm²）　$\sigma_c = 7.396 \text{ N/mm}^2$

σ_{sa}：ルートパイル芯材（異形棒鋼）の許容圧縮応力度（N/mm²）　$\sigma_{sa} = 180 \text{ N/mm}^2$

(f)　ルートパイルに作用する圧縮力

ルートパイルに作用する圧縮力は、補強土体の等価換算断面に発生する最大圧縮応力度にルートパイルの断面積 A_c とルートパイルと土の弾性係数比 m を乗じて求める。

$$P_{pile} = m \times A_c \times \sigma_{ERP}$$
$$= 1\,250 \times 0.010390 \times 5.917 = 76.847 \text{ kN/本}$$

ここに、P_{pile}：ルートパイルに作用する圧縮力（kN/本）

m：ルートパイルと土の弾性係数比　$m = 1\,250$

A_c：ルートパイルの断面積（m²）　$A_c = 0.010390 \text{ m}^2$

σ_{ERP}：補強体の圧縮応力度（kN/m²）　$\sigma_{ERP} = 5.917 \text{ kN/m}^2$

(g) 支持地盤への根入れ長さの検討（ルートパイルと支持地盤との付着）

設計支持地盤は、図 3.4.12 に示したとおりルートパイル前面の斜面と斜面前面の地表面の交点を通る水平面を設計支持地盤と考える。ルートパイルの必要根入れ長さ L_{ro} は、ルートパイルに作用する圧縮力をルートパイル周面の許容付着力で除して算出する。このとき、最小根入れ長さとして、設計支持地盤より 1.0 m を確保する。

$$L_{roc} = \frac{P_{pile}}{L_c \times \dfrac{\tau}{f_s}} = \frac{76.847}{0.361 \times \dfrac{600}{1.5}} = 0.53 \text{ m} < 1.0 \text{ m} \, (L_{ro\,\min}) \quad \text{OK}$$

ここに、L_{roc}：ルートパイルの必要根入れ長さ（ルートパイルと支持地盤）（m）
P_{pile}：ルートパイルに作用する圧縮力（kN） $P_{pile} = 76.847$ kN/本
L_c：ルートパイル周長（m） $L_c = 0.361$ m
τ：ルートパイルと支持地盤の付着応力度（kN/m²） $\tau = 600$ kN/m²
f_s：τ に対する安全率 $f_s = 1.5$ （表 3.4.4）
$L_{ro\,\min}$：最小根入れ長さ $L_{ro\,\min} = 1.0$ m
　　　　設計支持地盤より、最小根入れ 1.0 m を確保する。

したがって、根入れ長さは最小根入れ長で計画し、$L_{ro} = 1.0$ m とする。

(h) 支持地盤への根入れ長さの検討（鉄筋とモルタルとの付着）

鉄筋とモルタルとの付着に対する検討は、ルートパイルに作用する圧縮力を鉄筋とモルタルの許容付着応力度で除して必要根入れ長さが根入れ長さ以上であることを確認する。このとき、最小根入れ長さとして、設計支持地盤より 1.0 m を確保する。

$$L_{ros} = \frac{P_{pile}}{l_s \times \tau_a} = \frac{76.847}{0.09 \times 2\,400} = 0.36 \text{ mm} < 1.0 \text{ mm} \, (L_{ro\,\min}) \quad \text{OK}$$

ここに、L_{ros}：ルートパイルの必要根入れ長さ（鉄筋とモルタルとの付着）（m）
P_{pile}：ルートパイルに作用する圧縮力（kN） $P_{pile} = 76.847$ kN/本
l_s：鉄筋周長（m） $l_s = 0.09$ m
τ_a：鉄筋とモルタルの許容付着応力度（kN/m²） $\tau_a = 2\,400$ kN/m²
　　　　ここでは、コンクリートと異形鉄筋の許容付着応力度に割り増し率 1.5 を乗じて求める。
$L_{ro\,\min}$：最低根入れ長さ = 1.0 m
　　　　設計支持地盤より、最小根入れ 1.0 m を確保する。

(i) 最小根入れ長さの選定

ルートパイルと地山との付着による支持地盤への根入れ長さの検討は、鉄筋とモルタルとの付着による支持地盤への根入れ長さの検討結果より、ルートパイルの支持地盤への根入れ長さを最低長で計画し、$L_{ro} = 1.0$ m とする。

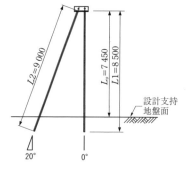

図 3.4.14 ルートパイル計画長さ

(j) ルートパイル計画長さの決定

ルートパイルの計画長さは、ルートパイルの杭頭計画位置から支持地盤までの鉛直距離にルートパイル打設角度を考慮した長さにルートパイルの必要根入れ長さを加えて求める。このとき、最小長さは 4.0 m を確保し、計画長さは 0.5 m 単位で長い値を採用する。

$$L = L_o + L_{ro} \geqq 4.0 \text{ m} \quad (最小長さ)$$

ここに、L：ルートパイルの計画長さ（m）（計画上 0.5 m 単位で長い値を採用する）

L_o：杭頭から支持地盤までの鉛直距離（m）　$L_o = 7.45$ m

　　　斜面前面側のルートパイル打設角度　0°

　　　斜面背面側のルートパイル打設角度　20°

L_{ro}：ルートパイルの必要根入れ長さ（m）

　　　斜面下端を支持地盤とし、最低根入れ 1.0 m を確保する。

各ルートパイルの長さを以下に示す。

・鉛直配置のルートパイル長 $L1$

$$L1 = L_o \div \cos 0° + L_{ro} = 7.45 \div \cos 0° + 1.00 = 8.45 \Rightarrow 8.5 \text{ m}$$

・鉛直面より 20° の角度で配置したルートパイル長 $L2$

$$L2 = L_o \div \cos 20° + L_{ro} = 7.45 \div \cos 20° + 1.00 = 8.93 \Rightarrow 9.0 \text{ m}$$

(k) 連結部の検討

ルートパイルとキャッピングビームとの連結は、定着が十分になされるように、芯材頭部に定着板を取り付ける（図 3.4.15）。

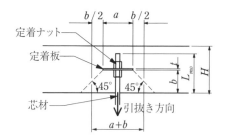

H：キャッピングビームの厚さ＝300 mm
b：取付け高さ＝150 mm
L_{mo}：頭出し長さ＝250 mm
t：定着板厚さ

図 3.4.15 取付け部の構造

コンクリートの設計基準強度 f_{ck} は、$f_{ck} = 21$ N/mm^2 とし、定着板は、定着ナットにより固定して取り付ける。取付け部の構造を図3.4.15に示す。定着板の形状は PL-9×100×100 mm、材質は JIS G3101 一般構造用圧延鋼材に示す SS400 を用いるものとして以下の照査を行う。

① 支圧応力度の検討

ルートパイルがキャッピングビームから引抜けようとするときのコンクリートの支圧応力度の検討は、ルートパイルに作用する圧縮力を定着板の面積で除した値がコンクリートの許容支圧応力度以下であることを照査する。

$$\sigma_b = \frac{P_{pile}}{a \times a} = \frac{76\,847}{100 \times 100} = 7.7 \text{ N/mm}^2 \ < \ \sigma_{ba} = 9.45 \text{ N/mm}^2 \quad \text{OK}$$

ここに、σ_b：コンクリートの支圧応力度（N/mm^2）

P_{pile}：ルートパイルに作用する圧縮力（N/本） $P_{pile} = 76.847$ kN/本

a：定着板辺長（mm） $a = 100$ mm

σ_{ba}：コンクリートの許容支圧応力度（N/mm^2）

$\sigma_{ba} = 0.3 \times f_{ck} \times 1.5 = 9.45$ N/mm^2 $\quad f_{ck} = 21$ N/mm^2

注）本事例では、「2002年制定 コンクリート標準示方書 構造性能照査編」土木学会、p.244における許容支圧応力度の算出式を参考にして、仮設構造物であるのでこれを50％割り増す。

② 定着板厚さの検討

定着板厚さの検討は、ナットにルートパイルの圧縮力が作用したときに、定着板がナットの押し込みによりせん断されない厚さであることを照査する。

$$t = \frac{P_{pile}}{\phi \times \tau_{sa}} = \frac{76\,847}{145.0 \times 120} = 4.4 \text{ mm} \ < \ 9 \text{ mm} \quad \text{OK}$$

ここに、t：定着板厚さ（mm）

P_{pile}：ルートパイルに作用する圧縮力（N/本） $P_{pile} = 76.847$ kN/本

ϕ：せん断面の総長（mm）

定着板はナットにより固定されるから、鉛直方向のせん断面は、ナットの周長和に定着板の板厚を乗じた値となるが、ナットの対角距離を直径とする円の周長をせん断面長さとして取り扱う。

使用されるナットの形状より対角距離は、$W = 46$ mm であるから、

$\phi = W \times \pi = 46 \times \pi = 145$ mm

ここに、τ_{sa}：定着板の許容せん断応力度（N/mm^2）

$\tau_{sa} = 120$ N/mm^2

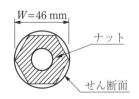

図3.4.16　定着板のせん断面

注）本事例は仮設構造物であるので、許容せん断応力度は、「道路橋示方書・同解説、Ⅱ鋼橋編（平成24年度版）」日本道路協会、p.136に示される許容応力度を50％割り増す。

③ 引抜きに対する検討

引抜きに対する検討は、押抜きせん断応力の検討に準じて行う。

$$\tau_p = \frac{P_{pile}}{4 \times (a+b) \times b} = \frac{76\,847}{4 \times (100+150) \times 150} = 0.5 \text{ N/mm}^2 < \tau_{pa} = 1.27 \text{ N/mm}^2 \quad \text{OK}$$

ここに、τ_p：引抜きせん断応力度（N/mm²）

P_{pile}：ルートパイルに作用する圧縮力（N/本）　$P_{pile} = 76.847$ kN/本

a：定着板辺長（mm）　$a = 100$ mm

b：定着板取り付け高さ（mm）　$b = 150$ mm

τ_{pa}：許容押抜きせん断応力度（N/mm²）　$\tau_{pa} = 1.27$ N/mm²

注）本事例は仮設構造物であるので、許容せん断応力度は、「道路橋示方書・同解説 Ⅲ コンクリート橋編（平成24年度版）」日本道路協会、p.128 に示される許容応力度を 50 ％割り増す。

参考文献
1) 例えば、富士通エフ・アイ・ピー株式会社：斜面安定計算システム「COSTANA（コスタナ）」
2) 土木学会：コンクリート標準示方書（2002年制定）・構造性能照査編、pp.243, 246、2002
3) 地盤工学会：グラウンドアンカー設計・施工基準 同解説、p.117、2005
4) 地盤工学会：グラウンドアンカー設計・施工基準 同解説、p.113、2005
5) 土質工学会：N値およびc・φ －考え方と利用方法－、p.21、1992
6) 日本道路協会：道路橋示方書・同解説 Ⅳ 下部構造編、p.401、2012
7) 産業技術サービスセンター：斜面・盛土補強土工法技術総覧、pp.486-487、1995

第4章

支承

4.1 支承部の補修・補強
4.2 鋼製支承の取替え
4.3 ゴム製支承の取替え
4.4 上支承ストッパーが破断した密閉ゴム支承板支承の補修

4.1 支承部の補修・補強

4.1.1 支承部の損傷

　支承の損傷形態としては、図 4.1.1 に示すように分類されている。鋼製支承の損傷形態としては、支承本体の損傷（さび、割れ等）やローラーのずれや落下、移動制限装置や浮き上がり防止装置の損傷およびボルト類の損傷などがある。ゴム支承の損傷形態としては、ゴムの劣化や逸脱、ゴムのひびわれ、めくれ、はらみなどの損傷（オゾンクラック含む）のほか、鋼製支承と同様に、移動制限装置やボルト類、沓座モルタルの損傷といった損傷形態がある。また、固定支承と可動支承とを比較すると、可動支承に多くの損傷が見られる。

　写真 4.1.1 は 1 本ローラー支承の損傷であり、ローラー及び支圧板が著しく腐食しており、移動機能が喪失していることから鋼製支承への取替えが行われた（4.2 参照）。

　また、写真 4.1.2 も 1 本ローラー支承の損傷であり、支圧板が著しく腐食しており、移動機能が喪失していること及び耐震性を向上させる目的からゴム支承の取替えが行われた（4.3 参照）。

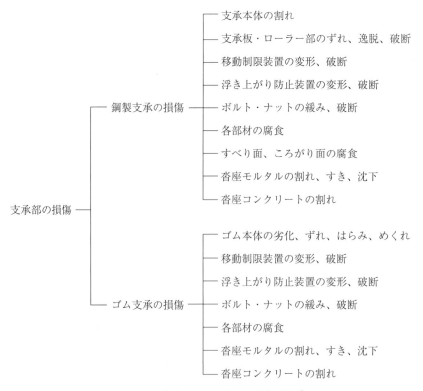

図 4.1.1　常時における支承の損傷形態[1]

写真 4.1.1　1本ローラー支承のローラー及び支圧板の腐食状況

写真 4.1.2　1本ローラー支承の支圧板の腐食状況

4.1.2　支承の取替え理由

支承の取替え理由は、概ね以下の3種類に分類される。
① 耐震性向上（設計地震動をレベル1からレベル2へ変更）を目的とした取替え
② 橋梁の機能向上（幅員の拡幅や活荷重の増加）に伴う取替え
③ 劣化及び損傷（本体の割れ、変形、腐食等）による取替え

4.2「鋼製支承の取替え」で紹介する事例は、支圧板の腐食損傷及び移動機能の喪失による取替えであり、4.3「ゴム製支承の取替え」で紹介する取替え理由は、耐震性向上（レベル2の耐力を有する支承へ）と支圧板の腐食損傷及び移動機能の喪失による取替えである。

参考として、耐震設計基準及び支承便覧の技術の変遷を表 4.1.1 に示す。

表 4.1.1 耐震設計基準及び支承便覧の技術の変遷

年代	大規模地震及び設計基準の規定	支承に関する主な内容
大正 12 年（1923 年）	関東地震	アンカーボルトによる下部構造への定着、浮き上がり止めのサイドブロックの配置等を改良
大正 15 年（1926 年）	「道路橋構造細則案」（内務省土木局）	アンカーボルト、ピン、ローラー、コンクリート等の許容応力度を規定 → ピン、ローラー支承は現在の原形が確立
昭和初期		・線支承が開発される → 鋼桁用として広く普及 ・水平力を下沓下面のリブ、上揚力を 1 本アンカーで負担する設計
昭和 14 年（1939 年）	「鋼道路橋設計製作示方書」（内務省土木局）	・支承に関して曲げ、せん断等の各応力度を規定 ・設計震度：水平 k_h=0.2、鉛直 k_v=0.1 ・アンカーボルト：長さ 15D 以上、2 本配置
昭和 30 年（1955 年）代初頭		・BP・A 支承の開発 ・フランスからパッド沓を輸入 → 昭和 33 年：国鉄でパッド沓を使用
昭和 31 年（1956 年）	「鋼道路橋設計示方書」（日本道路協会）	・設計震度：水平 k_h=0.1～0.35、鉛直 k_v=0.1 ・アンカーボルト：長さ 10D 以上、2 本配置／大支間は 4 本、最小径（25mm）を規定 ・構造用鋼材、鋳鉄、鋳鋼の追加改訂
昭和 34 年（1959 年）		日本独自製のパッド沓を使用 → 以後、構造の単純さ、施工の簡便さから利用が増加
昭和 38 年（1963 年）	「鋼道路橋設計示方書」「鋼道路橋製作示方書」（日本道路協会）	・SS490、SM490A、FC150、FC200、FC250 追加 ・支承に作用する負反力の取り扱いを規定
昭和 38 年（1963 年）		・1 本ローラー支承の開発 → しかし、方向性が限定されることによる損傷事例が報告され、昭和 50 年頃からは使用が制限 ・BP・A（日本製）、BP・B（輸入品）支承が高速道路などで採用
昭和 47 年（1971 年）	「道路橋耐震設計指針」（建設省通知）	・支承の耐震性能明確化（移動制限装置、縁端距離、桁間連結装置、落橋防止装置等を規定）
昭和 48 年（1973 年）	「道路橋示方書・同解説」「道路橋支承便覧」（日本道路協会）	・SCW410、SCW480、SCMn1A、SCMn2A 追加 ・k_h=0.1～0.24（修正震度法 0.05～0.3）、k_v=0.1 ・アンカーボルト 2 本、大支間は 6 本以下 ・分散支承の実用化
昭和 51 年（1976 年）	「支承標準設計」（ゴム支承・すべり支承編）	昭和 54 年「支承標準設計（ピン支承・ころがり支承編）」、「道路橋支承便覧（施工編）」（日本道路橋会）を規定 → これらにより支承の設計が標準化
昭和 53 年（1978 年）	「道路橋耐震設計指針」（建設省通知） 宮城県沖地震	・ストッパー部の損傷が報告され、応力集中箇所への丸み付けを規定 ・溶融亜鉛めっき支承の開発

表 4.1.1 耐震設計基準及び支承便覧の技術の変遷（続き）

年代	大規模地震及び設計基準の規定	支承に関する主な内容
昭和 55 年 (1980 年)	「道路橋示方書・同解説」 （日本道路協会）	・鋳鉄は主要部材に使用しないように示唆 ・負反力算定改訂
昭和 57 年 (1982 年)	「支承標準設計」 （日本道路協会）	・標準設計の見直し → 移動制限装置の改良（R 加工）、鋳鋼を使用
平成元年 ～3 年 (1989 年)		土木研究所と民間 20 数社による免震設計に関する研究を実施 → 免震設計法マニュアルの作成（平成 4 年）
平成 2 年 (1990 年)	「道路橋示方書・同解説」 （日本道路協会）	・修正震度法に一本化 ・温度＋地震の荷重組合せ削除
平成 5 年 (1993 年)	「道路橋示方書・同解説」 「道路橋支承標準設計」 （日本道路協会）	・道路構造令の設計自動車荷重の改正に伴い改訂 ・PTFE＋SUS の仕様を明確化 ・国内初の免震支承の採用
平成 7 年 (1995 年)	兵庫県南部地震	建設省「兵庫県南部地震により被災した道路橋の復旧に係る仕様（復旧仕様）」→ 鋼製支承からゴム支承へ
平成 8 年 (1996 年)	「道路橋示方書・同解説」 （日本道路協会）	・支承部を橋の主要構造部材として位置付け ・支承部はレベル 2 で設計することが基本
平成 14 年 (2002 年)	「道路橋示方書・同解説」 （日本道路協会）	支承部及び落橋防止システムの機能と要求性能が明確化
平成 23 年 (2011 年)	東北地方太平洋沖地震	・レベル 1 で設計された鋼製支承が損傷 ・ゴム支承の一部も損傷（動的解析未実施の橋梁）
平成 24 年 (2012 年)	「道路橋示方書・同解説」 （日本道路協会）	・設計段階から維持管理を考慮した橋の設計を規定 ・設計地震動および地域別補正係数を見直し

4.1.3 支承の取替え施工

供用中の橋梁補修工事は、交通規制を最小限とするように実施されることが多く、特に支承の取替え施工は橋面下での工事であるため交通規制を行わない場合が多い。したがって支承の取替えにあたっては、以下の点に留意認識する必要がある。

① 作業場所は上部構造と下部構造の接点であるので、狭隘かつ高所な作業環境であることが多い。
② 上下部構造の補強、ジャッキアップおよびダウン、沓座コンクリートのはつり及び打設等、工種が多様である。
③ 交通供用下での作業となるため、ジャッキアップ時の路面段差の管理や作業安全性の確保が重要である。

4.1.4 施工手順

支承取替えの標準的な施工手順を図 4.1.2 に、作業状況例を写真 4.1.3 ～ 写真 4.1.6 に示し、各作業の概要を述べる。これらの写真は 4.3「ゴム製支承の取替え」の施工時のものである。

① 補強工
　補強部材は主桁や横桁の腹板に補強リブを取り付けることが多い。補強リブは高力ボルト接合または溶接接合にて取り付ける。
② 仮受け工
　油圧ジャッキを用いて上部構造をジャッキアップし、仮受け材に盛り替えて取替え作業を行う。
③ 支承撤去工
　沓座モルタルをはつり取り、アンカーボルトを切断し既存支承を撤去する。
④ アンカーボルト工
　アンカーボルトを新設あるいは追加する際は、下部構造に削孔する。既設アンカーボルトを使用する際は、切断位置にボルトを継いで使用する。
⑤ 支承設置工
　取替え支承を設置し、沓座モルタルの配筋・型枠設置・モルタル打設を行い、上部構造をジャッキダウンする。

図 4.1.2　標準的な施工手順

写真 4.1.3　補強工

写真 4.1.4　ジャッキアップ

写真 4.1.5　支承撤去工

写真 4.1.6　支承設置工

参考文献
1)　土木学会：道路橋支承部の改善と維持管理技術、平成 20 年 5 月

4.2 鋼製支承の取替え

4.2.1 構造諸元及び設計条件

(1) 橋梁形式：鋼単純合成 I 桁橋
(2) 支 間 長：46.600 m
(3) 全 幅 員：9.200 m
(4) 斜　　角：90°
(5) 橋　　格：一等橋（TL-20）
(6) 建 設 年：昭和 40 年代

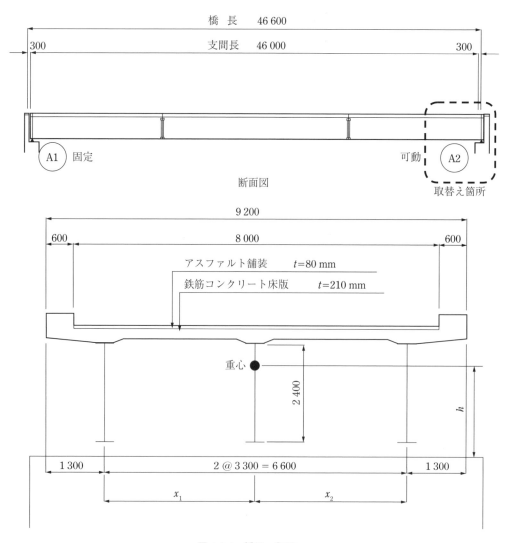

図 4.2.1　橋梁一般図

4.2.2 補強理由

対象橋梁の支承は、写真4.1.1に示す1本ローラー支承であり、図4.2.2に示すローラー及び支圧板が著しく腐食しており、支承部の重要な機能である変位追随機能が喪失している。これにより1本ローラー支承から密閉ゴム支承板支承（以下、BP・B支承）への取替えを行う。

BP・B支承とは、密閉されたゴムプレートを支承板として用いた支承である。密閉されたゴムの弾性変形で回転を吸収し、支承板の上にすべり板としてフッ素樹脂成形板（PTFE板）を入れ、上沓とすべり板との間で水平移動に追随する構造である。

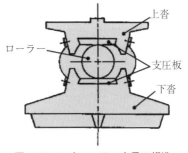

図4.2.2 1本ローラー支承の構造

4.2.3 補強方針と条件

（1） 設計方針

対象橋梁の補修は補強を伴わない原形復旧を原則とし、取替え支承の設計地震動は既設支承と同様のレベル1とする。したがって、本取替え事例のBP・B支承は、既設アンカーボルトを利用した図4.2.3に示す構造とする。

図4.2.4に、A2橋台側の可動支承の取替え設計事例を示す。

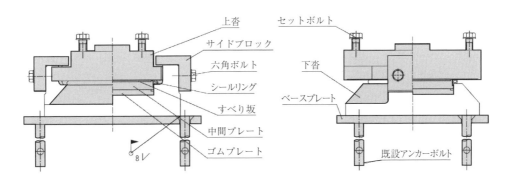

(a) 橋軸方向　　　　　　　　　(b) 橋軸直角方向

図4.2.3　BP・B支承の構造

図4.2.4　配置図

図 4.2.5 に BP・B 支承の設計手順[1]を示す。

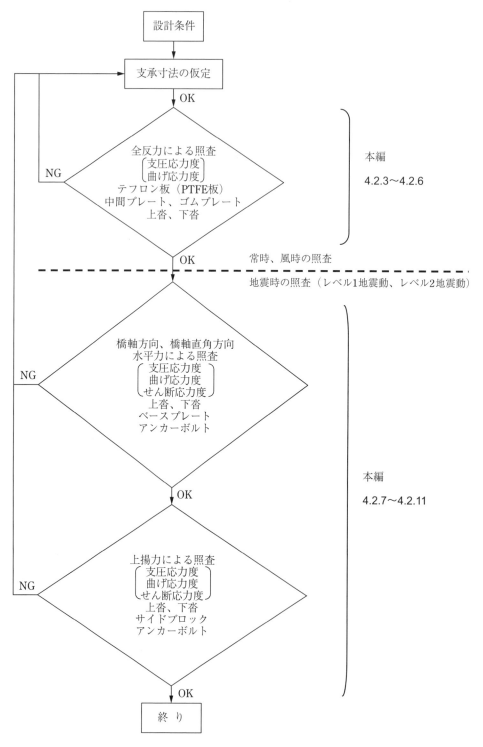

図 4.2.5　BP・B 支承の設計手順

（2） 設計条件

① 支承タイプ：可動 BP・B 支承
② 地域別補正係数 C_z：A2 地域
③ 地盤種別：Ⅱ種地盤
④ 設計水平震度：
　　橋軸方向　レベル 1 地震動　$K_h(L) = 0.25$
　　橋軸直角方向　レベル 1 地震動　$K_h(T) = 0.25$
⑤ 全移動量：橋軸方向　$e = 110$ mm
⑥ 設計反力

　　R：全反力

　　R_d：死荷重反力

　　R_{H1f}：橋軸方向水平力（移動時）
　　　$R_{H1f} = \mu \times R$　　μ：摩擦係数（0.1）

　　R_{H1e}：橋軸方向水平力（レベル 1 地震時）
　　　$R_{H1e} = R_d \times K_h(L)$

　　R_{H2e}：橋軸直角方向水平力（レベル 1 地震時）
　　　$R_{H2e} = R_d \times K_h(T)$

　　H_{max}：最大水平力（常時換算値）
　　　$H_{max} = \max(R_{H1f}/1.15, R_{H1e}/1.5, R_{H2e}/1.5)$

　　V：上揚力（レベル 1 地震時）
　　　$V = 0.1 \times R_d$

　R_L, R_U：地震時鉛直反力　道路橋示方書 V[2) 15.2(3) により算出する。

表 4.2.1　設計反力

全反力	R	kN	1 398
死荷重反力	R_d	kN	818
水平力	R_{H1f}	kN	140
	R_{H1e}	kN	205
	R_{H2e}	kN	205
	H_{max}	kN	137
上揚力	V	kN	82

表 4.2.2　地震時鉛直反力の計算用寸法

上部構造までの鉛直距離	h	mm	2 900
上部構造の重心から G1 番目の支承までの距離	x_1	mm	3 300
上部構造の重心から G3 番目の支承までの距離	x_2	mm	－3 300
距離の自乗の和	Σx_i^2	mm^2	21 780 000

表 4.2.3　地震時鉛直反力の計算結果（1）

橋軸方向の設計水平力	H_B	kN	545
係数（設計鉛直震度）	k_v		0.10
設計鉛直震度によって生じる鉛直方向の最大反力	$R_{VEQ\,max}$	kN	82
設計鉛直震度によって生じる鉛直方向の最小反力	$R_{VEQ\,min}$	kN	55
設計水平地震力が作用した時の支承部の鉛直最大反力	$R_{HEQ\,max}$	kN	239

表 4.2.4　地震時鉛直反力の計算結果（2）

橋軸方向	下向き地震力	R_L	kN	900
	上向き地震力	R_U	kN	492
橋軸直角方向	下向き地震力	R_L	kN	1 071
	上向き地震力	R_U	kN	301

　以下、BP・B 支承の代表的な構造部材である、すべり材、中間プレート、ゴムプレート、下沓、上沓、サイドブロック、セットボルト、アンカーボルト及び下沓の溶接部の照査結果を示す。

4.2.4　すべり板（PTFE）

　すべり材の照査として全鉛直反力により、支圧応力度を算出する。
　すべり材は PTFE であり、すべりのある平面接触とする。

（1）　支圧応力度

$$\sigma_b = R/(\pi/4 \times D^2) \leqq \sigma_{ba}$$

　ここに、R：全反力
　　　　　D：すべり板直径
　　　　　σ_{ba}：すべり材の許容支圧応力度（道路橋支承便覧[3]表-3.5.8 参照）

表 4.2.5　すべり材の支圧応力度計算結果

すべり板直径	D	mm	260		
支圧応力度	σ_b	N/mm^2	26.3	$\leqq \sigma_{ba}=30.0\,\text{N/mm}^2$	OK

4.2.5 中間プレート

中間プレートは中央断面の曲げ応力度で照査する。

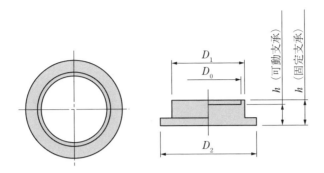

図 4.2.6 中間プレート図

表 4.2.6 中間プレートに関する寸法

穴径	D_0	mm	260
径（上）	D_1	mm	273
径（下）	D_2	mm	279
高さ（可動支承）	h	mm	26
中間プレートの材質			SS400

（1） 全反力により中央断面の曲げ応力度

$$\sigma = M/JN \times h/2 \leqq \sigma_a$$

ここに、σ：中間プレートの中央断面の曲げ応力度

M：曲げモーメント

$$M = 1/2 \times R \times 2/3\pi \cdot (D_2 - D_0) \quad \text{（可動支承の場合）}$$

JN：慣性モーメント

$$JN = 1/12 \times D_1 \times h^3$$

σ_a：中間プレートの材質の許容支圧応力度

表 4.2.7 中央断面の曲げ応力度の計算結果

慣性モーメント	JN	mm^4	399 854	
曲げモーメント	M	N·mm	2 818 316	
中央断面の曲げ応力度	σ	N/mm^2	91.6	$\leqq \sigma_a = 140.0$ N/mm^2　OK

4.2.6 ゴムプレート（クロロプレンゴム）

ゴムプレートの照査として支圧応力度を算出する。

（1） 支圧応力度

$$\sigma_b = \frac{R}{\frac{\pi}{4} \times D^2} \leqq \sigma_{ba}$$

ここに、D：ゴムプレートの径

σ_{ba}：クロロプレンゴムの許容支圧応力度（道路橋支承便覧 表-3.5.8 参照）

表4.2.8 ゴムプレート照査の計算結果

ゴムプレートの径	D	mm	280	
支圧応力度	σ_b	N/mm²	22.7	$\leqq \sigma_{ba}=25.0\,\text{N/mm}^2$　OK

4.2.7 下沓

下沓の照査は下部工コンクリートの支圧応力度及び下沓本体の応力度である。

（1） 下部工支圧応力度

以下に示すとおり、支圧応力度の計算として常時、移動時及び地震時3つのケースを検討する。

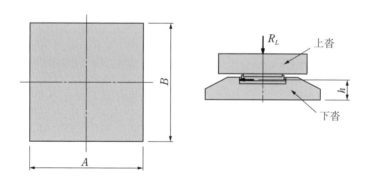

図 4.2.7 下沓に作用する鉛直力

表4.2.9 下沓に関する寸法（1）

下沓の橋軸長さ	A	mm	460
下沓の橋直長さ	B	mm	460
水平力の作用点までの距離	h	mm	93.0
下沓材質			SCW480N

(a) 常時の支圧応力度

$$\sigma_b = \frac{R}{A \times B} \leq \sigma_{ba}$$

ここに、σ_{ba}：min（橋脚の許容支圧応力度、下沓の許容支圧応力度）（道路橋支承便覧 3.5.3 参照）

(b) 移動時の鉛直反力及び水平力のモーメントによる支圧応力度

$$\begin{array}{c}\sigma_{bf(\max)}\\ \sigma_{bf(\min)}\end{array} = \frac{R}{A \times B} \pm \frac{R_{H1f} \times h}{\frac{1}{6} \times A^2 \times B} \leq 1.15 \times \sigma_{ba}$$

ここに、$\sigma_{bf(\max)}$：最大支圧応力度

$\sigma_{bf(\min)}$：最小支圧応力度

R_{H1f}：移動時の橋軸方向水平力

表 4.2.10 常時・移動時の支圧応力度の計算結果

下部工コンクリート	σ_{ck}	N/mm²	24		
常時の支圧応力度	σ_b	N/mm²	6.61	$\leq \sigma_{ba} = 7.2$ N/mm²	OK
移動時最大支圧応力度	$\sigma_{bf(\max)}$	N/mm²	7.41	$\leq 1.15\sigma_{ba} = 8.28$ N/mm²	OK
移動時最小支圧応力度	$\sigma_{bf(\min)}$	N/mm²	5.80		

(c) 地震時の鉛直反力及び水平力のモーメントによる支圧応力度

地震時の支圧応力度は橋軸方向及び橋軸直角方向に分けて計算する

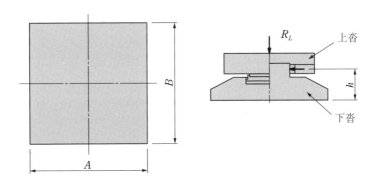

図 4.2.8 下沓に作用する水平力

表 4.2.11 下沓に関する寸法表（2）

下沓の橋軸長さ	A	mm	460
下沓の橋直長さ	B	mm	460
水平力の作用点までの距離	h	mm	141.5

① 橋軸方向

$$\begin{matrix}\sigma_{b(\max)}\\ \sigma_{b(\min)}\end{matrix} = \frac{R_L}{A \times B} \pm \frac{R_{H1e} \times h}{\frac{1}{6} \times A^2 \times B} \leq 1.5 \times \sigma_{ba}$$

ここに、$\sigma_{b(\max)}$：最大支圧応力度
　　　　$\sigma_{b(\min)}$：最小支圧応力度
　　　　　R_L：橋軸方向の下向き地震力
　　　　　R_{H1e}：地震時の橋軸方向水平力

② 橋軸直角方向

$$\begin{matrix}\sigma_{b(\max)}\\ \sigma_{b(\min)}\end{matrix} = \frac{R_L}{A \times B} \pm \frac{R_{H2e} \times h}{\frac{1}{6} \times A^2 \times B} \leq 1.5 \times \sigma_{ba}$$

ここに、R_L：橋軸直角方向の下向き地震力
　　　　R_{H2e}：地震時の橋軸直角方向水平力

表 4.2.12　地震時の支圧応力度の計算結果

橋軸方向	最大支圧応力度	$\sigma_{b(\max)}$	N/mm²	6.04	≦ 1.5 σ_{ba} = 10.8 N/mm²	OK
	最小支圧応力度	$\sigma_{b(\min)}$	N/mm²	2.47		
橋軸直角方向	最大支圧応力度	$\sigma_{b(\max)}$	N/mm²	6.85	≦ 1.5 σ_{ba} = 10.8 N/mm²	OK
	最小支圧応力度	$\sigma_{b(\min)}$	N/mm²	3.27		

(2) 下沓本体

下沓本体の照査は中央断面の曲げ応力度及び下沓凸部の曲げ応力度により行う。

(a) 中央断面の曲げ応力度

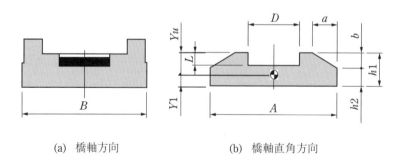

(a) 橋軸方向　　　　(b) 橋軸直角方向

図 4.2.9　下沓の中央断面

表 4.2.13 下沓に関する寸法表 (3)

下沓の橋軸長さ	A	mm	460
下沓の橋直長さ	B	mm	460
下沓の全高	$h1$	mm	104
下沓の地板厚	$h2$	mm	40
穴径	D	mm	280
穴深さ	L	mm	35
三角底辺	a	mm	60
三角高さ	b	mm	64
上端から重心までの鉛直距離	Y_u	mm	65.3

$$\sigma = M/JN \times Y_u \leqq \sigma_a$$

ここに、M：曲げモーメント

$$M = 1/2 \times R \times (B/4 - 2/3\pi \times D)$$

JN：慣性モーメント

σ_a：下沓材質の許容曲げ応力度

表 4.2.14 中央断面の曲げ応力度の計算結果

慣性モーメント	JN	mm^4	19 893 533		
曲げモーメント	M	N·mm	38 851 926		
中央断面の曲げ応力度	σ	N/mm^2	127.6	$\leqq \sigma_b = 170$ N/mm^2	OK

(b) 下沓凸部の曲げ応力度

橋軸方向及び橋軸直角方向に分けて、曲げ応力度、せん断応力度及び合成応力を計算する。

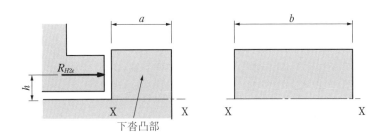

図 4.2.10 下沓凸部

表 4.2.15 下沓凸部に関する寸法

凸部幅	a	mm	55
凸部長さ	b	mm	170
水平力の作用点までの距離	h	mm	37.5

① 橋軸方向
・曲げ応力度
$$\sigma = \frac{\frac{1}{2} \times R_{H1e} \times h}{\frac{1}{6} \times a \times b^2} \leq 1.5 \times \sigma_a$$

・せん断応力度
$$\tau = 1/2 \times R_{H1e}/(a \times b) \leq 1.5 \times \tau_a$$

ここに、τ_a：下沓材質の許容せん断応力度

・合成応力度
$$U = (\sigma/\sigma_a)^2 + (\tau/\tau_a)^2 \leq 1.2$$

表 4.2.16　橋軸方向の計算結果

曲げ応力度	σ	N/mm²	14.5	$\leq 1.5\sigma_a = 255$ N/mm²	OK
せん断応力度	τ	N/mm²	11.0	$\leq 1.5\tau_a = 150$ N/mm²	OK
合成応力度	U		0.01	≤ 1.2	OK

σ_a 及び τ_a は道路橋支承便覧表-3.5.2参照

② 橋軸直角方向
・曲げ応力度
$$\sigma = \frac{R_{H2e} \times h}{\frac{1}{6} \times a^2 \times b} \leq 1.5 \times \sigma_a$$

・せん断応力度
$$\tau = R_{H2e}/(a \times b) \leq 1.5 \times \tau_a$$

・合成応力度
$$U = (\sigma/\sigma_a)^2 + (\tau/\tau_a)^2 \leq 1.2$$

表 4.2.17　橋軸直角方向の計算結果

曲げ応力度	σ	N/mm²	89.7	$\leq 1.5\sigma_a = 255$ N/mm²	OK
せん断応力度	τ	N/mm²	21.9	$\leq 1.5\tau_a = 150$ N/mm²	OK
合成応力度	U		0.15	≤ 1.2	OK

4.2.8　上沓

上沓の照査は上沓突起及び上沓本体の照査である。

（1）上沓突起

せん断キーとして利用する上沓突起の支圧応力度及びせん断応力度を計算する。

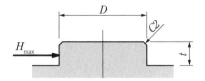

図 4.2.11 上沓突起

表 4.2.18 上沓突起の寸法

上沓突起の径	D	mm	120
上沓突起の高さ	t	mm	20
上沓材質			SM490A
ソールプレートの材質			SM400 相当

(a) 支圧応力度

$$\sigma_b = H_{\max}/\{D \times (t-2)\} \leq 1.0 \times \sigma_{ba}$$

ここに、$H_{\max}$：最大水平力（常時換算値）

σ_{ba}：許容支圧応力度

$\sigma_{ba} = \min$（上沓の許容支圧応力度、ソールプレートの許容支圧応力度）

(b) せん断応力度

$$\tau = H_{\max}/(\pi/4 \times D^2) \leq 1.0 \times \tau_a$$

ここに、τ_a：上沓の許容せん断応力度

表 4.2.19 上沓突起の計算結果

支圧応力度	σ_b	N/mm²	63.4	$\leq 1.0\,\sigma_{ba} = 190.0$ N/mm²	OK
せん断応力度	τ	N/mm²	12.1	$\leq 1.0\,\tau_a = 95.0$ N/mm²	OK

（2） 上沓本体

上沓本体の照査は中央断面（Y-Y）の曲げ応力度及び水平力による応力度で照査する。

(a) 中央断面（Y-Y）の曲げ応力度

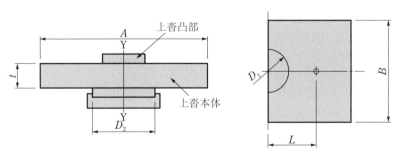

図 4.2.12 中央断面（Y-Y）の曲げ応力度の算出のための寸法

表 4.2.20　寸法表

直角上面幅	B	mm	280
上沓本体高さ	t	mm	95
すべり板外径	D_2	mm	260
上沓図心	L	mm	126.2

・曲げ応力度

$$\sigma = \frac{M}{\frac{1}{6} \times B \times t^2} \leq \sigma_a$$

ここに、M：曲げモーメント

$$M = 1/2 \times R \times (L - 2/3\pi \times D_2)$$

σ_a：上沓材質の許容曲げ応力度

（ゴム支承の鋼材部の設計標準（案）[4] 表-2.2 参照）

表 4.2.21　曲げ応力度の計算結果

曲げモーメント	M	N·mm	49 614 649		
曲げ応力度	σ	N/mm^2	117.8	$\leq \sigma_a = 170.0$ N/mm^2	OK

(b)　水平力による応力度

橋軸方向及び橋軸直角方向に分けて計算する。橋軸方向の場合は曲げ応力度、せん断応力度及び合成応力を計算する。橋軸直角方向の場合は支圧応力度のみ計算する。

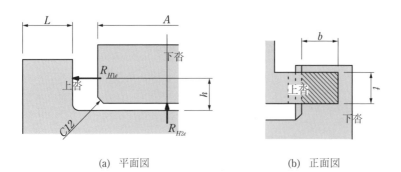

(a)　平面図　　　　(b)　正面図

図 4.2.13　上沓のストッパーと下沓のストッパー

表 4.2.22　上沓のストッパーと下沓のストッパーに関する寸法表

上沓のストッパー部の長さ	L	mm	95
水平力の作用点までの距離	h	mm	28.5
上沓と下沓の接触面積の幅	b	mm	23
上沓のストッパー部の厚み	t	mm	43
下沓のストッパー部の長さ	A	mm	170

① 橋軸方向
・支承応力度

$$\sigma_b = 1/2 \times R_{H1e}/(t \times b) \leq 1.5 \times \sigma_{ba}$$

ここに、σ_{ba}：許容支圧応力度

$$\sigma_{ba} = \min（上沓の許容支圧応力度、下沓の許容支圧応力度）$$

・曲げ応力度

$$\sigma = 1/2 \times R_{H1e} \times h/(1/6 \times t \times L^2) \leq 1.5 \times \sigma_a$$

ここに、σ_a：上沓材質の許容曲げ応力度

・せん断応力度

$$\tau = 1/2 \times R_{H1e}/(t \times L) \leq 1.5 \times \tau_a$$

ここに、τ_a：上沓の許容せん断応力度

・合成応力度

$$U = (\sigma/\sigma_a)^2 + (\tau/\tau_a)^2 \leq 1.2$$

表 4.2.23　橋軸方向の計算結果

支圧応力度	σ_b	N/mm²	103.6	$\leq 1.5\sigma_{ba} = 375$ N/mm²	OK
曲げ応力度	σ	N/mm²	45.2	$\leq 1.5\sigma_a = 255$ N/mm²	OK
せん断応力度	τ	N/mm²	25.1	$\leq 1.5\tau_a = 142.5$ N/mm²	OK
合成応力度	U		0.06	≤ 1.2	OK

許容応力度の小さい下沓の許容応力度にて照査を実施している。

② 橋軸直角方向
・支圧応力度

$$\sigma_b = R_{H2e}/\{t \cdot (A-24)\} \leq 1.5 \times \sigma_{ba}$$

ここに、σ_{ba}：許容支圧応力度

$$\sigma_{ba} = \min（上沓の許容支圧応力度、下沓の許容支圧応力度）$$

表 4.2.24　橋軸直角方向の計算結果

支承応力度	σ_b	N/mm²	32.7	$\leq 1.5\sigma_{ba} = 375$ N/mm²	OK

4.2.9 サイドブロック及びボルト

サイドブロックについては、サイドブロック及びサイドブロックのボルトの照査を実施する。

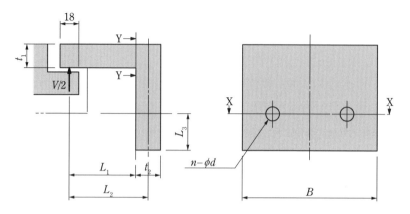

図 4.2.14 サイドブロック

表 4.2.25 サイドブロックの寸法

サイドブロックの長さ	B	mm	170
サイドブロックの厚み	t_1	mm	30
サイドブロックの厚み	t_2	mm	40
鉛直力の作用点までの距離	L_1	mm	69
鉛直力の作用点までの距離	L_2	mm	89
穴までの距離	L_3	mm	50
穴径	d	mm	24
使用ボルト数（片側）	n	本	2
使用ボルト呼び径	D	mm	22
ボルト谷径	D_1	mm	19.294
本体の材質			SM490A
ボルトの材質			4.6

（1） サイドブロック

支圧応力度とは別に、Y-Y 断面の応力度（曲げ応力度、せん断応力度、合成応力度）及び X-X 断面の引張曲げ応力度も計算する。計算はサイドブロック 1 基（1 支承あたりサイドブロックは 2 基）あたりの計算とする。

(a) 支圧応力度

$$\sigma_b = V/(2 \times 18 \times B) \leq 1.5 \times \sigma_{ba}$$

ここに、V：上揚力

σ_{ba}：許容支圧応力度

σ_{ba} = min（上沓の許容支圧応力度、サイドブロックの許容支圧応力度）

(b) Y-Y 断面の応力度
① 曲げ応力度

$$\sigma = \frac{\frac{1}{2} \times V \times L_1}{\frac{1}{6} \times B \times t_1^2} \leq 1.5 \times \sigma_a$$

ここに、σ_a：サイドブロック材質の許容曲げ応力度

② せん断応力度

$$\tau = \frac{\frac{1}{2} \times V}{B \times t_1} \leq 1.5 \times \tau_a$$

ここに、τ_a：サイドブロック材質の許容せん断応力度

③ 合成応力度

$$U = (\sigma/\sigma_a)^2 + (\tau/\tau_a)^2 \leq 1.2$$

(c) X-X 断面の引張曲げ応力度

上揚力に対してボルトの孔引きを考慮した、X-X 断面における引張応力度の照査

$$\sigma_t = \frac{\frac{V}{2} \times L_2}{\frac{1}{6} \times (B - n \times d) \times t_2^2} + \frac{\frac{V}{2}}{(B - n \times d) \times t_2} \leq 1.5 \times \sigma_{ta}$$

ここに、σ_{ta}：サイドブロックの許容引張曲げ応力度

表 4.2.26　サイドブロックの計算結果

支圧応力度	支承応力度	σ_b	N/mm²	13.4	$\leq 1.5\sigma_{ba} = 382.5$ N/mm²	OK
Y-Y 断面	曲げ応力度	σ	N/mm²	110.9	$\leq 1.5\sigma_a = 255$ N/mm²	OK
	せん断応力度	τ	N/mm²	8.0	$\leq 1.5\tau_a = 142.5$ N/mm²	OK
	合成応力度	U		0.19	≤ 1.2	OK
X-X 断面	引張曲げ応力度	σ_t	N/mm²	120.6	$\leq 1.5\sigma_{ta} = 255.0$ N/mm²	OK

（2）サイドブロックボルト

上揚力による引張応力度、せん断応力度及び両方の合成応力度を計算し照査する。

(a) 引張応力度

$$\sigma_t = \frac{\frac{V}{2} \times \frac{L_1}{L_3}}{\frac{\pi}{4} \times D_1^2 \times n} \leq 1.5 \times \sigma_{ta}$$

ここに、σ_{ta}：ボルトの許容引張応力度

(b) せん断応力度

$$\tau = \frac{\frac{V}{2}}{\frac{\pi}{4} \times D_1^2 \times n} \leq 1.5 \times \tau_a$$

ここに、τ_a：ボルトの許容せん断応力度

(c) 合成応力度

$$U = (\sigma/\sigma_a)^2 + (\tau/\tau_a)^2 \leq 1.2$$

表 4.2.27 サイドブロックボルトの計算結果

引張応力度	σ_t	N/mm²	96.8	≤ 1.5 σ_{ba} = 210.0 N/mm²	OK
せん断応力度	τ	N/mm²	70.1	≤ 1.5 τ_a = 135.0 N/mm²	OK
合成応力度	U		0.48	≤ 1.2	OK

4.2.10 セットボルト

セットボルト照査はせん断応力度及び引張応力度である。

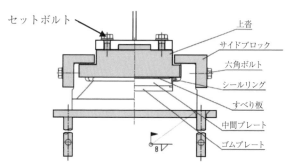

図 4.2.15 セットボルト

表 4.2.28 セットボルトの寸法

ボルト径	D	mm	24
ボルト谷径	D_1	mm	20.752
使用本数	N_t	mm	4
強度区分			8.8

（1） せん断応力度

$$\tau = H_{\max}/(\pi/4 \times D_1^2 \times N_t) \leq 1.0 \times \tau_a$$

ここに、$H_{\max}$：最大水平力（常時換算値）

τ_a：セットボルトの許容せん断応力度

（2） 引張応力度

$$\sigma_t = V/(\pi/4 \times D_1^2 \times N_t) \leq 1.5 \times \sigma_{ta}$$

ここに、σ_{ta}：セットボルトの許容引張応力度

表 4.2.29 セットボルトの計算結果

せん断応力度	τ	N/mm²	101.3	≤ 1.0 τ_a = 200.0 N/mm²	OK
引張応力度	σ_t	N/mm²	60.6	≤ 1.5 σ_{ba} = 540.0 N/mm²	OK

4.2.11 アンカーボルト

アンカーボルトの照査はせん断応力度、コンクリート付着応力度及びねじ部の引張応力度である。

表 4.2.30　アンカーボルトの寸法

アンカーボルト径	D'	mm	32
軸部径	D	mm	32
ボルト谷径	D_1	mm	27.104
アンカーボルト数	N_t		4
埋め込み深さ	L	mm	410
アンカーボルトの材質			SS400
アンカーボルトの形状			丸鋼

（1）　せん断応力度

$$\tau = H_{max}/(\pi/4 \times D_1^2 \times N_t) \leq 1.0 \times \tau_a$$

ここに、H_{max}：最大水平力（常時換算値）

　　　　τ_a：アンカーボルトの許容せん断応力度

（2）　コンクリート付着応力度

$$\tau_0 = V/(\pi \times D' \times L \times N_t) \leq 1.5 \times \tau_{0a}$$

ここに、τ_{0a}：無収縮モルタルと鋼材の付着応力度（道路橋支承便覧 **表 3.5.6** 参照）

（3）　ねじ部の引張応力度

$$\sigma_t = V/(\pi/4 \times D_1^2 \times N_t) \leq 1.5 \times \sigma_{ta}$$

ここに、σ_{ta}：アンカーボルトの許容引張応力度

表 4.2.31　アンカーボルトの照査結果

せん断応力度	τ	N/mm²	59.4	$\leq 1.0\,\tau_a = 80.0$ N/mm²	OK
コンクリート付着応力度	τ_0	N/mm²	0.497	$\leq 1.5\,\tau_{0a} = 1.2$ N/mm²	OK
ねじ部の引張応力度	σ_t	N/mm²	35.5	$\leq 1.5\,\sigma_{ta} = 210.0$ N/mm²	OK

4.2.12 溶接部の照査

せん断応力度により、下沓とベースプレートの溶接部を照査する。

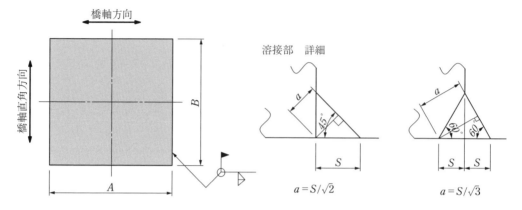

図 4.2.16 溶接部

表 4.2.32 溶接部に関する寸法

下沓の橋軸長さ	A	mm	460
下沓の橋角長さ	B	mm	460
溶接脚長	S	mm	8
有効のど厚	a	mm	5.65

（1） せん断応力度

$$\tau = H_{max}/\{2\times(A+B)\times a\} \leq 1.5\times\tau_a$$

ここに、τ_a：下沓材質の許容せん断応力度

$$\sigma_t = V/\{2\times(A+B)\times a\} \leq 1.5\times\sigma_{ta}$$

ここに、σ_{ta}：下沓材質の許容せん断応力度

表 4.2.33 溶接部の計算結果

せん断応力度	τ	N/mm²	19.7	$\leq 1.5\,\tau_a = 150.0$ N/mm²	OK
せん断応力度	σ_t	N/mm²	7.9	$\leq 1.5\,\sigma_{ta} = 150.0$ N/mm²	OK

以上で全ての照査項目において許容応力度を満足する結果となった。

参考文献
1) 土木学会：道路橋支承部の改善と維持管理技術、平成 20 年 5 月
2) 日本道路協会：道路橋示方書・同解説 V 耐震設計編、平成 24 年 3 月
3) 日本道路協会：道路橋支承便覧、平成 14 年 3 月
4) 日本支承協会、ゴム支承協会：ゴム支承の鋼材部の標準設計（案）、平成 17 年 10 月

4.3 ゴム製支承の取替え

4.3.1 構造諸元及び設計条件
(1) 橋梁形式：鋼単純非合成Ⅰ桁橋
(2) 支間長：43.350 m + 43.300 m + 43.350 m（全橋長：130.000 m）
(3) 全幅員：12.250 m
(4) 斜角：90°
(5) 橋格：一等橋（TL-20）
(6) 建設年：昭和 40 年代

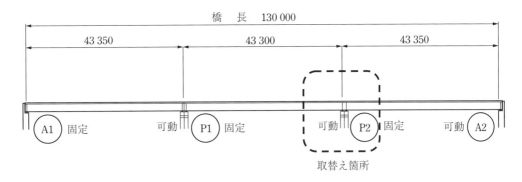

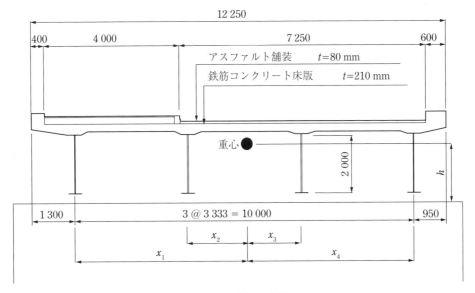

図 4.3.1　橋梁一般図

4.3.2 補強理由

対象橋梁の支承は、写真4.1.2に示す1本ローラー支承であり、図4.3.2に示す支圧板が著しく腐食しており、支承部の重要な機能である変位追随機能が喪失している。また、耐震性を向上させる目的も含め1本ローラー支承から地震時水平力分散ゴム支承への取替えを行う。

地震時水平力分散ゴム支承とは、鉛直方向の剛性が高く、水平方向に柔らかく支持できる積層タイプのゴム支承である。常時の温度変化による移動はゴム支承のせん断変形で追随させ、下部構造に発生する水平力は非常に小さい値である。地震時はゴム支承のせん断剛性を利用し、上部構造の慣性力を複数の下部構造に分散させることが可能である。また、下部構造の剛性に応じて、任意の比率で水平力を分散させることも可能である。

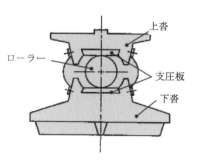

図4.3.2 1本ローラー支承の構造

4.3.3 補強方針と条件

（1） 設計方針

対象橋梁は支圧板の腐食と耐震補強を目的とした支承の取替えであり、取替え支承の設計地震動はレベル2とする。したがって、本取替え事例の地震時水平力分散ゴム支承は、既設アンカーボルトと新設アンカーボルトで抵抗する図4.3.3に示す構造とする。

図4.3.4に、P2橋脚の可動支承の取替え設計事例を示す。

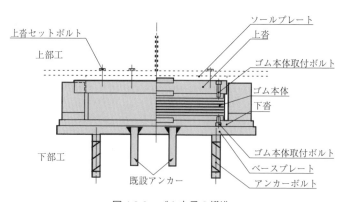

図4.3.3 ゴム支承の構造

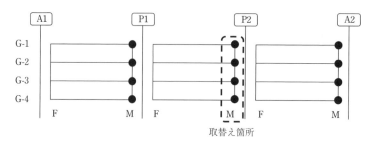

図4.3.4 配置図

図4.3.5にゴム支承（地震時水平力分散ゴム支承）の設計手順を示す。この設計手順は本編4.3.4のゴム沓のみであり、その他に、支承を構成する金物である桁取り付けボルト、サイドブロック及びアンカーボルトの計算例も示す。

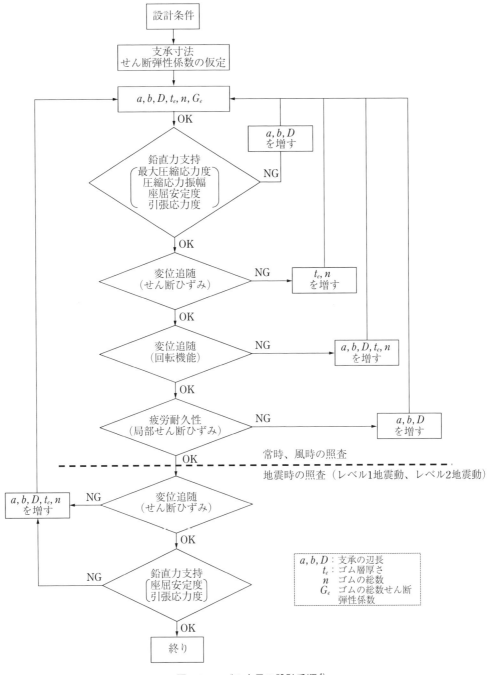

図 4.3.5　ゴム支承の設計手順[1]

（2） 設計条件

① 支承タイプ： 可動ゴム支承
② 使用ゴム支承： 積層ゴム支承（NR＋SM490A＋SS400）
③ 地域別補正係数 Cz： A2 地域
④ 地盤種別： Ⅲ種地盤
⑤ 設計水平震度：

　　橋軸方向　　　レベル 1 地震動　　　　　　　$K_h(L) = 0.30$
　　　　　　　　　レベル 2 地震動（タイプⅡ）　$K_{hc}(L) = 0.95$
　　橋軸直角方向　レベル 1 地震動　　　　　　　$K_h(T) = 0.30$
　　　　　　　　　レベル 2 地震動（タイプⅡ）　$K_{hc}(T) = 0.95$

⑥ 温度変化：　$\Delta T = \pm 50℃$
⑦ 反力一覧表：　表 4.3.1 参照

表 4.3.1　設計反力

最大反力	$R\mathrm{max}_{\mathrm{max}}$	kN	1 386
	$R\mathrm{max}_{\mathrm{min}}$	kN	1 046
最小反力	$R\mathrm{min}$	kN	670
最大活荷重	$R_{1\,\mathrm{max}}$	kN	715
死荷重	$R_{d\,\mathrm{max}}$	kN	1 081
	$R_{d\,\mathrm{min}}$	kN	611
1 橋脚の死荷重	ΣR_d	kN	3 134
上揚力	$-0.3 \times R_{d\,\mathrm{max}}$	kN	-324

道路橋示方書 V 15.5

R_L, R_U：地震時鉛直反力　道路橋示方書 V[2] 15.2(3) により算出する。

表 4.3.2　地震時鉛直反力の計算用寸法

上部構造まで鉛直距離	h	mm	2 350
上部構造の重心から G1 番目の支承までの距離	x_1	mm	5 000
上部構造の重心から G2 番目の支承までの距離	x_2	mm	1 667
上部構造の重心から G3 番目の支承までの距離	x_3	mm	-1 667
上部構造の重心から G4 番目の支承までの距離	x_4	mm	-5 000
距離の自乗の和	Σx_i^2	mm^2	55 555 556

表 4.3.3　地震時（レベル 2）鉛直反力の計算結果（1）

橋軸方向の設計水平力	H_B	kN	2 977
係数	k_v		0.40
設計鉛直震度によって生じる鉛直方向の最大反力	$R_{VEQ\,max}$	kN	433
設計鉛直震度によって生じる鉛直方向の最低反力	$R_{VEQ\,min}$	kN	245
設計水平地震力が作用した時の支承部の鉛直最大反力	$R_{HEQ\,max}$	kN	630

表 4.3.4　地震時（レベル 2）鉛直反力の計算結果（2）

橋軸方向	下向き地震力	R_L	kN	1 514
	上向き地震力	R_U	kN	367
橋軸直角方向	下向き地震力	R_L	kN	1 845
	上向き地震力	R_U	kN	-64

　以下、ゴム支承の代表的な構造部材である、ゴム沓、桁取り付けボルト、サイドブロック、及びアンカーボルトの照査結果を示す。

4.3.4　ゴム沓

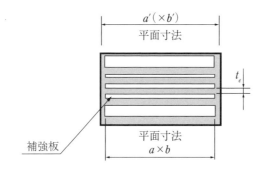

図 4.3.6　ゴム沓の構造

表 4.3.5　ゴム沓の寸法値

外形寸法（橋軸方向）	a'	mm	480
外形寸法（橋軸直角方向）	b'	mm	480
補強板寸法（橋軸方向）	a	mm	460
補強板寸法（橋軸直角方向）	b	mm	460
被覆ゴム厚	t_c	mm	10
ゴムの一層厚	t_e	mm	13
層数	n	層	4
設計弾性ゴムの厚さ	Σt_e	mm	52
補強鋼板厚	t_s	mm	3.2
せん断弾性係数	G_e	N/mm^2	0.8

（1） 常時の照査
（a） 有効面積の計算

圧縮応力度の計算は側面の被覆ゴムを考慮しない

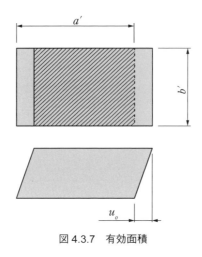

図 4.3.7　有効面積

最小反力に対して、ゴム支承の変形を考慮しない面積（A_e）で照査

$$A_e = (a' - 2t_c) \times (b' - 2t_c) = a \times b$$

最大反力に対して、ゴム支承の変形を考慮した有効面積（A_{cn}）で照査（図 4.3.5 参照）

$$A_{cn} = A_e - u_o \times (b' - 2t_c)$$

ここに、u_o：常時変形量　$u_o = \Delta L_t + \Delta L_r$

　　　　ΔL_t：温度範囲（±ΔT℃）として、各支点におけるゴムの温度移動量

$$\Delta L_t = \Delta T \times \alpha \times L_i$$

　　　　　　L_i：固定脚からの伸縮桁長（42 600 mm）

　　　　　　α：鋼の線膨張係数（1.2×10^{-5}）

　　　　ΔL_r：活荷重の回転による移動量

$$\Delta L_r = 2/3 \times h \times \Sigma \alpha_e \times 2 \text{（固定・可動構造の場合）}$$

　　　　　　h：桁高さ（$h = 2\,350$ mm）

　　　　　　$\Sigma \alpha_e$：活荷重による桁の回転角（1/424 rad）

　　　　　　　※実回転角で照査を実施する

表 4.3.6　有効面積の計算結果

ゴム支承の変形を考慮しない面積	A_e	mm^2	211 600
温度移動量	ΔL_t	mm	25.6
活荷重の回転による移動量	ΔL_r	mm	7.4
常時変形量	u_o	mm	33.0
ゴム支承の変形を考慮した有効面積	A_{cn}	mm^2	196 420

(b) 最大圧縮応力度・最少圧縮応力度・圧縮応力振幅の照査

① 最大圧縮応力度の照査

最大圧縮応力度の照査は次式によるものとする。

$$\sigma_{max} = R\mathrm{max}_{max}/A_{cn} \leq \sigma_{maxa}$$

ここに、σ_{maxa}：許容圧縮応力度（道路橋支承便覧 表-3.5.1 参照）

$S_1 \geq 12$ の時：$\sigma_{maxa} = 12 \, \mathrm{N/mm^2}$

S_1：一次形状係数

$S_1 = a \times b / (2 \times (a+b) \times t_e)$

$8 \leq S_1 < 12$ の時：$\sigma_{maxa} = S_1 \, \mathrm{N/mm^2}$

$S_1 < 8$ の時：$\sigma_{maxa} = 8 \, \mathrm{N/mm^2}$

表 4.3.7　最大圧縮応力度の照査結果

一次形状係数	S_1	mm²	8.85		
最大圧縮応力	σ_{max}	N/mm²	7.06	$\leq \sigma_{maxa} = 8.85 \, \mathrm{N/mm^2}$	OK

② 最小圧縮応力度

最小圧縮応力度の照査は次式によるものとする。

$$\sigma_{min} = R_{min}/A_e \geq \sigma_{mina}$$

ここに、σ_{mina}：最小許容圧縮応力度（道路橋支承便覧 表-3.5.1 参照）

$\sigma_{mina} = 1.5 \, \mathrm{N/mm^2}$

表 4.3.8　最小圧縮応力度の照査結果

最小圧縮応力	σ_{min}	N/mm²	3.17	$\geq \sigma_{mina} = 1.5 \, \mathrm{N/mm^2}$	OK

③ 圧縮応力振幅の照査

$$\Delta\sigma = \sigma_{max} - \sigma_{min} \leq \Delta\sigma_a$$

ここに、$\Delta\sigma_a$：許容圧縮応力振幅（道路橋支承便覧 表-3.5.1 参照）

$S_1 > 8$ の時　　$\Delta\sigma_a = 5 + 0.375 \times (S_1 - 8) \, \mathrm{N/mm^2}$

　　　　　　　　ただし、最大で $\Delta\sigma_a = 6.5 \, \mathrm{N/mm^2}$

$S_1 \leq 8$ の時　　$\Delta\sigma_a = 5.0 \, \mathrm{N/mm^2}$

表 4.3.9　圧縮応力振幅の照査結果

圧縮応力振幅	$\Delta\sigma$	N/mm²	3.89	$\leq \Delta\sigma_a = 5.32 \, \mathrm{N/mm^2}$	OK

(c) 座屈安定性の照査

ゴム支承は、圧縮力が作用する部材であり、ゴム支承本体の座屈に対して安全でなければならない。

座屈安定性の照査は次式によるものとする。

$\sigma_{max} \leqq \sigma_{cra}$

ここに、σ_{cra}：許容座屈応力度

$\sigma_{cra} = G_e \times S_1 \times S_2 / f_{cr}$

S_2：二次形状係数

$S_2 = \min(a, b) / \Sigma t_e$

f_{cr}：安全率（道路橋支承便覧 表-3.6.1 参照）
　　常時　　$f_{cr} = 2.5$
　　地震時　$f_{cr} = 1.5$

表 4.3.10　座屈安定性の照査結果

二次形状係数	S_2	mm^2	8.85		
座屈安定性	σ_{max}	N/mm^2	7.05	$\leqq \sigma_{cra} = 25.04$ N/mm^2（常時）	OK

(d)　変位追随に対する性能照査（回転性能）

① 　ゴム支承の回転ひずみ量

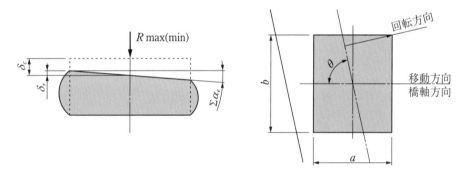

図 4.3.8　ゴム支承の回転性能

回転性能の照査は次式によるものとする。

$\delta_r \leqq \delta_c / 1.3$

ここに、δ_r：ゴム支承の回転ひずみ量

$\delta_r = (a/2 \times \sin\theta + b/2 \cdot \cos\theta) \times \Sigma\alpha_e$

　　θ：桁の斜角（deg）
　　$\Sigma\alpha_e$：桁の回転角（rad）
δ_c：ゴム支承の圧縮ひずみ量
　　$\delta_c = R\max_{min} / K_v$

K_v：ゴム支承の鉛直剛性
$$K_v = E \times A_e / \Sigma t_e$$
E：ゴム支承の縦弾性係数
$$E = \alpha \times \beta \times S_1 \times G_e$$
α：種類による係数
積層ゴム支承の時、$\alpha = 35$
β：平面形状による係数
$0.5 \leq b/a \leq 2$ の時、$\beta = 1.0$

② 端支点の活荷重による圧縮たわみ量

圧縮たわみ量の照査は次式によるものとする。
$$\delta \leq 1.0 \text{ mm}$$
ここに、δ：端支点の活荷重による圧縮たわみ量
$$\delta = 0.5 \times R_{1\max} / K_v$$

表 4.3.11 変位追随に対する性能照査結果（回転性能）

桁の斜角	θ	deg	90.0		
桁の回転角	$\Sigma \alpha_e$	rad	1/424		
ゴム支承の縦弾性係数	E	N/mm²	247.7		
ゴム支承の鉛直剛性	K_v	N/mm	1 007 917		
ゴム支承の圧縮ひずみ量	δ_c	mm	1.037		
ゴム支承の回転ひずみ量	δ_r	mm	0.542	$\leq \delta_c / 1.3 = 0.798$	OK
圧縮たわみ量	δ	mm	0.355	≤ 1.0	OK

(e) 支承の設計変位及び変位追随に対する性能照査（せん断ひずみ）

支承の設計せん断ひずみの照査は次式によるものとする。
$$\gamma_o = u_o / \Sigma t_e \times 100 \leq 70\%$$

表 4.3.12 設計せん断ひずみの照査結果

設計弾性ゴムの厚さ	Σt_e	mm	52		
支承の設計変位	u_o	mm	33.0		
支承の設計せん断ひずみ	γ_o	%	63.5	$\leq 70\%$	OK

(f) 疲労耐久性の照査

常時の疲労耐久性について、最大反力、移動量、回転によって生じる局部せん断ひずみの総和を下記の式により照査する。
$$\gamma_t = \gamma_c + \gamma_s + \gamma_r < \gamma_u / f_a$$
ここに、γ_t：局部せん断ひずみ
γ_c：圧縮による局部せん断ひずみ

$$\gamma_c = 8.5 \times S_1 \cdot R\mathrm{max}_{\mathrm{max}}/(E' \times A_{cn}) \times 100$$

E'：ゴム支承の縦弾性係数

$$E' = (3 + 6.58 \times S_1^2) \cdot G_e$$

γ_s：移動変形による局部せん断ひずみ

$$\gamma_s = u_o / \Sigma\, t_e \times 100$$

γ_r：回転変形による局部せん断ひずみ

$$\gamma_r = 2 \times (1 + a/b)^2 \times S_1^2 \times \alpha_e \times 100$$

α_e：ゴム1層当たりの回転角

$$\alpha_e = \Sigma\, \alpha_e / n$$

γ_u：破断伸び（$G_e = 0.8$ の場合、550％）

f_a：安全率（＝1.5）

表 4.3.13　疲労耐久性の照査結果

ゴム支承の縦弾性係数	E'	N/mm²	414.3		
圧縮による局部せん断ひずみ	γ_c	%	128.0		
移動変形による局部せん断ひずみ	γ_s	%	63.5		
ゴム1層当たりの回転角	α_e	rad	1/1 696		
回転変形による局部せん断ひずみ	γ_r	%	36.9		
局部せん断ひずみ	γ_t	%	228.4	$\leq \gamma_u/f_a = 366.7\%$	OK

（2）　地震時の照査

(a)　支承の設計変位及び変位追随に対する性能照査（せん断ひずみ）

レベル2（タイプⅡ）の地震度の場合、下記の式により照査する。

$$\gamma_B = u_B / \Sigma t_e \times 100 \leq 250\%$$

ここに、γ_B：せん断ひずみ

u_B：支承の設計変位

$$u_B = 1/2 \times \Sigma R_d \times K_{hc} / \Sigma K_s$$

ΣK_s：1脚あたり、支承の並列せん断ばね剛度

$$\Sigma K_s = n_s \times K_s$$

n_s：沓個数（個／脚）

K_s：支承のせん断ばね剛度

$$K_s = G_e \times A_e / \Sigma t_e$$

表 4.3.14 せん断ひずみの照査結果

支承のせん断ばね剛度	K_s	N/mm	3 255		
沓個数	n_s	個/脚	4		
1脚あたり、支承の並列せん断ばね剛度	ΣK_s	N/mm	13 022		
支承の設計変位	u_B	mm	114.4		
せん断ひずみ	γ_B	%	219.8	≦ 250%	OK

(b) ゴム支承の鉛直力支持性能

ゴム支承の鉛直力支持性能は座屈安定性と引張応力の照査が必要である。

① 座屈安定性の照査

座屈安定性の照査は、次式によるものとする。

$$\sigma_{ce} = R_L / A_{ce} \leqq \sigma_{cra}$$

ここに、σ_{ce}：圧縮応力度

A_{ce}：有効面積

$$A_{ce} = A_e - u_B \times b$$

σ_{cra}：許容座屈応力度

$$\sigma_{cra} = S_1 \times S_2 \times G_e / 1.5$$

② 上揚力

上揚力（下限値＝$0.3 \times R_d$）に対して、ゴム支承の変形を考慮しない有効面積（A_e）で照査する。

$$\sigma_{te} = -V / A_e \leqq \sigma_{ta}$$

ここに、σ_{te}：引張応力度

V：上揚力

$$V = -R_{d\max} \times 0.3$$

σ_{ta}：許容引張応力度（道路橋支承便覧 表-3.5.1 参照）

表 4.3.15 ゴム支承の鉛直力支持性能の照査結果

座屈安定性の照査	橋軸方向	鉛直反力	R_L	kN	1 514		
		有効面積	A_{ce}	mm^2	159 013		
		圧縮応力度	σ_{ce}	N/mm^2	9.52	≦ σ_{cra} = 41.74 N/mm^2	OK
	橋軸直角方向	鉛直反力	R_L	kN	1 845		
		有効面積	A_{ce}	mm^2	211 600		
		圧縮応力度	σ_{ce}	N/mm^2	8.72	≦ σ_{cra} = 41.74 N/mm^2	OK
引張応力の照査		上揚力	V	kN	-324		
		引張応力度	σ_{te}	N/mm^2	1.53	≦ σ_{ta} = 1.60 N/mm^2	OK

（3） 内部鋼板の照査

内部鋼板の引張応力度の照査は、次式によるものとする。

$$\sigma_s = f_c \times \sigma_c \times t_e / t_s \leqq \sigma_{sa}$$

ここに、σ_s：引張応力度

σ_c：常時及び地震時の最大圧縮応力度

　　　常時の場合は、常時の照査の σ_{max}

　　　地震時の場合は、ゴム支承の鉛直力で計算した圧縮応力度の中で最大値

t_e：ゴム一層の厚さ

t_s：内部鋼板の厚さ

f_c：圧縮応力度の分布を考慮した割増係数（積層ゴム支承の場合は、2.0）

σ_{sa}：許容引張応力度

表 4.3.16　内部鋼板の引張応力度の照査結果

材質			SS400		
内部鋼板の厚さ	t_s	mm	3.2		
ゴム一層の厚さ	t_e	mm	13		
常時の最大圧縮応力度	σ_c	N/mm^2	7.05		
常時の引張応力度	σ_s	N/mm^2	57.3	$\leqq \sigma_{sa} = 140.0 \text{ N/mm}^2$	OK
地震時の最大圧縮応力度	σ_c	N/mm^2	9.52		
地震時の引張応力度	σ_s	N/mm^2	77.4	$\leqq 1.7 \times \sigma_{sa} = 238 \text{ N/mm}^2$	OK

4.3.5　セットボルト

（1）　橋軸方向及び橋軸直角方向水平力による照査

セットボルト（桁取り付けボルト）は、上部構造からの水平力を上沓に確実に伝達させる性能を有しなければならない。せん断応力についてはせん断キーで負担させるため、引張応力度の照査のみとする。

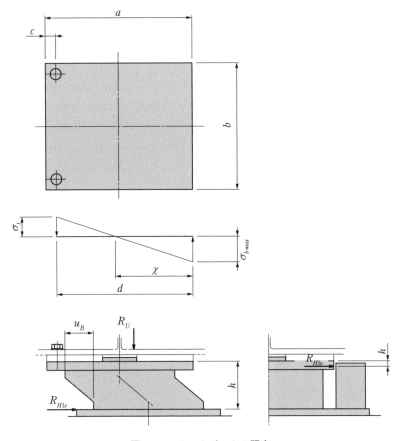

図 4.3.9 セットボルトの照査

表 4.3.17 照査用反力及び寸法値部鋼板の引張応力度の照査結果

			橋軸方向			橋軸直角方向
鉛直反力	R_U	kN	367	R_U	kN	−64
橋軸水平力	R_{H1e}	kN	514	R_{H2e}	kN	1 027
作用高さ	h	mm	158	h	mm	18.5
移動量	u_B	mm	114.4	u_B	mm	0
上沓の橋軸長さ	a	mm	530	a	mm	530
上沓の橋直長さ	b	mm	530	b	mm	530
縁端	c	mm	50	c	mm	160
ボルト径	D	mm	24	D	mm	24
ボルト容径	D_1	mm	20.752	D_1	mm	20.752
全本数	N_t		4	N_t		4
有効本数	N		2	N		2
ボルトの断面積	A_s	mm²	676.5	A_s	mm²	676.5
ヤング係数比	n		1	n		1
ボルト強度区分			8.8			8.8

(a) 偏心量の計算と反力分布のケース

・偏心量
$$E = \left| \frac{R_{H1e} \times h}{R_U} + \frac{u_B}{2} \right|$$

・鉛直荷重が正： $E_0 = a/6 + c/3$
　鉛直荷重が負： $E_0 = a/2 - c$

・反力分布のケース

〔ケース a〕

鉛直荷重が正で $E \leqq E_0$ のとき（ボルトに引張力は生じない）

・支圧応力度
$$\sigma_{b\max} = \frac{R_U}{a \times b} + \frac{6 \times \left(R_{H1e} \times h + R_U \times \frac{u_B}{2} \right)}{a^2 \times b} \leqq 1.7 \times \sigma_{ba}$$

・せん断応力度
$$\tau = R_{H1e} / (\pi/4 \times D_1^2 \times N_t) \leqq 1.7 \times \tau_a$$

〔ケース b〕

$E > E_0$ のとき（ボルトに引張力が生じる）

中立軸 χ を求める。

$$\chi^3 - 3 \times l \times \chi^2 + \frac{6 \times n \times A_s}{b} \times (d - l) \times (\chi - d) = 0$$

ここに、鉛直荷重が正： $l = a/2 - E$
　　　　鉛直荷重が負： $l = a/2 + E$
　　　　$A_s = \pi/4 \times D_1^2 \times N$ （有効本数）
　　　　ヤング係数比： $n = 1$

・支圧応力度
$$\sigma_{b\max} = \frac{2 \times R_U}{b \times \chi - 2 \times n \times A_s \times \frac{(d - \chi)}{\chi}} \leqq 1.7 \times \sigma_{ba}$$

・引張応力度
$$\sigma_t = \sigma_{b\max} \cdot n \cdot (d - \chi) / \chi \leqq 1.7 \times \sigma_{ta}$$

・せん断応力度
$$\tau = R_{H1e} / (\pi/4 \times D_1^2 \times N_t) \leqq 1.7 \times \tau_a$$

・合成応力度
$$U = (\sigma_t / \sigma_{ta})^2 + (\tau / \tau_a)^2 \leqq 1.2$$

〔ケース c〕

鉛直荷重が負で $E \leqq E_0$ のとき（圧縮力は生じず、ボルトのみ引張力が生じる）

・引張応力度

$$\sigma_t = \frac{R_U \times \left(\dfrac{a}{2-c} + E\right)}{2 \times A_s \times \dfrac{a}{2-c}} \leq 1.7 \times \sigma_{ta}$$

・せん断応力度
$$\tau = R_{H1e}/(\pi/4 \times D_1^2 \times N_t) \leq 1.7 \times \tau_a$$

・合成応力度
$$U = (\sigma_t/\sigma_{ta})^2 + (\tau/\tau_a)^2 \leq 1.2$$

(b) 橋軸方向

表 4.3.18　橋軸方向水平力による照査

偏心量	E	mm	278.5	＞E_0 = 105.0		ケース b
	l	mm	-13.5			
中立軸	χ	mm	100.7			
支圧応力度	$\sigma_{b\,max}$	N/mm²	15.2	≦ 1.7×σ_{ba} = 442.0 N/mm²		OK
引張応力度	σ_t	N/mm²	57.2	≦ 1.7×σ_{ta} = 612.0 N/mm²		OK

(c) 橋軸直角方向

表 4.3.19　橋軸直角方向水平力による照査結果

偏心量	E	mm	296.4	＞E_0 = 105.0		ケース b
	l	mm	561.4			
中立軸	χ	mm	17.6			
支圧応力度	$\sigma_{b\,max}$	N/mm²	7.2	≦ 1.7×σ_{ba} = 442.0 N/mm²		OK
引張応力度	σ_t	N/mm²	144.6	≦ 1.7×σ_{ta} = 612.0 N/mm²		OK

(2) 上揚力による照査

・引張応力度
$$\sigma_t = V/(\pi/4 \times D_1^2 \times N_t) \leq 1.7 \times \sigma_{ta}$$
ここに、V：上揚力
$$V = \max\,(-0.3 \times R_{d\max},\ -R_U)$$

表 4.3.20　上揚力による照査結果

上揚力	V	kN	324		
ボルト径	D	mm	24		
ボルト谷径	D_1	mm	20.752		
使用本数	N_t		4		
引張応力	σ_t	N/mm²	239.5	≦ 1.7×σ_{ta} = 612.0 N/mm²	OK

(3) ボルトのねじ込み深さの照査

雌ねじ山の許容せん断荷重 $W(N)$ は次式によりあたえられる。

$$W(N) = \pi \cdot d \cdot (0.5 + k_1 \cdot \tan\alpha) \cdot (L - 2 \cdot p) \cdot \tau(N)a$$

ここに、d：メートル並目ボルトの呼び寸法
k_1：雌雄ねじの有効決定のための定数（0.649519）
α：フランク角で、メートルねじの場合（30°）
p：ねじ山のピッチ
$\tau(N)a$：被埋込材の許容せん断応力度
L：ボルトの必要（最小）埋込深さ（$0.8 \cdot d$）

雌ねじのねじ山の許容せん断荷重がボルトの引張荷重を上回るように安全率を $f(=1.05)$ とすると、

$$W(N) \geq f \cdot \sigma_{tmax} \cdot \pi/4 \cdot (d - k_1 \cdot p)^2$$

ここに、σ_{tmax}：ボルトの引張応力度
$\sigma_{tmax} = \max$（σ_t：橋軸方向照査、σ_t：橋軸直角方向照査、σ_t：上揚力による照査）
f：安全率

以上より

$$\tau = \frac{f \times \sigma_{tmax} \times (d - k_1 \times p)^2}{4 \times d \times (0.5 + k_1 \times \tan\alpha) \times (L - 2 \times p)} \leq 1.7 \times \tau(N)_a$$

表4.3.21 ボルトのねじ込み深さの照査

引張応力度	σ_{tmax}	N/mm²	239.5	
埋込み深さ	L	mm	19.2	
安全率	f		1.05	
呼び径	d		24	
ピッチ	p	mm	3.0	
上沓材質			SM490A	
せん断応力	τ	N/mm²	110.3	$\leq 1.7 \times \tau(N)_a = 178.5$ N/mm²　　OK

4.3.6 サイドブロック及びボルト

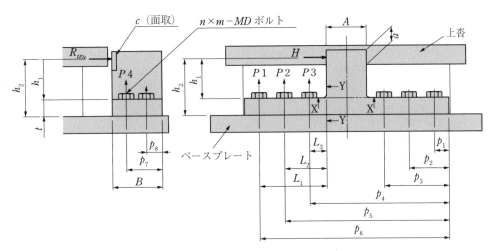

図 4.3.10 サイドブロックと取付けボルト

表 4.3.22 サイドブロックに関する寸法値（1）

A	B	a	t	D	D_1	n	m
mm	mm	mm	mm	mm	mm		
100	180	27	55	30	26.211	4	2

表 4.3.23 サイドブロックに関する寸法値（2）

p_1	p_2	p_3	p_4	p_5	p_6	p_7	p_8
mm	mm	mm	mm	mm	mm	mm	mm
45	120			320	395	135	60

表 4.3.24 サイドブロックに関する寸法値（3）

h_1	h_2	L_1	L_2	L_3	c
mm	mm	mm	mm	mm	mm
84.5	139.5	125	50		

橋軸直角方向の水平力（R_{H2e}）に対して照査する。

（1） サイドブロック本体

サイドブロック本体の材質は、SM490A を使用する。

(a) 支圧応力度

$$\sigma_b = R_{H2e} / \{a \times (A - 2 \cdot c)\} \leqq 1.7 \times \sigma_{ba}$$

(b) X-X 断面の応力度

① 曲げ応力度

$$\sigma = R_{H2e} \times h_1 / (1/6 \times A \times B^2) \leqq 1.7 \times \sigma_a$$

② せん断応力度
$$\tau = R_{H2e}/(A \times B) \leq 1.7 \times \tau_a$$

③ 合成応力度
$$U = (\sigma/\sigma_a)^2 + (\tau/\tau_a)^2 \leq 1.2$$

(c) Y-Y 断面の応力度

Y-Y 断面において、作用曲げモーメントとせん断力がつり合っているものとする。
$$1/2 \times M = 1/2 \times R_{H2e} \times h_2 = 1/3 \times \tau \times B^2 \times t$$

以上より、
$$\tau = \frac{\frac{1}{2} \times R_{H2e} \times h_2}{\frac{1}{3} \times B^2 \times t} \leq 1.7 \times \tau_a$$

表 4.3.25 サイドブロック本体の照査結果

支圧応力	支圧応力	σ_b	N/mm²	380.4	$\leq 1.7 \times \sigma_{ba} = 425.0$ N/mm²	OK
X-X 断面	曲げ応力	σ	N/mm²	160.7	$\leq 1.7 \times \sigma_a = 280.5$ N/mm²	OK
	せん断応力	τ	N/mm²	57.1	$\leq 1.7 \times \tau_a = 153.0$ N/mm²	OK
	合成	U	N/mm²	0.45	≤ 1.2	OK
Y-Y 断面	せん断応力	τ	N/mm²	120.6	$\leq 1.7 \times \tau_a = 153.0$ N/mm²	OK

許容応力度は JIS[3] G3106 より算出した（SM490A 板厚 160 を超え 200 以下）

（2） 取り付けボルト

・引張応力度
$$P4 = \frac{R_{H2e} \times h_2}{(p_7^2 + p_8^2) \times n} \times p_7$$

$$\sigma_t = \frac{\frac{P4}{m}}{\frac{\pi}{4} \times D_1^2} \leq 1.7 \cdot \sigma_{ta}$$

・せん断応力度
$$\tau = R_{H2e}/(\pi/4 \times D_1^2 \times n \times m) \leq 1.7 \times \tau_a$$

・合成応力度
$$U = (\sigma/\sigma_a)^2 + (\tau/\tau_a)^2 \leq 1.2$$

表 4.3.26　取付けボルトの照査結果

	P4	N	221 546		
引張応力	σ_t	N/mm²	410.6	$\leqq 1.7 \times \sigma_{ta} = 612.0 \text{ N/mm}^2$	OK
せん断応力	τ	N/mm²	237.9	$\leqq 1.7 \times \tau_a = 340.0 \text{ N/mm}^2$	OK
合成	U	N/mm²	0.94	$\leqq 1.2$	OK

（3）ボルトのねじ込み深さの照査

計算式は「セットボルト」と同様のため省略する。

表 4.3.27　ボルトのねじ込み深さの照査結果

引張応力度	σ_{tmax}	N/mm²	410.6		
埋込み深さ	L	mm	30		
安全率	f		1.05		
呼び径	d		30		
ピッチ	p	mm	3.5		
下沓材質			SM490A		
せん断応力	τ	N/mm²	137.2	$\leqq 1.7 \times \tau(N)a = 170.0 \text{ N/mm}^2$	OK

4.3.7　アンカーボルトの検討

表 4.3.28　アンカーボルトに関する寸法値

	既設アンカーボルト			新設アンカーボルト		
使用ボルト	$\Phi 28$			$\Phi 38$		
材質	SS400			S35CN		
せん断径	d_0	mm	28.0	d_0	mm	38.0
付着径	d	mm	28.0	d	mm	38.0
埋め込み長	L	mm	320	L	mm	380
使用本数	n	本	4	n	本	4

（1）せん断耐力による照査

橋軸直角方向水平力及び橋軸方向水平力の最大値

$$H \leqq H_y$$

ここに、H_y：せん断耐力

$$H_y = 1.7 \times \tau_a \times \pi/4 \times d_0^2 \times n$$

τ_a：許容応力度

表4.3.29 せん断耐力による照査結果

既設アンカーボルト	許容応力度	τ_a	N/mm²	80	
	せん断耐力	H_y	kN	335	
新設アンカーボルト	許容応力度	τ_a	N/mm²	110	
	せん断耐力	H_y	kN	848	
合計	せん断耐力	H_y	kN	1 183	≧ H = 1 027 kN　OK

（2） コンクリート付着耐力による照査

コンクリート付着耐力

$$V \leqq V_y$$

ここに、V：上揚力（$-0.3R_d$）

　V_y：コンクリート付着耐力

$$V_y = 1.5 \times \tau_{oa} \times \pi \times d \times L \times n$$

　τ_{oa}：許容応力度

　L：埋め込み長

表4.3.30 せん断耐力による照査結果

既設アンカーボルト	コンクリート強度		N/mm²	24	
	許容応力度	τ_{oa}	N/mm²	0.8	
	付着耐力	V_y	kN	135	
新設アンカーボルト	コンクリート強度		N/mm²	24	
	許容応力度	τ_{oa}	N/mm²	0.8	
	付着耐力	V_y	kN	218	
合　　計	付着耐力	V_y	kN	353	≧ V = 324 kN　OK

以上で全ての照査項目において許容応力度を満足する結果となった。

参考文献
1)　日本道路協会：道路橋支承便覧、平成14年3月
2)　日本道路協会：道路橋示方書・同解説 V 耐震設計編、平成24年3月
3)　日本規格協会：JISハンドブック鉄鋼Ⅱ、平成27年1月

4.4 上支承ストッパーが破断した密閉ゴム支承板支承の補修

4.4.1 構造諸元
(1) 橋梁形式：鋼単純合成 I 桁橋
(2) 支 間 長：46.00 m（橋長：47.00 m）
(3) 幅　　員：10.25 m
(4) 斜　　角：90°
(5) 設計活荷重：一等橋（活荷重 TL-20）
(6) 建 設 年：昭和 50 年代

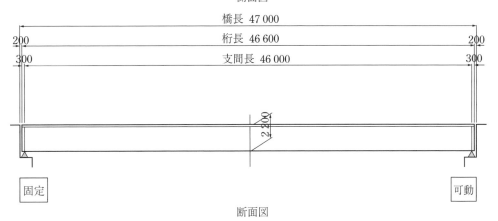

図 4.4.1　橋梁一般図（既設）

4.4.2 損傷内容および原因

地震の影響によって、可動支承（BP・B支承）の一つに上支承ストッパーが破断し、支承の機能障害が生じている状況である（図4.4.2参照）。橋軸方向の地震により、支承のサイドブロックと上支承ストッパーが強く当たったため、上支承ストッパーに破断が生じたものと推定される。なお、架橋された位置の地盤は、軟弱であったため、下部工に移動が生じている。

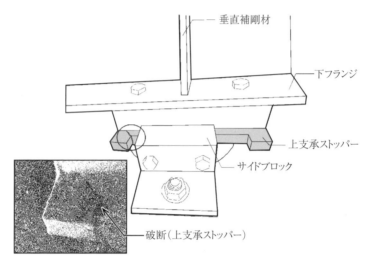

図4.4.2　BP・B支承の上支承ストッパーの破断

4.4.3 補修補強の方法

上支承ストッパーの破断対策については、上支承ストッパーを新規に取り付ける方法と支承を交換する方法等がある。本計算例では、地震で損傷を受けた支承の応急復旧として、当初設計の機能を確保することを設計方針とし、支承交換に比べて、コストも安価であり、施工期間が短くなる上沓ストッパーを新規に取り付ける方法を対策事例として示す。

4.4.4 支承の補修補強設計

（1）設計手順

設計手順を図4.4.3に示す。地震直後に現地調査を行い、支承の異状の有無を確認する。本計算例では、破断した上支承ストッパーに対して、新しく上支承ストッパーを設ける場合の設計手順を示す。

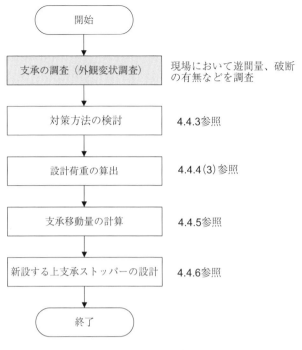

図 4.4.3　設計手順

（2）　設計条件

補修設計に用いる鋼材の材料強度等の諸元を**表 4.4.1**、**表 4.4.2** に示す。

表 4.4.1　鋼材の材料特性

	主　桁
鋼の線膨張係数[注]	12×10^{-6}

注）平成 24 年版道示Ⅰ 2.2.10(5) より

表 4.4.2　鋼材の材料強度

	補修材料
鋼材（ボルト）の種類	SS400
許容せん断応力度[注]	80（N/mm^2）

注）平成 24 年版道示Ⅱ 3.2.3(3) より

（3）　設計荷重

当初設計における上支承ストッパーの設計反力を**表 4.4.3** に示す。

表 4.4.3　設計荷重（当初設計）

	死荷重反力（kN）	水平震度	橋軸方向水平力 H（kN）
既設支承	552.3	0.24	132.6

4.4.5 支承移動量の計算

当初設計における常時の支承移動量(温度変化による移動量、および桁の活荷重たわみによる移動量)を求め、上支承ストッパーの設置位置を決定する。

(a) 温度変化による移動量

温度変化による支承の移動量は、式(1)から算出する(道示Ⅰ 共通編 4.1.3「支承の移動量」より抜粋)。本計算例では、上部工が鋼Ⅰ桁であることから、温度変化の範囲を $-10℃ \sim 40℃$ と仮定して支承の移動量を算出する。

$$\Delta L_t = \Delta T \times \alpha \times L \qquad 式(1)$$

ここに、ΔL_t：温度変化による移動量
ΔT：温度変化の範囲
　　　鋼橋、普通の地方：$\Delta T = 50℃$(道示Ⅰ 表-2.2.16 より)
α：線膨張係数(12×10^{-6})
L：伸縮けた長(支間長) $= 46\,000$ mm

$\Delta L_t = \Delta T \times \alpha \times L = 50 \times 0.000012 \times 46\,000 = 27.60$ mm

(b) 桁の活荷重たわみによる移動量

桁の活荷重たわみによる支承の移動量は、式(2)から算出する。

$$\Delta L_r = \Sigma(h_i \times \theta_i) = 2 \times \left(H \times \frac{2}{3} \times \theta\right) \qquad 式(2)$$

ここに、ΔL_r：桁の活荷重たわみによる移動量
h_i：桁の中立軸から支承の回転中心までの距離
θ_i：支承上の回転角
H：桁高($2\,200$ mm)
θ：活荷重による桁の回転角($1/150$ rad)

$\Delta L_r = 2 \times \left(2\,200 \times \frac{2}{3} \times \frac{1}{150}\right) = 19.56$ mm

(c) 常時の支承移動量

常時の支承移動量は、式(3)のとおり、温度変化による移動量および桁の活荷重たわみによる移動量から求める。

$$\Delta L = \Delta L_t + \Delta L_r \qquad 式(3)$$

$\Delta L = 27.60 + 19.56 = 47.16$ mm

常時の支承の移動量は、47.16 mm となることから、上支承ストッパーとサイドブロックの遊間は ΔL 以上として再設置する。

4.4.6 新設する上支承ストッパーの設計

新設する上支承ストッパーは、鋼製のブロックとするために、鋼板材を積層して作成する。したがって、剛体として扱い取り付けボルトの設計を行う。

(a) 作用力

橋軸方向水平力より、$H = 132.6$ kN

(b) 使用鋼材

ボルトは M22（SS400）を使用する。

　　谷径：　$d = 19.294$ mm

　　断面積：　$A_s = 292.4$ mm^2

　　許容応力：　$\rho_a = 80$ N/mm$^2 \times 1.5$（地震時の割増しを考慮）$= 120$ N/mm^2

(c) 必要ボルト本数

$$n_{erq} = \frac{H}{A_s \times \rho_a} = \frac{132.6 \times 1\,000}{294.2 \times 120} = 3.8 \rightarrow 4 \text{本使用}$$

ここに、n_{req}：必要ボルト本数

　　　　H：橋軸方向水平力（$= 132.6$ kN）

　　　　A_s：ボルトの断面積（$= 292.4$ mm^2）

　　　　ρ_a：ボルトの許容応力度（$= 120$ N/mm^2）

(d) 対策概略図および留意事項

支承補修概要図を図 4.4.4 に示す。支承移動量の計算結果から常時の支承の移動量は 47.16 mm となることから、上支承ストッパーとサイドブロックの遊間量は 50 mm として再設置する（必要な遊間を確保するとともに、補強部材の取り付けの可能位置を考慮して設置する）。

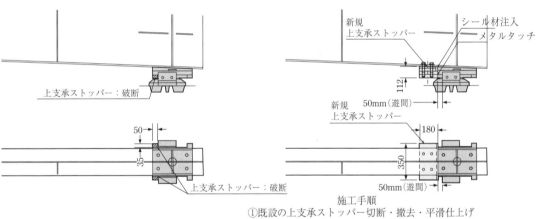

(a) 補修前　　　　　　　　　　　　　　(b) 補修後

図 4.4.4　上支承ストッパーの補修概要

本計算例においては、地震で損傷を受けた支承について、当初設計までの機能回復を図るための補修事例の一例を示すものである。なお、恒久対策としては、新規の支承に交換及び落橋防止システムの検討等が必要である。

参考文献

1) 土木学会：鋼構造シリーズ 25 道路橋支承部の点検・診断・維持管理技術、2016 年 5 月

索　引

あ
アウトプレート　　52, 55
圧縮型ルートパイル工　　275〜277
後死荷重　　18, 25〜27, 29, 30

え
HMP　　181, 182, 184〜186, 188, 190, 193, 196, 197, 211, 214, 242, 272
STMP　　182, 241〜247, 249, 251, 252, 254, 255, 269, 272
STマイクロパイル(工法)　　182, 216, 218, 240, 241, 244, 248
円弧すべり面法　　276〜278

お
応答塑性率　　146, 154, 159, 175, 179, 211, 214, 235, 239, 269, 272
押し抜きせん断　　72

か
緩衝材　　52
乾燥収縮　　11, 62

き
機械式定着方法　　98, 101
許容塑性率　　128, 144, 145, 152, 153, 162, 200, 211, 214, 222, 258, 269, 272
Guyon-Massonnetの版解析理論　　71

く
クリープ　　11, 62
クーロン土圧　　161, 199, 221, 257
群杭効果　　191, 193, 249, 251

こ
高強度型炭素繊維シート　　72, 97
高強度カーボン・ガラス繊維　　7, 59, 60
鋼合成鈑桁橋　　2, 3
格子解析　　71
鋼繊維補強コンクリート　　37, 42, 43, 50
鋼繊維補強超速硬セメントコンクリート　　37
高耐力マイクロパイル(工法)　　156, 158, 181, 184, 188, 189, 242, 273
高弾性型炭素繊維シート　　72
鋼板巻立て工法　　127
鋼非合成鈑桁橋　　16
鋼矢板自立式土留め工　　275
固定アンカー　　52
固定プレート　　52, 54, 56, 57, 64, 66, 67
ころがり支承　　298
コンクリート巻立て工法　　127, 129, 274

さ
残留変位　　146, 147, 154, 155

し
支圧板方式　　214, 272
CFRP格子筋　　34〜37, 42, 43, 48〜50
CFRPシート　　98, 100〜103
CFRPプレート　　2
地震時水平力分散ゴム支承　　322, 323
地震時保有水平耐力(法)　　128, 129, 137, 145〜147, 153〜155, 159, 188, 190, 192, 193, 219, 247, 249, 251
ジャッキの内部損失率　　13, 63
終局つり合い鋼材量　　116
修正フェレニウス法　　278
修正物部・岡部法　　163
樹脂アンカー　　67
床版防水工　　19
上面増厚補強　　34, 35

せ
繊維材巻立て工法　　127
線支承　　298
せん断破壊移行型　　144
せん断破壊型　　143, 144, 152, 153
せん断補強設計　　86, 97
せん断リング方式　　214, 272

そ
塑性ヒンジ長　　140, 141, 150
外ケーブル　　3, 53, 68, 72, 103, 105, 112〜119, 121

た
段落し　　125, 126, 129, 133, 136〜138, 147, 148
炭素繊維強化樹脂格子筋　　35
炭素繊維シート　　68, 72, 80〜85, 87, 92, 96〜101, 103, 104
炭素繊維シート接着工法　　35, 52
炭素繊維成形板　　18, 19, 21, 22, 25, 27〜32
炭素繊維成形板接着工法　　17, 18, 25
炭素繊維プレート緊張材（工法）　　3〜5, 7, 12〜15, 51〜59, 63〜67
炭素繊維プレート補強材　　7, 59, 60

ち
中間貫通PC鋼棒　　130, 132〜135, 147〜149
中間定着体　　4, 5, 52, 54, 66, 67
中弾性型炭素繊維シート　　72, 82, 83

て
定着システム　　52
定着装置　　52, 53, 58
定着体　　66

な
中掘り杭工法　　164, 189, 224, 248

ね
ねじりモーメント　　71

の
ノンリターンバルブ　　241, 242

は
場所打ち換算断面　　61
パッド沓　　298
貼付け長　　73, 83

ひ
PC床版　　72〜74, 80, 156
引張型ルートパイル工　　275, 276
引張補強筋　　35
必要炭素繊維シート量　　87, 92, 98

BP・A支承　　298
BP・B支承　　298, 303〜306, 342
ピン支承　　298

ふ
付加曲げモーメント係数　　38, 43
フランジ増設補強　　3
フレシネー工法　　73, 111
プレストレス補強工法　　52
FRAME計算　　60
分散支承　　298

へ
偏向用中間定着体　　4, 5, 52

ほ
防護柵　　16, 17, 19, 20, 23, 24, 26, 32
ポリマーセメントモルタル（巻立て工法）　　127〜130, 132〜135, 147〜149, 155

ま
曲げ破壊型　　143〜145, 152, 154

み
密閉ゴム支承板支承　　303, 341

や
薬液注入工　　275

ゆ
有効プレストレス力　　62, 79, 93, 111, 116, 117

よ
溶融亜鉛めっき支承　　298
横拘束効果　　126, 134
横拘束鉄筋　　126, 128, 134, 138, 139, 148, 149

り
リラクセーション　　13, 63

ろ
ローラー支承　　296〜298, 303, 322

補修・補強計算例Ⅲ 編集委員会 執筆者 (略歴は 2018 年 10 月 1 日現在)

編集委員長

吉田　好孝　　　全体統括
（よしだ　よしたか）

一般財団法人橋梁調査会　企画部　調査役

1972 年　室蘭工業大学　工学部　土木工学科　卒業
同　年　本州四国連絡橋公団　設計第一部
1990 年　本州四国連絡橋公団　第一建設局　設計課長
1998 年　本州四国連絡橋公団　第三建設局　向島管理事務所長
2006 年　財団法人海洋架橋・橋梁調査会　研究部長
2010 年　大日本コンサルタント株式会社　保全エンジニアリング研究所　副所長
2012 年　財団法人海洋架橋・橋梁調査会（2013 年　財団法人橋梁調査会に名称変更）
保有資格　博士（工学）、技術士（総合監理、建設部門）、土木学会フェローおよび特別上級技術
　　　　　者（鋼・コンクリート）、コンクリート診断士、道路橋点検士

編集委員（50 音順）

浅野　雄司　　　第 1 章 1.2、第 3 章 3.1
（あさの　ゆうじ）

大日本コンサルタント株式会社
インフラ技術研究所　保全エンジニアリング研究室　主任研究員

1990 年　日本大学　理工学部　土木工学科　卒業
同　年　大日本コンサルタント株式会社　入社
保有資格　技術士（建設部門：鋼構造及びコンクリート）

片平　勝師　　　第 3 章 3.2、3.3
（かたひら　かつじ）

極東興和株式会社　営業本部　補修部

1994 年　国立鹿児島工業高等専門学校　土木工学科　卒業
2010 年　極東興和株式会社　入社
保有資格　一級土木施工管理技士、コンクリート技士

熊田　哲規　　　第 3 章 3.4
（くまだ　てつのり）

ヒロセ補強土株式会社　技術推進部　部長

1982 年　日本大学　理工学部　土木工学科　卒業
同　年　廣瀬鋼材産業株式会社　入社（現：ヒロセホールディングス株式会社）
保有資格　博士（工学）、技術士（建設部門：土質及び基礎）

<small>こ ばやし あきら</small>
小 林　朗　　第2章 2.1

日鉄ケミカル&マテリアル株式会社
コンポジット事業部 事業企画部 技術企画グループリーダー（部長）

1984 年　東北大学 工学部 機械工学第二学科 卒業
1986 年　東北大学大学院 工学研究科 機械工学第二専攻 博士前期課程修了
同　年　東亜燃料工業株式会社 入社
1999 年　日鉄コンポジット株式会社 入社（現：日鉄ケミカル&マテリアル株式会社）
保有資格　技術士（建設部門：鋼構造及びコンクリート）、コンクリート診断士

<small>さ とう まさあき</small>
佐 藤　正 明　　第2章 2.3

株式会社ピーシーレールウェイコンサルタント 技術顧問

1974 年　日本大学 生産工学部 土木工学科 卒業
同　年　株式会社 ピー・エス・コンクリート入社（現：株式会社 ピーエス三菱）
2006 年　株式会社 ニューテック入社（現：株式会社 ニューテック康和）
保有資格　技術士（建設部門：鋼構造及びコンクリート）、一級土木施工管理技士、測量士、
　　　　　プレストレストコンクリート技士、コンクリート主任技士、コンクリート診断士、
　　　　　コンクリート構造物診断士

<small>しんみょう ゆたか</small>
新 名　裕　　第4章 4.1～4.3

株式会社川金コアテック 営業本部 営業企画管理部長

1991 年　日本大学 工学部 土木工学科 卒業
同　年　川鉄鉄構工業株式会社 橋梁鉄構事業部 設計室 入社
1996 年　株式会社阪神コンサルタンツ 設計部 構造設計グループ
2011 年　株式会社川金コアテック 営業本部 市場開発部
保有資格　RCCM（鋼構造及びコンクリート、道路）

<small>たてがみ ひさお</small>
立 神　久 雄　　第1章 1.1、第2章 2.2

ドーピー建設工業株式会社 生産統括部 技師長

1984 年　中央大学 理工学部 土木工学科 卒業
同　年　ドーピー建設工業株式会社 入社
2002 年　金沢大学大学院 自然科学研究科博士後期課程 修了
保有資格　博士（工学）、技術士（建設部門：鋼構造及びコンクリート、総合技術監理部門）

<small>やまぐち こうた</small>
山 口　恒 太　　第4章 4.4

パシフィックコンサルタンツ株式会社 交通基盤事業本部 部長

1991 年　日本大学 生産工学部 土木工学科 卒業
1993 年　日本大学大学院 生産工学研究科 博士前期課程 土木工学専攻 修了
1996 年　横浜国立大学大学院 工学研究科 博士後期課程 計画建設学専攻 修了
保有資格　博士（工学）、技術士（建設部門：鋼構造及びコンクリート）

道路橋の補修・補強計算例 III

2018年11月20日　第1刷発行

監修者　一般財団法人 橋梁調査会
編著者　補修・補強計算例III編集委員会

発行者　坪内　文生

発行所　鹿島出版会
〒104-0028　東京都中央区八重洲2丁目5番14号
Tel. 03 (6202) 5200　振替 00160-2-180883

落丁・乱丁本はお取替えいたします。
本書の無断複製(コピー)は著作権法上での例外を除き禁じられています。また、代行業者等に依頼してスキャンやデジタル化することは、たとえ個人や家庭内の利用を目的とする場合でも著作権法違反です。

装幀：石原 亮　　DTP：エムツークリエイト
印刷：壮光舎印刷　　製本：牧製本
© Japan Bridge Engineering Center. 2018
ISBN 978-4-306-02496-0　C3051　　Printed in Japan

本書の内容に関するご意見・ご感想は下記までお寄せください。
URL：http://www.kajima-publishing.co.jp
E-mail：info@kajima-publishing.co.jp